职业教育精品教材
职业院校技能大赛备赛指导丛书

电气安装与维修技术

主编　庄汉清
主审　陈亚琳　杨森林

電子工業出版社
Publishing House of Electronics Industry
北京 · BEIJING

内 容 简 介

本书以浙江亚龙教育装备股份有限公司研发的YL-156A型电气安装与维修实训考核装置为载体，按照"项目引领，任务驱动"的职业教育教学理念，设置了配用电线路的敷设安装、照明线路的安装与调试、电动机控制线路的安装与调试、机床电气控制电路故障的排除、电气安装与维修综合实训共5个实训项目。项目中，围绕照明器件及照明线路的安装与调试、电气控制箱及电动机控制线路的安装与调试、PLC及触摸屏控制程序的编写、机床电气控制电路故障的检测所涉及的专业知识和技能，设计了15个工作任务，使读者在完成工作任务的过程中，学会电气安装与维修技术。

本书表述简约清楚，通俗易懂，图文并茂，重点突出，教学内容贴近生产实际，贴近岗位需求，非常适合作为中等职业学校电工电子大类专业及相关专业的专业课教材，也可供全国职业院校技能大赛"电气安装与维修"竞赛项目的选手和指导教师用作备赛指导用书，还可以作为维修电工考级培训的辅导资料。

图书在版编目（CIP）数据

电气安装与维修技术 / 庄汉清主编. —北京：电子工业出版社，2016.1

ISBN 978-7-121-27533-3

I. ①电… II. ①庄… III. ①电气设备－设备安装－中等专业学校－教材 ②电气设备－维修－中等专业学校－教材 IV. ①TM05②TM07

中国版本图书馆 CIP 数据核字（2015）第 265305 号

策划编辑：白　楠
责任编辑：白　楠
印　　刷：三河市华成印务有限公司
装　　订：三河市华成印务有限公司
出版发行：电子工业出版社
　　　　　北京市海淀区万寿路 173 信箱　　邮编：100036
开　　本：787×1092　1/16　印张：14　字数：358.4 千字
版　　次：2016 年 1 月第 1 版
印　　次：2023 年 12 月第 18 次印刷
定　　价：35.00 元

凡所购买电子工业出版社图书有缺损问题，请向购买书店调换。若书店售缺，请与本社发行部联系，联系及邮购电话：(010) 88254888，88258888。

质量投诉请发邮件至 zlts@phei.com.cn，盗版侵权举报请发邮件至 dbqq@phei.com.cn。

本书咨询联系方式：(010) 88254592，bain@phei.com.cn。

本书编审委员会

（按姓氏笔画排序）

序

职业教育事业在探索中前行，在创新中发展。职业教育应该具有什么样的教育理念，采用什么模式，用什么样的教学方法，才能有效培养适合经济发展和企业需要的人才？这是职业教育战线同仁不断思考和践行的问题。

按职业活动设计教学活动，在完成工作任务的行动中学习专业知识技能并获得工作过程知识，这是职业教育教学的基本做法，在中国被概括为“做中学”。开发适合“做中学”的教学设备和教材，是职业教育教学改革中两个重要的任务。

《电气安装与维修技术》教材，是专注于职业教育事业的人们在探索具有中国特色的职业教育教学模式和方法，探索适应经济建设和企业需要人才的培养途径的实践中编写的。

职业教育教学设备应既具有生产性功能，又具有整合的学习功能。只有真实的生产性功能，才能提供真实的职业情境，才能设置与真实工作相近的工作与学习任务；只有整合的学习功能，才能让学生在完成工作任务的过程中获得专业知识、专业技能和工作过程知识。学生在完成项目工作任务的过程中，构建自己的知识体系，形成包括专业能力、方法能力和社会能力在内的综合职业能力。中职教学使用的电气安装与维修实训考核装置，是在分析了工厂供配电、车间电气安装工程、建筑电气安装工程等领域后提炼的，整合了电力配电箱、照明配电箱和电气控制箱的接线与安装，线管、线槽、桥架等各种线路敷设，各种照明灯具与电气照明线路的安装与调试，电气控制电路设计、编程、安装与调试，各种常用机床电气控制电路故障检测与维修等专业知识和工作过程知识。YL-156A 型电气安装与维修实训考核装置就是这样的设备。

《电气安装与维修技术》是一本在亚龙 YL-156A 型电气安装与维修实训考核装置上，完成××工作间电气工程的安装与调试任务，并在完成这些任务的过程中学习专业知识、专业技能和工作过程知识的教材。它的每个项目中的“工作任务”，让学生明确了做什么和做到什么程度；在每一个工作任务中的“知识链接”中，介绍了与工作任务相关的专业知识和工作过程知识。“做中学”的教材不阐述系统的学科知识，而是学生“做”和“学”的指导书。每个工作任务中的“完成工作任务指导”，按照设备的安装与调试的工作步骤、安全和技术要求，指导学生明确要求、制订计划、实施工作计划、检查进度与修改工作计划、总结与评价任务完成情况等完成工作任务的各个环节。

在现代职业教育中，有效学习的基本途径是理论与实践一体化，即促进学生认知能力发展和建立职业认同感相结合，符合职业能力发展规律与遵循技术、社会规范要结合，学生通过对技术工作的任务、过程和环境所进行的整体化感悟和反思，实现知识与技能、过程与方法、情感态度与价值观学习的统一。源于企业实践的亚龙 YL-156A 电气安装与维修实训考核装置的开发是一种有益的尝试，围绕着亚龙 YL-156A 电气安装与维修实训考核装置开发的教材——《电气安装与维修技术》的编写更是一种尝试。

由教育部策划、组织的全国职业院校技能大赛中职组电气安装与维修竞赛项目已经成功举办四届了，如何将全国技能竞赛的理念、内容、考核方式融入到中等职业学校的日常教学行为中，使技能竞赛产生的效应转化为教学教育成果是当前需要思考也是非常有意义的工作。

基于培养可持续发展的高素质高技能人才，依托全国职业院校技能大赛中职组赛项，以其为载体，开发符合学生职业能力培养、体现专业综合技能应用、强化团队协作精神养成、注重工程实践能力提高的综合实训项目教材，这样做的根本目的是将技能大赛的目标进一步深化，将技能大赛的成果进一步推广，将技能大赛的成效进一步延伸，从而也必将为提高中等职业教育的教学质量，为社会培养所需要的高技能人才做出更大的贡献。

中国·亚龙科技集团　陈继权

2016 年 1 月　　浙江温州

前　　言

本书是编者在总结多年的教学经验，根据电工电子大类专业及相关专业的职业要求，根据当前职业教育特点，并吸收全国职业院校中职组“电气安装与维修”项目技能竞赛多位指导老师的成功经验的基础上编写而成的。

“电气安装与维修”竞赛项目涵盖了维修电工技术、机电设备运行与维护、机电技术与应用、电气运行与控制等许多专业的理论知识和专业技能，它非常适合作为中等职业学校电工电子大类专业及相关专业的一门专业课程学习，具有很强的适用性。

本书的编写坚持以“教学内容简洁、精炼，重点突出实践技能培养”为原则，以“项目引领，任务驱动”及做学教一体化教学理念为主线，主要体现以下几方面特色：

（1）根据产业的需求和职场的环境来设定“工作任务”，让学生能在“做中学”活动过程中，将工作任务与学习任务相融合，做到工作过程即为学习过程。

（2）根据工作任务的内容进行“知识链接”，对工作任务所需的相关知识进行讲解，在内容表述方面，尽量做到通俗易懂，图文并茂，适合不同专业、不同层次的学生需求。

（3）为引导学生完成工作任务，“完成工作任务指导”环节对从工作准备到工作任务实施的全过程进行详细示范和讲解，重点突出工艺规范和安全意识。

（4）要求学生在完成工作任务后进行评价与总结，“思考与练习”将围绕着与工作任务相关的问题进行分组讨论，同时每个任务都有评价表，通过定性的评价体系来帮助学生养成良好的职业习惯，提高学生的职业技能水平。

本书围绕照明及动力线路的安装与调试、机床电路故障排除等 5 个项目，着重阐述安装工艺规范性，介绍变频器、步进电机、伺服电机及其驱动器等先进设备的使用，以及触摸屏、PLC 程序的编写方法，为学生将来实习工作打下良好的基础。

本书可作为职业院校电工电子大类专业及相关专业的教学用书，也可作为全国职业院校技能大赛中职组“电气安装与维修”项目备赛指导用书，还可作为维修电工等级考核的培训教材。

本书由庄汉清主编，由陈亚琳、杨森林任主审。两位专家在审稿期间提出了许多宝贵的修改意见，在此表示衷心的感谢！

本书在编写过程中，得到浙江亚龙教育装备股份有限公司工程师技术员的大力支持，得到福建化工学校领导和师生的支持与协助，得到本书编审委员会中各位专家的支持与帮助，在此一并表示衷心感谢！

本书编写中参考了相关文献和资料，在此也对相关作者表示衷心感谢！

由于编者水平和经验有限，书中难免存在错误和不当之处，敬请广大读者批评指正，以便及时修订。

编　者

目　　录

项目一　配用电线路的敷设安装

在 YL-156A 型电气安装与维修实训考核装置中，由钢制网孔板和钢制专用型材组接而成安装底架，其上可安装配电箱、照明配电箱、电气控制箱、照明灯具与插座、电动机及传感器模块，可敷设照明与动力线路布线用的塑料线槽、塑料线管和金属桥架等。

通过完成塑料线槽的敷设安装、塑料线管的敷设安装这两项工作任务，学会塑料线槽的切割、拼接和敷设安装技术，学会塑料线管的弯曲、切割、连接及敷设安装技术。

通过完成金属桥架的敷设安装这项工作任务，学会金属桥架的拼接、敷设安装技术，进一步掌握金属桥架与电源箱、照明配电箱及电气控制箱等的连接，以及桥架的接地处理方法。

任务一　塑料线槽的敷设安装

工作任务

根据如图 1-1-1 所示的塑料线槽敷设安装示意图，请完成塑料线槽的敷设安装。

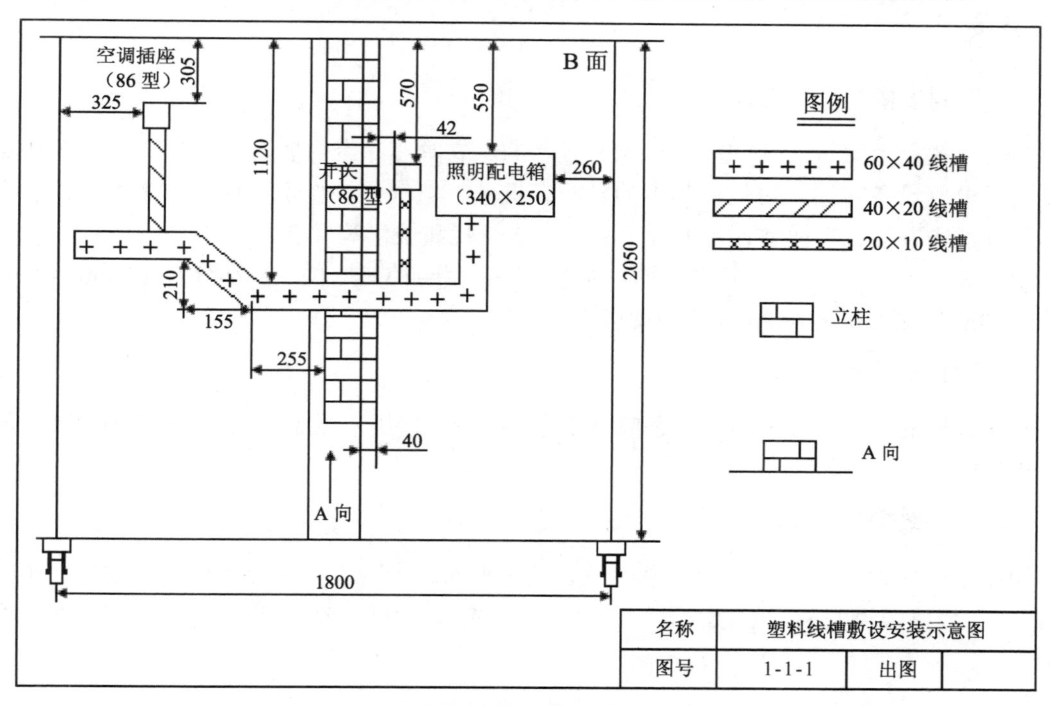

图 1-1-1　塑料线槽敷设安装示意图

在完成塑料线槽敷设安装工作任务时，必须满足以下敷设工艺要求：

（1）线槽走向按图纸的位置布局，安装位置与图纸尺寸相差不超过±5mm。

（2）槽板要紧贴安装底架的表面进行敷设，牢固安装，不松动。固定螺丝间距要符合规范。

（3）线槽与照明配电箱连接时，槽板端头应对准电箱的出线孔；线槽与插座、开关盒连接时，槽板端头应对准盒的中间位置插入敷设安装，伸入深度为5～15mm。线槽与插座、开关盒的拼缝应小于1mm。

（4）同一规格的线槽拼接，如T形槽、平面直角转弯、平面任意角转弯、阴角90°弯、阳角90°弯的拼接应符合规范，其接缝应小于0.5mm。

（5）不同规格的线槽连接，如20×10mm规格的线槽插入40mm×20mm规格的线槽，或40mm×20mm规格的线槽插入60mm×40mm规格的线槽，槽板应插入5～10mm的深度。线槽与线槽之间的拼缝应小于0.5mm。

（6）线槽盖板应完全盖好，没有翘起现象。

（7）线槽上应干净，无施工遗留痕迹。

（8）线槽末端应使用线槽终端头做封堵处理。

请注意下列事项：

① 在完成工作任务的全过程中，严格遵守电气安装和电气维修的安全操作规程。

② 电气安装中，线路安装参照《建筑电气工程施工质量验收规范（GB 50303－2002）》验收，低压电器的安装参照《电气装置安装工程低压电器施工及验收规范（GB 50254－96）》验收。

知识链接

一、塑料线槽的作用与规格

塑料线槽是由聚氯乙烯塑料材料制造成型的，它具有绝缘、防腐、阻燃、自熄等特点，主要用于电气设备布线，对敷设其中的导线起机械、电气保护作用，而且用塑料线槽敷设线路，具有配线方便、布线整齐、敷设可靠，便于查找和维修等优点。

塑料线槽的规格很多，按厚度分有A型和B型两种；按尺寸大小分有60mm×40mm、40mm×20mm、20mm×10mm等几种规格。

二、塑料线槽的切割

塑料线槽的切割可以使用钢锯条或专用电动工具。使用钢锯条切割时，按如图1-1-2所示的操作步骤施工。

三、塑料线槽的敷设

塑料线槽的敷设安装方式有直通敷设安装、平面转弯敷设安装、阴角敷设安装、阳角敷设安装、T形槽敷设安装，还有线槽与其他器件连接等，可根据施工现场环境和图纸要求进行选择。

1. 直通敷设安装

直通敷设安装是指同规格的两段塑料线槽直线拼接。槽盖接口位置应与槽板接口位置相错开，错开长度约为线槽宽度的一半，以保证安装槽盖时能与槽板错位搭接。

（a）将线槽固定在台虎钳上

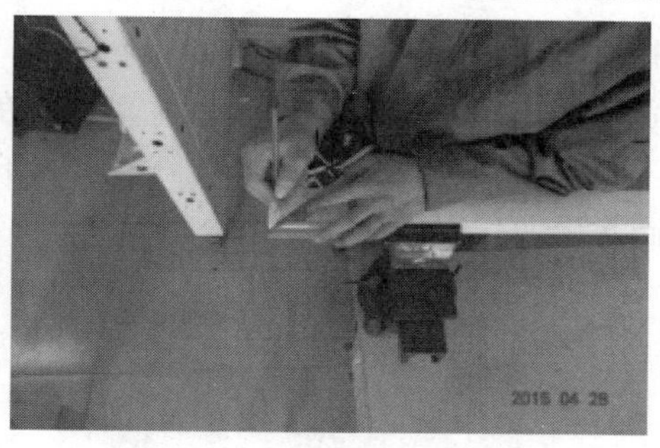

（b）在线槽上划出加工线

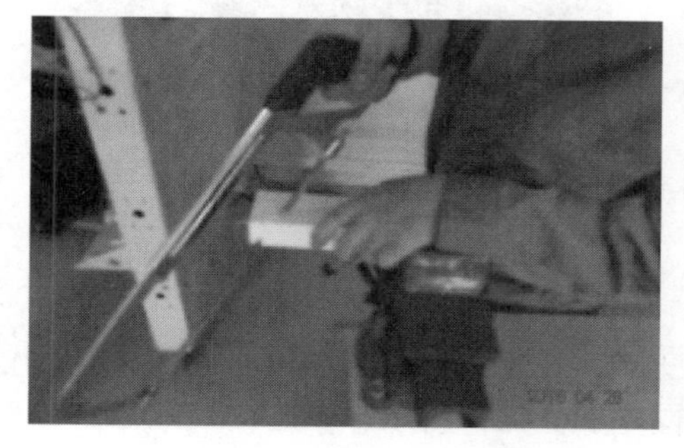

（c）用钢锯沿加工线切断线槽

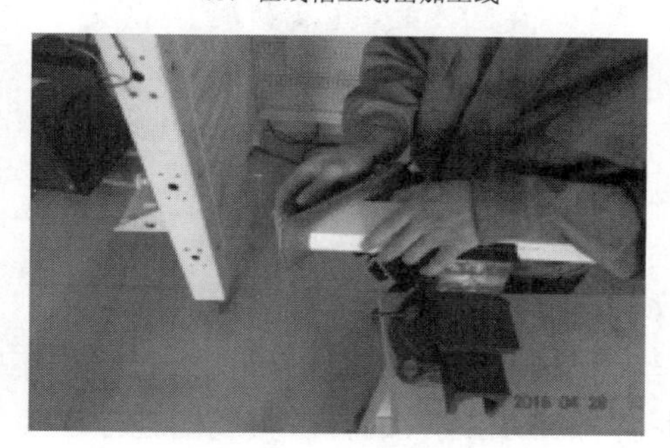

（d）修整线槽切口毛刺

图 1-1-2　塑料线槽的切割

2. 平面转弯敷设安装

平面敷设安装时常常遇到线槽的直角转弯或任意转弯情形。直角转弯的敷设安装，需在两段线槽各自的拼接端，先锯出 45° 的切口，然后进行拼接，如图 1-1-3（a）所示。

任意转弯敷设安装的角度，常用的有 120°、135° 角，或在施工图纸上直接标注位置尺寸。敷设安装时，先各自锯出相同的角度切口，然后再拼接，如图 1-1-3（b）所示。

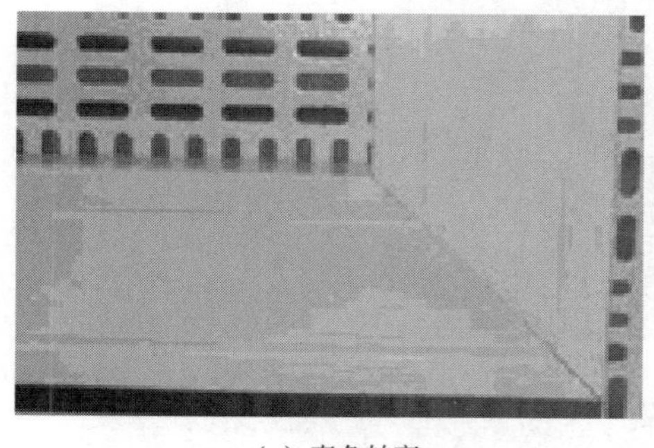

（a）直角转弯

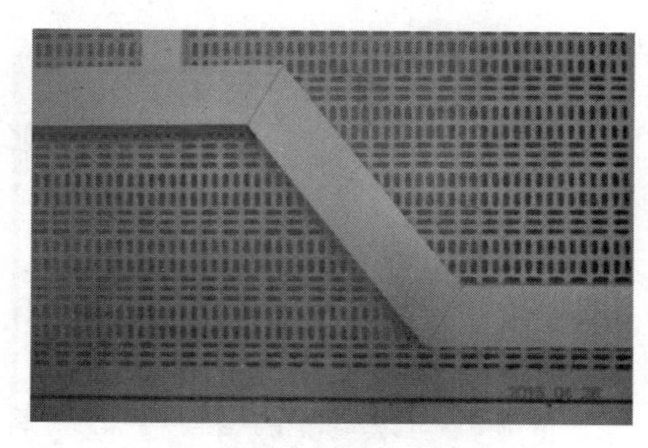

（b）特殊角或任意角转弯

图 1-1-3　塑料线槽平面转弯敷设安装

3. 阴角与阳角敷设安装

当线槽的敷设遇到柱和梁，或墙面内角转弯时，就必须采用阴角敷设安装方式，即采用内 45° 角的拼接，如图 1-1-4 所示。

当线槽敷设遇到柱和梁，或者墙面外角转弯时，就必须采用阳角敷设安装方式，即用外 45° 角的拼接，如图 1-1-4 所示。

4．T形槽敷设安装

同规格线槽遇到T形槽连接时，需要在线槽上开口，然后再进行连接；不同规格的两段线槽需要进行T形槽连接时，先在尺寸大的线槽侧面上开一个矩形孔，然后将尺寸小的线槽垂直插入矩形孔中进行连接，小线槽伸入5～10mm的距离，如图1-1-5所示。

图1-1-4　阴角或阳角敷设安装

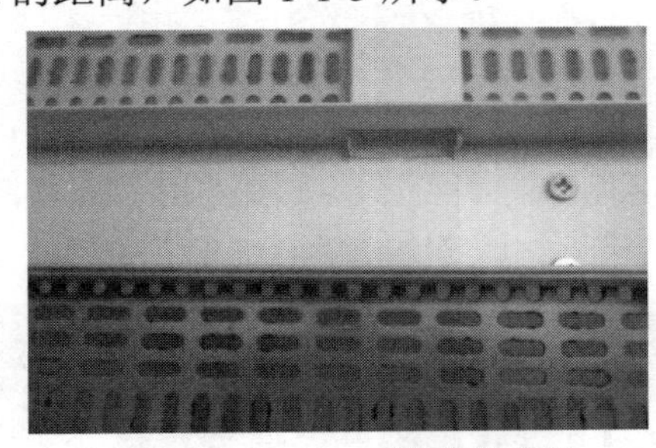

图1-1-5　T形槽敷设安装

5．线槽与其他器件的连接

（1）线槽与线管的连接

线槽与线管连接时，在线槽上标出连接处，并固定在台虎钳上，用开孔器开出大小合适的圆孔，然后用线管的杯疏与线槽进行连接，如图1-1-6（a）所示。

（2）线槽与电箱的连接

线槽与总电源箱、照明配电箱或电气控制箱相连接时，电箱的线孔必须事先装好连接件或橡胶护套，线槽敷设位置应在箱的进出线孔的中心，线槽边与箱边间隙应小于1mm，如图1-1-6（b）所示。

（3）线槽与开关盒等的连接

线槽与开关盒、插座底盒或灯具底座相连接时，线槽板应伸入盒或底座内，伸入长度为5～15mm，且槽盖边与盒（座）边的间隙应小于1mm，如图1-1-6（c）、图1-1-6（d）所示。

（a）线槽与线管的连接

（b）线槽与电箱的连接

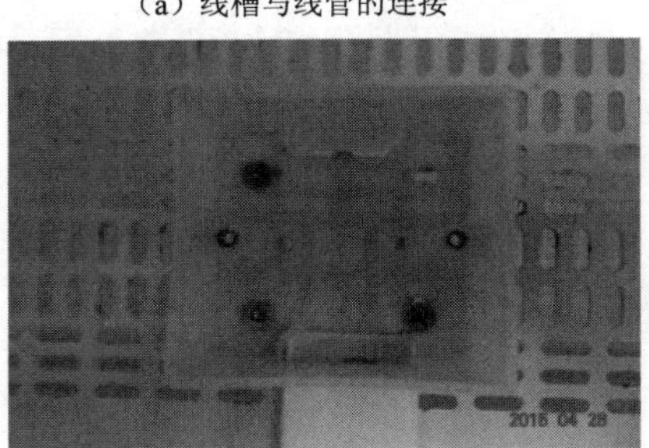

（c）线槽与开关盒的连接

（d）线槽与灯座的连接

图1-1-6　线槽与其他器件的连接

四、塑料线槽固定点的间距

塑料线槽槽底的固定点间距按线槽规格的不同一般分为如下两种情形（表 1-1-1）。

1．规格 40 及以下的塑料线槽固定点间距

规格为 40 及以下的塑料线槽固定时，只需单行螺丝固定，相邻两个固定螺丝之间的最大距离为 500mm。

2．规格 40 以上的塑料线槽固定点间距

规格为 40 以上的塑料线槽固定时，需要双排螺丝并行固定或交替固定。当并行固定时，相邻螺丝之间的最大距离为 1000mm；当交替固定时，最大距离为 500mm。

不管是哪一种规格的线槽，敷设安装固定时，其端部固定点距槽底终点都不应大于 50mm。

固定好的槽底应紧贴底架网孔板表面，横平竖直，线槽的水平度与垂直度误差的许可范围不应超过 5mm。

表 1-1-1　线槽固定点间距

<table>
<tr><td colspan="4">线槽宽度/mm</td></tr>
<tr><td colspan="2">20～40</td><td colspan="2">60</td></tr>
<tr><td colspan="4">固定点最大间距 L/mm</td></tr>
<tr><td rowspan="2">固定点形式</td><td>L</td><td>30
L</td><td>L1
30
L2</td></tr>
<tr><td>L=0.5m</td><td>L=1.0m</td><td>L1=0.5m、L2=1.0m</td></tr>
</table>

完成工作任务指导

一、工具准备

钢锯、锉刀、电工刀、台虎钳、螺丝刀、电动旋具、开孔器、卷尺、直尺、角度尺、强力磁铁（定位线槽用）若干、铅笔、橡皮擦。

二、耗材准备

60mm×40mm、40mm×20mm、20mm×10mm 三种规格的塑料线槽若干、固定螺钉。

三、施工步骤

1．阅读任务书

认真阅读工作任务书，理解工作任务的内容，明确工作任务的目标。根据施工单及施工图，做好工具及耗材的准备，拟订施工计划。

2．测量长度尺寸和确定切割角度

将图 1-1-1 所示的线槽分为 10 段，如图 1-1-7 所示。根据图纸尺寸用卷尺量出各段线槽所需长度；用角度尺确定出切割角度。

线槽 1 一端切割角度为 90° 角，另一端为 45° 角，与线槽 2 进行平面直角转弯拼接。线槽 2 的一端与线槽 3 为阴角连接，线槽 4 与线槽 3 或线槽 5 为阳角连接，线槽 5 与线槽 6 为阴角连接，这些线槽的切割角均为 45°。线槽 6、线槽 7、线槽 8 的拼接角度的测量或计算，可采用角度尺测量，或用折纸的方法来确定切割角度，如图 1-1-8 所示。

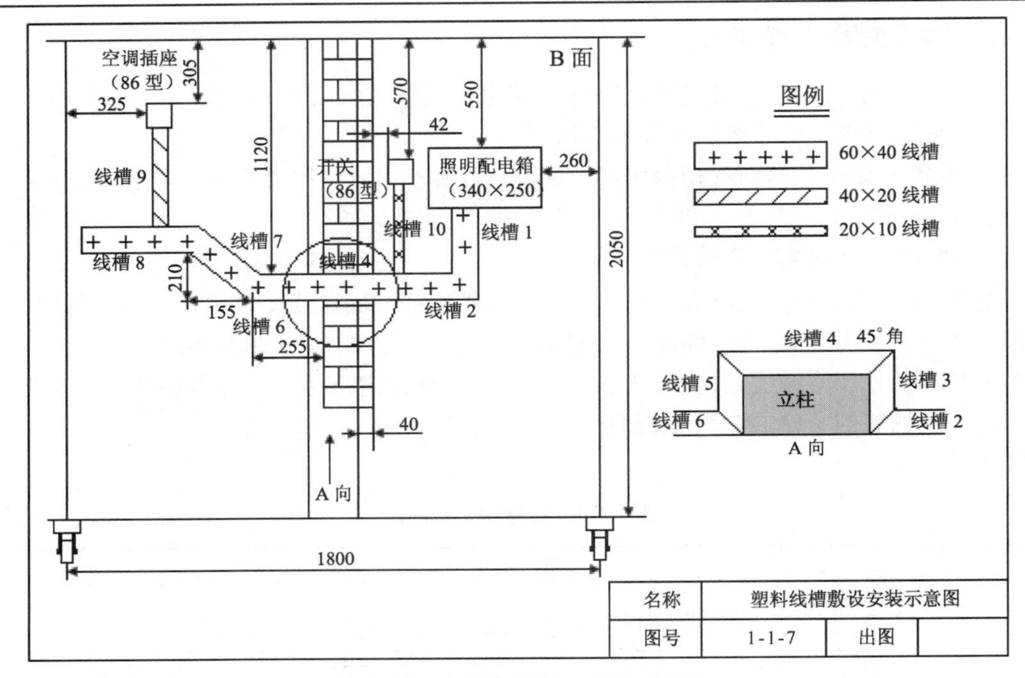

图 1-1-7 塑料线槽敷设安装示意图

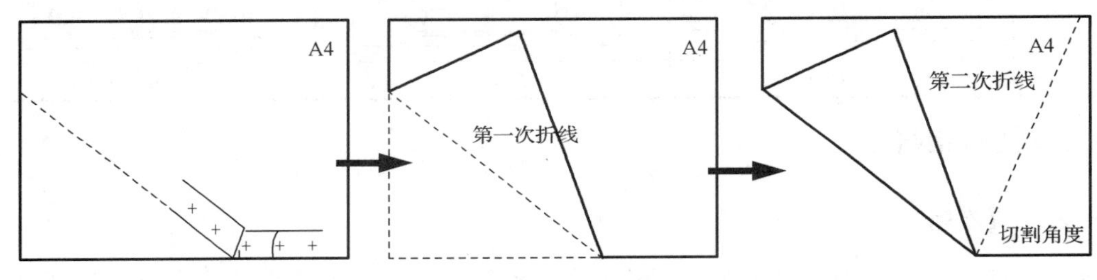

图 1-1-8 折纸方法确定切割角度示意图

3．先将线槽在台虎钳上固定好，如图 1-1-9（a）所示，根据图纸尺寸和敷设安装要求，确定线槽的长度及切割角度并用铅笔划线做标记。然后再用钢锯对线槽进行切割，如图 1-1-9（b）所示。

4．将线槽固定于图纸要求的位置，如图 1-1-9（c）所示。

5．重复上述步骤，完成线槽 1～线槽 10 的整体安装，如图 1-1-9（d）所示。

安全提示：

在完成工作任务过程中，严格遵守电气安装与维修的安全操作规程，必须穿工作服、绝缘鞋和戴安全帽。安全施工，正确使用人字梯和电动工具。

在作业全过程中，要文明施工，注意工具与器材的摆放，保持工位的整洁。

【思考与练习】

1．请总结在完成塑料线槽敷设安装的工作任务中，在工具的使用、敷设安装的方法和步骤等方面的体会和经验。在敷设安装过程中，遇到了什么困难？用什么方法克服了这些困难？

2．图 1-1-7 所示的线槽 7 的位置尺寸，图中给定的不是特殊角而是两个尺寸“210、155”。你用什么方法敷设安装该段线槽的？

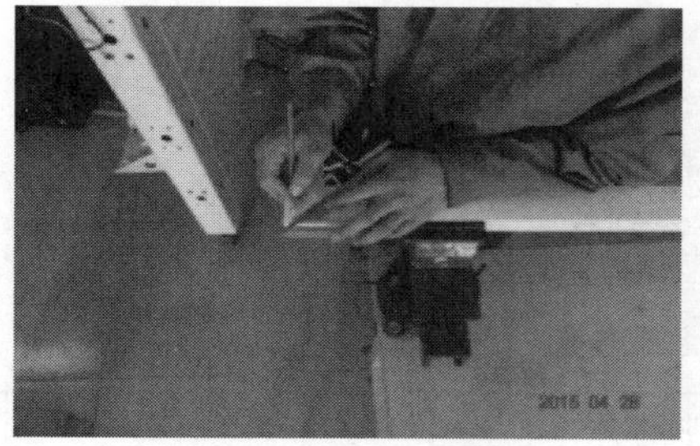

（a）在台虎钳上固定并划线

（b）切割线槽

（c）固定线槽

（d）完成线槽敷设安装

图 1-1-9　线槽敷设安装过程

3．图 1-1-7 中的线槽 9 和线槽 10，这两段线槽都必须与线槽或开关盒相连接，你用什么方法和使用什么工具来施工的？

4．塑料线槽的规格很多，从线槽的尺寸上分有哪三种常用的规格？

5．规格不同的线槽，其螺钉固定距离的要求是否相同？

6．塑料线槽是由什么材料制成的？它有什么作用？

7．你用什么方法可以去除线槽切口的毛刺？效果如何？

8．请完成如图 1-1-10 所示的线槽敷设安装工作任务，并回答以下问题：

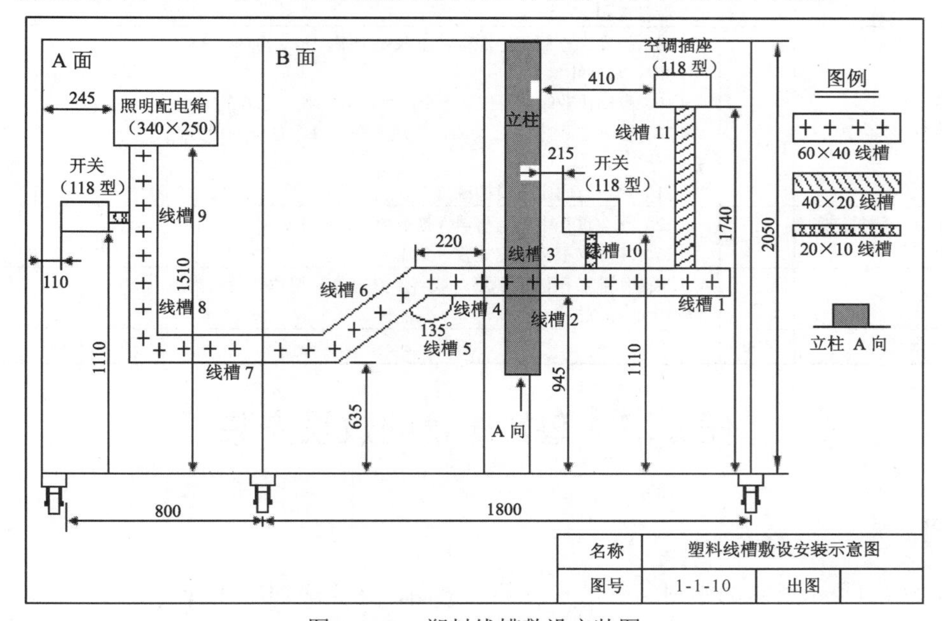

图 1-1-10　塑料线槽敷设安装图

（1）制定施工计划和操作步骤。

（2）本次施工任务中有哪几种规格的线槽？

（3）图中 60mm×40mm 规格的线槽共有 8 段，它们之间的拼接方式各是什么？

9．请填写完成线槽敷设安装工作任务评价表 1-1-2。

表 1-1-2　线槽敷设安装工作任务评价表

序号	评价内容	配分	评价标准	自我评价	老师评价
1	线槽走向与布局	20	（1）线槽不按图纸要求的位置或方向布局，扣 4 分/处； （2）线槽安装位置与图纸尺寸误差±5mm 及以上者，扣 2 分/处； （3）线槽不平整、歪斜或松动，扣 0.5 分/处； （4）线槽规格选择错误，扣 2 分/段 （最多可扣 20 分）		
2	线槽固定	25	（5）60mm×40mm 的线槽没有并行固定或固定螺钉不在一条直线上，扣 2 分/处； （6）固定螺钉间距不符合规范，扣 2 分/处 （最多可扣 25 分）		
3	线槽工艺	30	（7）线槽未贴柱面或接缝超过 1mm，扣 2 分/处； （8）弯角角度不正确，扣 3 分/处； （9）槽未上盖或未盖好，扣 2 分/处； （10）槽盖接缝超过 1mm，扣 1 分/处； （11）线槽终端未作封堵处理，未使用终端头，扣 3 分/个； （12）线槽或墙面不干净、残留施工临时标志，扣 1 分/处； （13）异径线槽作三通连接（无配件）时，小线槽的底板未插入大线槽的底板中，或插入深度不符合规范，扣 3 分/处 （14）线槽表面不干净、留有施工的临时标志，扣 0.5 分/处 （最多可扣 30 分）		
4	线槽进盒（箱）工艺	15	（15）槽板端头未对准电箱（盒）的中间位置，扣 2 分/个； （16）槽板未插入盒内或插入深度不符合规范，扣 2 分/个； （17）线槽与箱（盒）接缝超过 1mm，扣 1 分/处 （最多可扣 15 分）		
5	安全操作规程	5	（18）不穿工作服和绝缘鞋、不戴安全帽，扣 2 分/项；（不听劝阻，可终止操作） （19）登高作业时，不按安全要求使用人字梯，扣 0.5 分/次； （20）作业过程中将工具或器件放置在高处等危险的地方，扣 1 分/次； （21）在没有固定的线槽或盒上开孔或开槽，扣 0.5 分/次		
6	工具、耗材摆放，废料处理	3	（22）作业过程中工具与器件摆放凌乱，扣 1 分； （23）废弃物不按规定处置，扣 1 分/次		
7	工位整洁	2	（24）作业后不清理现场，或将工具等物品遗留在设备内或器件上，扣 0.5 分/个		
	合计	100			

任务二　塑料线管的敷设安装

工作任务

根据如图 1-2-1 所示的塑料线管敷设安装示意图，请完成塑料线管的敷设安装。

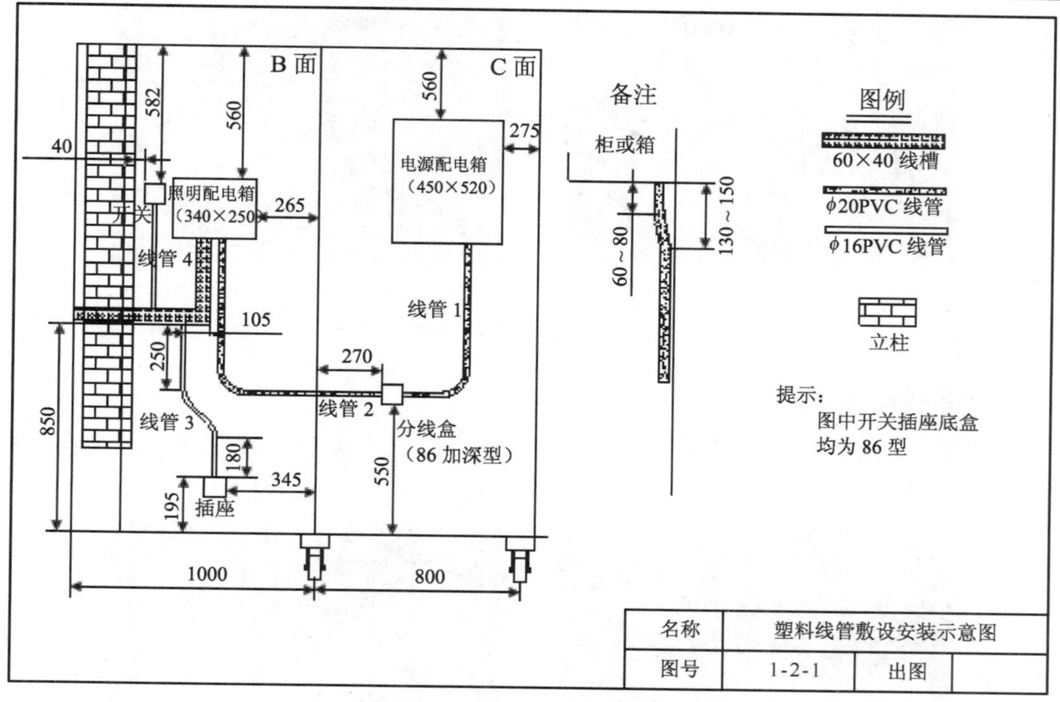

图 1-2-1　塑料线管敷设安装示意图

在完成塑料线管敷设安装工作任务时，必须满足以下敷设工艺要求：

（1）线管走向按图纸的位置布局，安装位置与图纸尺寸相差不超过±5mm。

（2）线管管径的大小要按图纸要求进行正确选择。

（3）线管敷设要牢固安装，不松动。管卡固定牢固，线管要压入管卡中。固定管卡间距要符合规范。

（4）线管与线槽、箱（盒）相连接时要使用连接件，且连接件要紧锁。

（5）线管入照明配电箱及电气控制箱前，按规范制作鸭脖子弯。

（6）线管转弯处转弯圆滑，半径符合要求。直角转弯的偏差角度不大于 5°。

（7）线管弯曲处无折皱、凹穴或裂缝、裂纹，管的弯曲处弯扁的长度不大于 4mm。

（8）线管拐弯处两端的固定管卡离转弯处的距离不小于 50mm，且基本对称，距拐弯处的距离偏差小于 5mm。

（9）所有线管表面应干净、无施工的临时标志残留。

知识链接

一、塑料线管的切割

阻燃型塑料线管也称 PVC 管，由聚氯乙烯塑料材料制造成型，分为厚壁 A 型和普通 B 型。塑料线管的管径种类很多，常用的有ϕ20mm、ϕ16mm 两种。塑料线管主要用于电气设备布线，对敷设其中的导线起机械、电气保护作用，具有配线方便、布线整齐、敷设可靠等优点。

塑料线管可以使用钢锯条切割，建议使用专用 PVC 管剪刀进行切割，效果更佳。用 PVC 管剪刀切割线管的方法如图 1-2-2 所示。

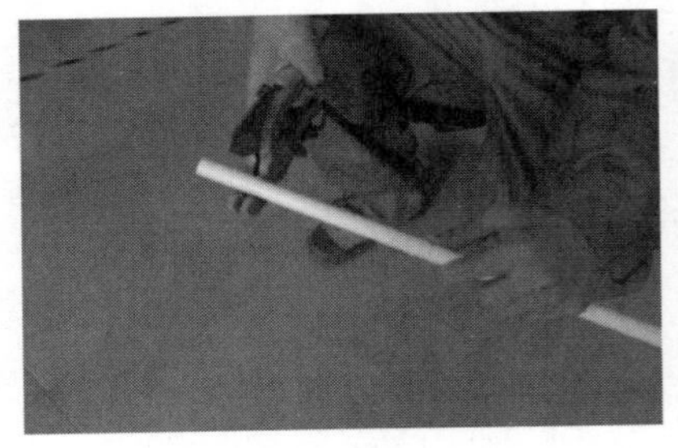

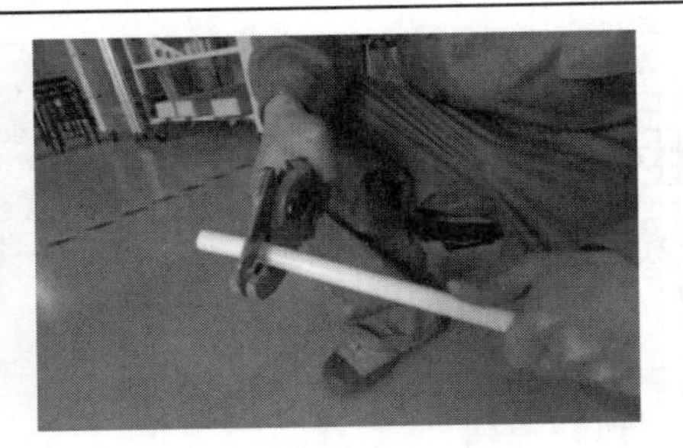

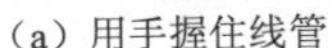

（a）用手握住线管　　（b）边切割边转动线管

图 1-2-2　塑料线管的切割

二、塑料线管的弯曲

塑料线管的弯曲是电工必须掌握的一项基本技能。采用弹簧弯管器进行线管弯曲，操作方法和步骤如图 1-2-3 所示。

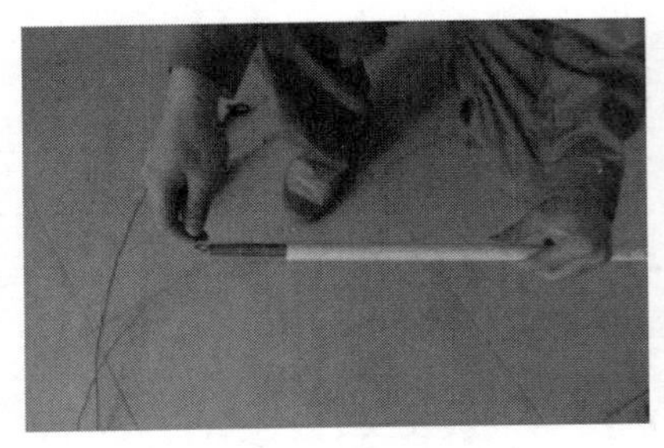

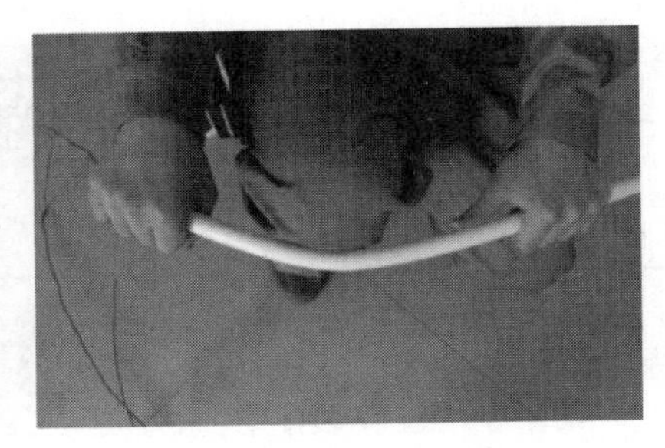

（a）将弯管器伸入线管内　　（b）借助膝盖进行弯曲

图 1-2-3　塑料线管的弯曲

弯曲线管时，将弯管器伸入到线管需要弯曲的地方，两只手握住线管弯曲处的两端，借助膝盖开始用力弯曲线管，可以边弯曲边移动管子，这样弯出的形状会比较合理。最后，将弯管器从管子内抽出，完成线管的弯曲制作。

塑料线管的弯曲可以分为直角 90°弯、平面任意角度弯及鸭脖子弯等几种形式，如图 1-2-4 所示。

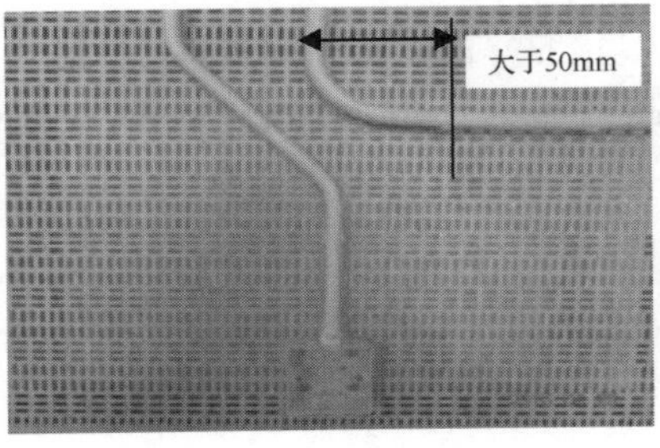

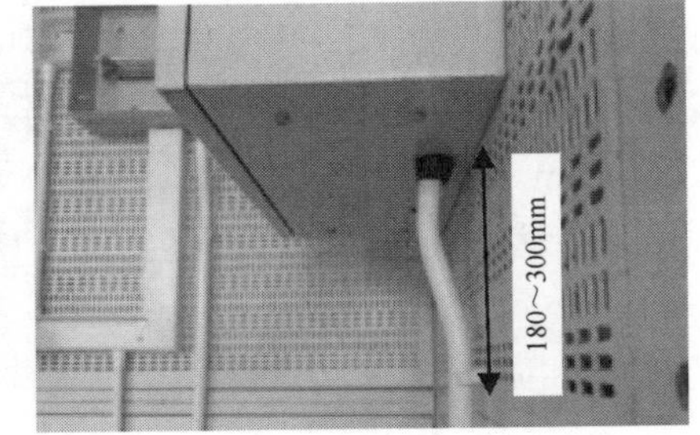

（a）直角或任意角度　　（b）鸭脖子弯

图 1-2-4　塑料线管弯曲的类型

在塑料线管的端部制作 90°弯或鸭脖子弯，直接用手弯曲显然比较困难，此时可在管子端部先预留一段，待完成弯曲成型后，再用管切割器去除多余部分。弯管时应满足以下几点要求：

① 线管的弯曲半径为线管外径的 4～5 倍，且直角转弯的偏差角度不大于±5°。

② 管的弯曲处需圆滑，不应有折皱、凹穴、裂缝、裂纹。

③ 管的弯曲处弯扁的长度不应大于管子外径的 10%。

三、塑料线管的连接

塑料线管的连接类型分为线管与线管之间的连接，线管与线槽、开关盒、插座盒以及电箱间的连接。所有的连接方式都必须使用塑料连接件，如图 1-2-5 所示。

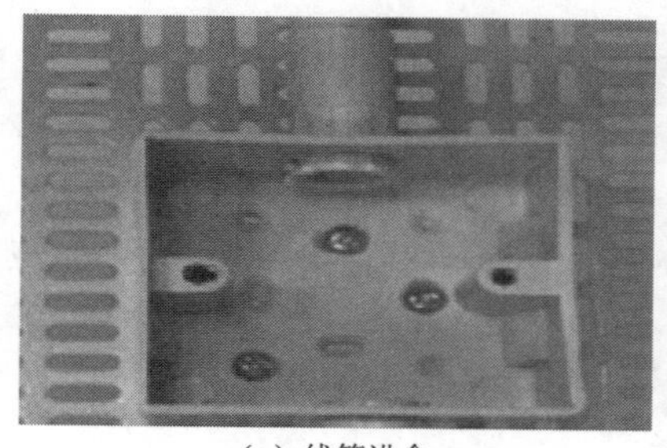

（a）线管进盒

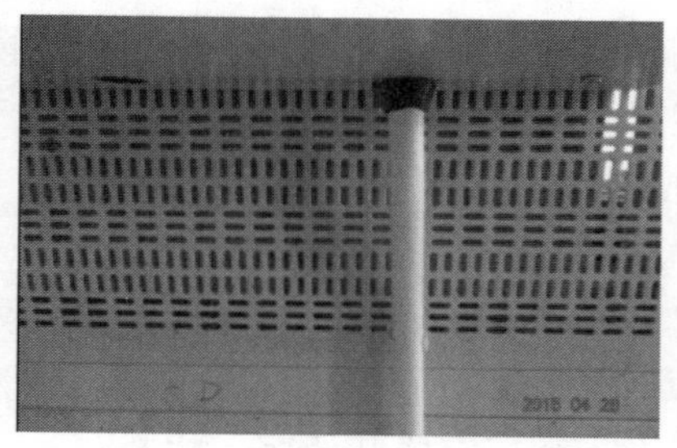

（b）线管进箱

图 1-2-5　塑料线管与槽箱（盒）连接

四、塑料线管的敷设

塑料线管的敷设安装通常用开口管卡固定。管卡安装位置有较严格的要求，具体要求如下：

① 线管直线两端、转弯处两端或入盒（箱、槽）前端都需要装管卡固定，且线管应完全压入管卡内。

② 转弯处两端的管卡应对称，管卡与转弯点距离应大于 50mm，如图 1-2-4 所示；线管直接进盒（箱）时，进盒（箱）前端的固定管卡中心孔与盒（箱）边距离应大于 80mm，如图 1-2-6（a）所示。

③ 鸭脖子弯进盒（箱）的线管进盒（箱）前要有管卡固定，管卡固定孔与盒（箱）边距离为 180～300mm；线管不能直接入盒（箱）时必须做鸭脖子弯处理；同一位置多个线管入同一个箱体时，鸭脖子弯的形状、位置应一致，如图 1-2-6（b）所示。

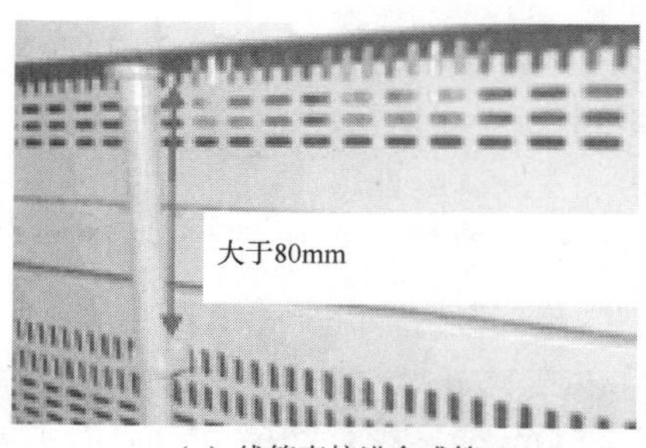

（a）线管直接进盒或箱

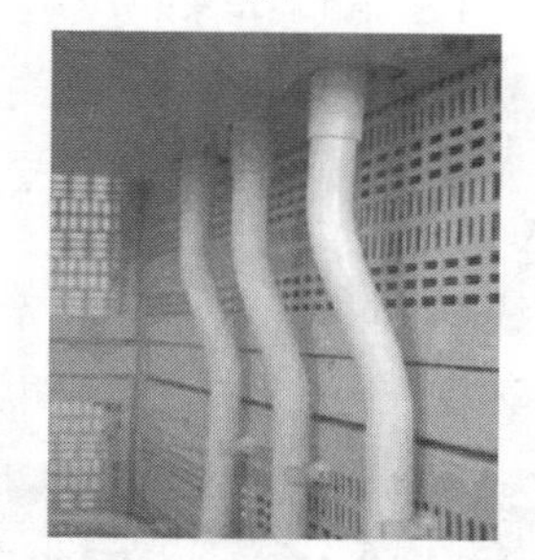

（b）线管做鸭脖子弯处理进箱

图 1-2-6　线管敷设

完成工作任务指导

一、工具准备

ϕ16 弹簧弯管器、ϕ20 弹簧变管器、线管切割器、台虎钳、螺丝刀、电动旋具、开孔器、卷尺、直尺、角度尺、强力磁铁（定位用）、铅笔、橡皮擦。线管敷设安装用的部分工具如图 1-2-7 所示。

二、耗材准备

ϕ16 塑料线管、ϕ20 塑料线管、开口管卡、橡胶护套、杯疏、螺钉、垫片等。

三、施工步骤

1. 阅读任务书

认真阅读工作任务书，理解工作任务的内容，明确工作任务的目标。根据施工单及施工图，做好工具及耗材的准备，拟订施工计划。

2. 线槽（盒）开孔

图 1-2-1 中线管 1、2、3、4 均与线槽、开关盒、分线盒或插座底盒相连接，所以在敷设线管之前必须先对这些底盒、线槽进行开孔处理。将要开孔的线槽夹在台虎钳上，用扩孔器进行钻孔，如图 1-2-8 所示。

重复以上步骤，完成其他底盒的开孔。

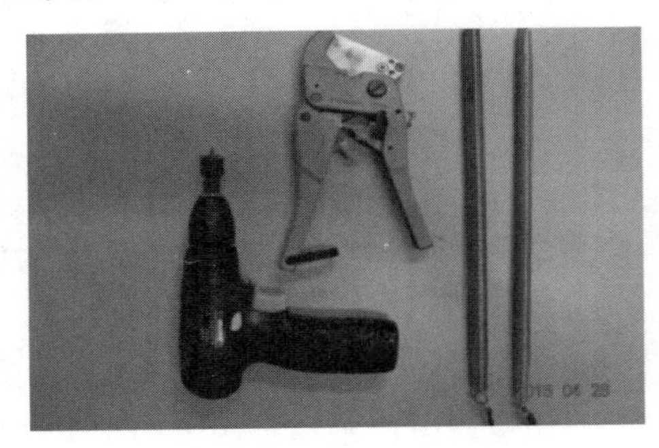

图 1-2-7 线管敷设用工具

图 1-2-8 固定在台虎钳上钻孔

3. 线管任意弯、直角弯及鸭脖子弯制作

根据图 1-2-1 所示的线管布局，线管 1、2 的一端做鸭脖子弯，另一端做直角转弯；线管 3 做两个任意弯；线管 4 直管连接即可。

根据图纸尺寸，用卷尺量出各段线管所需长度，再加上适中余量后，用割管器分别切割出长度适当的 4 段线管。弯曲线管的方法与步骤如图 1-2-3 所示。

4. 敷设安装线管

敷设时，先将线路上的管卡逐个固定牢固后，配管时将线管从管卡开口处压入即可，完成所有线管的敷设安装任务，如图 1-2-9 所示。

（a）线管与线槽连接

（b）完成线管敷设效果图

图 1-2-9 线管敷设过程

安全提示：

在完成工作任务过程中，严格遵守电气安装与维修的安全操作规程，必须穿工作服、绝缘鞋和戴安全帽。安全施工，正确使用人字梯和电动工具。

在作业全过程中，要文明施工，注意工具与器材的摆放、工位的整洁。

【思考与练习】

1．请总结在完成塑料线管敷设安装的工作任务中，在工具的使用、敷设安装的方法和步骤等方面的体会和经验。在敷设安装过程中，遇到了什么困难？用什么方法克服了这些困难？

2．线管是由什么材料制成的？它能起什么作用？

3．你能说一说图 1-2-1 中所示的分线盒的作用吗？

4．塑料线管的弯曲方法有冷弯法和热弯法两种，冷弯法适用于管径不大的线管使用。请你说一说，弯曲管径 16mm 和 20mm 规格的线管使用什么工具？弯曲的基本要领是什么？弯管的基本要求有哪几点？

5．在敷设安装线管时，常常会遇到线管与线管连接，线管与线槽、开关盒、插座底盒、灯座、电源配电箱、照明配电箱、电气控制箱等器件相连接。请你说一说线管连接时有什么具体要求。

6．线管敷设安装工艺要求有哪些？请举例说明。

7．图 1-2-1 中的线管 2 是三段线管弯曲制作最难的一段，这段线管必须在制作一个鸭脖子弯、两个直角弯后才能进行敷设安装。请说一说该段线管的制作方法和技巧。如何做到这两个直角弯能两两互相垂直？

8．请完成如图 1-2-10 所示的线管敷设安装工作任务，并回答以下问题：

（1）制定施工计划和操作步骤。

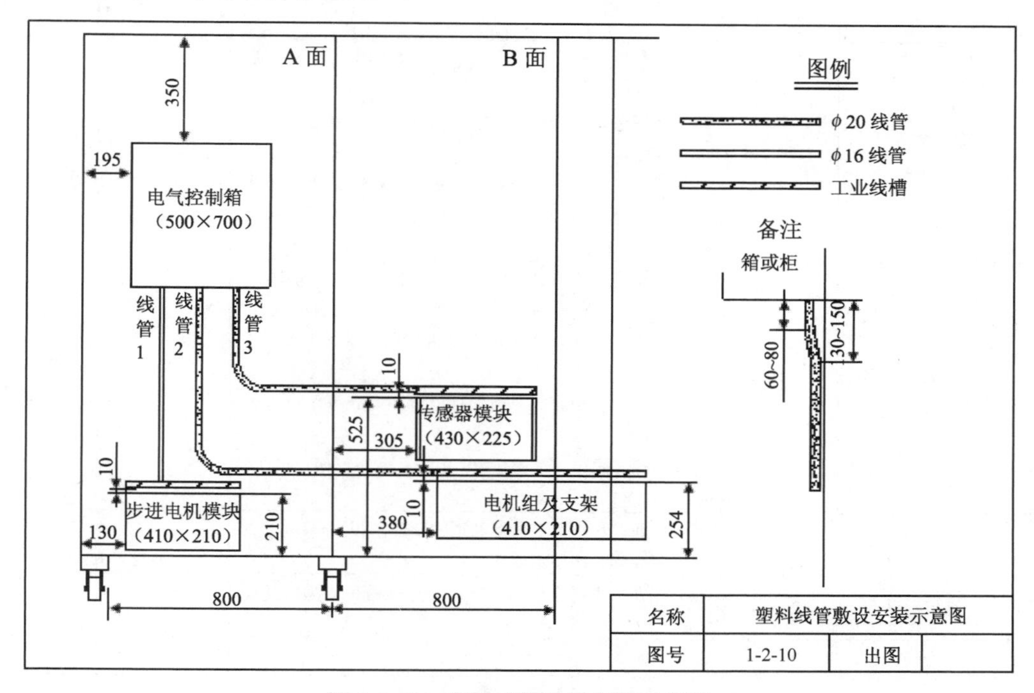

图 1-2-10　塑料线管敷设安装示意图

（2）本次施工任务中使用的线管是哪几种规格的？

（3）同一位置、多个线管入同一个箱体时，线管敷设安装有什么特殊要求？你制作的鸭脖子弯的形状是否符合备注中的尺寸要求？

9．请填写完成塑料线管敷设安装工作任务评价表1-2-1。

表1-2-1　塑料线管敷设安装工作任务评价表

序号	评价内容	配分	评价标准	自我评价	老师评价
1	线管走向与布局	20	（1）线管不按图纸要求的位置或方向布局，扣4分/处； （2）线管安装位置与图纸尺寸误差±5mm 及以上者，扣2分/处； （3）线管管径选择错误，扣2分/段 （最多可扣20分）		
2	线管固定	25	（4）线管固定不牢固、松动，或未压入管卡中，扣0.5分/处； （5）直线两端、转弯处两端、入盒（箱、槽）前端不装管卡固定，扣0.5分/处 （最多可扣25分）		
3	线管工艺	30	（6）转弯处两端管卡位置不对称，或管卡位置与规定不符，扣0.2分/处； （7）直线段固定管卡间距不合理，扣0.2分； （8）线管直接进槽或盒（箱）前的固定管卡位置与规定不符，扣0.2分/处； （9）直角转弯的偏差角度大于5°，扣0.5分/处； （10）线管的转弯处有折皱、凹穴或裂缝、裂纹，管的弯曲处弯扁的长度大于4mm，扣1分/处； （11）管的弯曲半径与规定不符，扣1分/处； （12）线管表面不干净、留有施工的临时标志 （最多可扣30分）		
4	线管进盒（箱）工艺	15	（13）线管进盒时，线管中心位置和盒的中心位置的偏差大于±5mm，扣0.5分/处； （14）线管进盒（箱、槽）未使用连接件，或连接件不紧锁，扣0.5分/处； （15）线管进箱前不做鸭脖子弯的，或鸭脖子弯转弯处不符合要求，扣2分/处 （最多可扣15分）		
5	安全操作规程	5	（16）不穿工作服和绝缘鞋、不戴安全帽，扣2分/项；（不听劝阻，可终止操作） （17）登高作业时，不按安全要求使用人字梯，扣0.5分/次； （18）作业过程中将工具或器件放置在高处等危险的地方，扣1分/次； （19）在没有固定的线槽（盒）上开孔或矩形槽，扣0.5分/次		
6	工具、耗材摆放，废料处理	3	（20）作业过程中工具与器件摆放凌乱，扣1分； （21）废弃物不按规定处置，扣1分/次		
7	工位整洁	2	（22）作业后不清理现场，或将工具等物品遗留在设备内或器件上，扣0.5分/个		
	合计	100			

任务三　金属桥架的敷设安装

工作任务

根据如图 1-3-1 所示的金属桥架敷设安装示意图，请完成金属桥架的敷设安装。

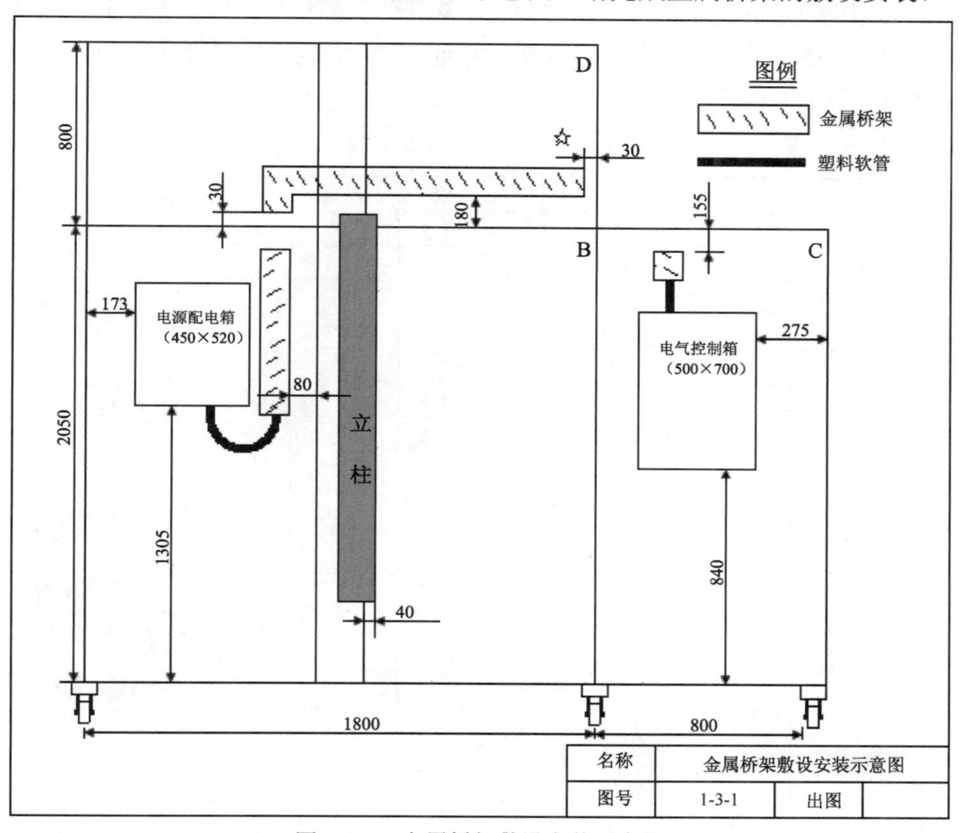

图 1-3-1　金属桥架敷设安装示意图

在完成金属桥架敷设安装工作任务时，必须满足以下敷设工艺要求：

（1）桥架走向按图纸的位置布局，安装位置与图纸尺寸相差不超过±5mm。

（2）桥架直线段及其附件（含 U 形托臂、三角托臂、吊杆）等选配正确。

（3）桥架与波纹管连接处使用封头，并连接牢靠。

（4）相连桥架段使用连接片连接，用螺丝连接固定，螺母朝外。连接处没有明显缝隙，所有桥架开口向上或向外。

（5）相邻桥架段之间用铜螺丝连接接地线，接地线必须固定在两片铜质垫片之间，桥架两端封头接地线必须与接地干线连接。

（6）每段桥架都安装 4 个盖板安装卡，都用盖板盖好，且盖板嵌入安装卡中。盖板之间没有明显缝隙。

（7）三角托臂、U 形托臂及吊杆安装牢固，无松动。吊杆安装在桥架靠墙侧，其固定位置可以与桥架方向平行或垂直。

知识链接

一、桥架的作用与规格

桥架是用于支撑和敷设电缆线路的支架，在实际工程上得到广泛应用，有不锈钢桥架、铝合金桥架及玻璃钢桥架等。

YL-156A 型电气安装与维修实训考核装置所配置的金属桥架，具有造型简单、结构美观、配置灵活和维修方便的特点，能真实反映施工现场的敷设安装、维护检修、电缆敷设的要求。金属桥架规格见表 1-3-1。

表 1-3-1 金属桥架的规格

序号	名称	规格	单位	数量	说明
1	直线段 1	50×30×1500	根	1	1500mm/根
2	直线段 2	50×30×1000	根	2	1000mm/根
3	直线段 3	50×30×500	根	4	500mm/根
4	直线段 4	50×30×300	根	2	300mm/根
5	直线段 5	50×30×200	根	4	200mm/根
6	直线段 6	50×30×150	根	4	150mm/根
7	附件 1	水平左右 90°弯 100mm×100mm×30mm	只	4	
8	附件 2	水平左右 45°弯 100mm×100mm×30mm	只	4	
9	附件 3	水平直三通 150mm×100mm×30mm	只	2	
10	附件 4	桥架带孔封头 （端面）孔径$\phi 23$	只	4	
11	附件 5	水平四通 150mm×150mm×30mm	只	1	
12	附件 6	垂直等径下弯通（阴角） 100mm×100mm×30mm	只	2	

续表

序号	名称	规格	单位	数量	说明
13	附件 7	垂直等径上弯通（阳角） 100mm×100mm×30mm	只	2	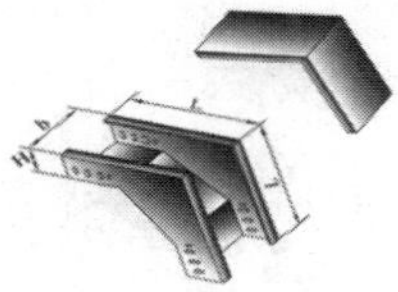
14	附件 8	线槽支架 （U 形托臂）	只	6	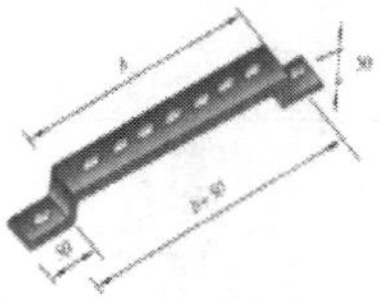
15	附件 9	线槽支架 （三角形托臂）	只	6	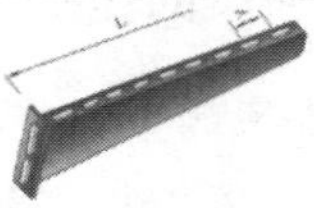
16	附件 10	吊杆支架 100mm×260mm×20mm	只	4	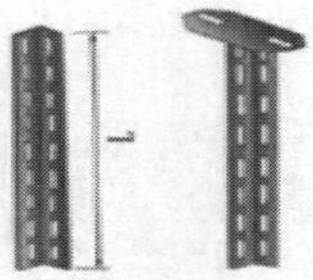
17	附件 11	垂直等径右上弯通	只	2	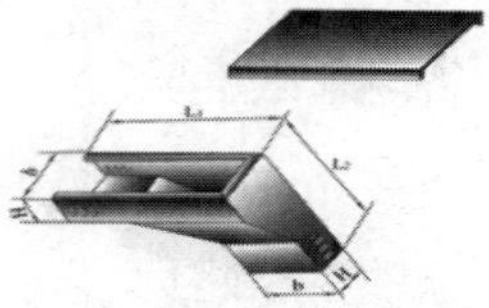
18	附件 12	垂直等径左上弯通	只	2	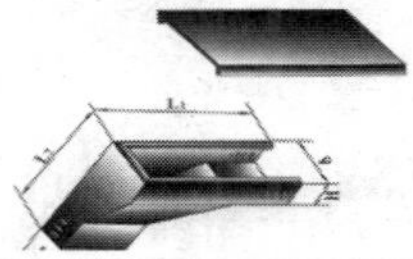
19	附件 13	垂直等径右下弯通	只	2	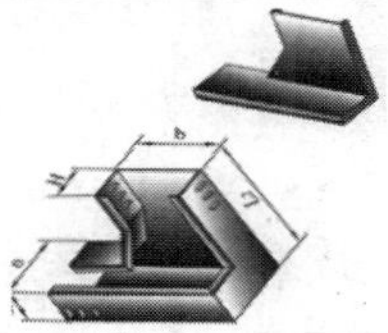
20	附件 14	垂直等径左下弯通	只	2	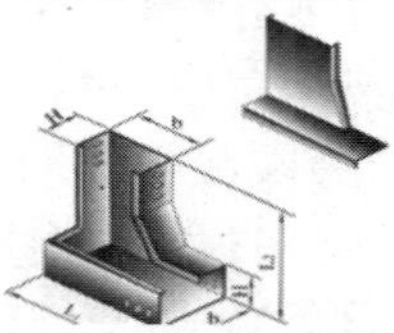
21	附件 15	上边垂直等径三通	只	2	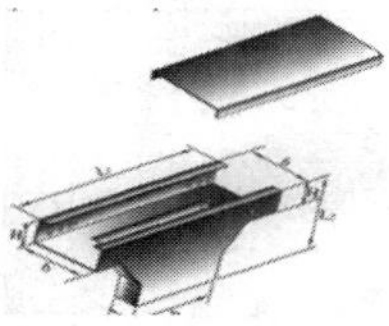

续表

序号	名称	规格	单位	数量	说明
22	附件 16	连接板 10mm×20mm×100mm	只	28	
23	附件 17	垂直等径变向弯通	只	4	
24	附件 18	连接螺丝（专用）	套	100	M5×10 每套带自锁螺帽 1 只
25	附件 19	铜制接地螺丝（专用）	套	80	M5×15 每套带帽 1 只、平垫 2 只
26	附件 20	盖板安装卡	只	80	

二、桥架的连接

1．桥架的直线连接

用桥架连接板（片）把桥架与桥架之间连接起来，用专用连接螺丝紧固。为了避免桥架内的电缆线绝缘刮伤受损，连接螺母必须位于桥架的外侧，如图 1-3-2 所示。

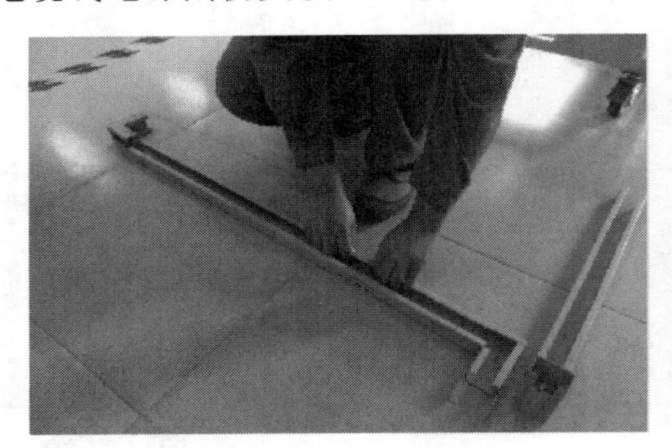

（a）桥架直线连接

（b）桥架连接紧固

图 1-3-2　金属桥架的连接

2．桥架的转弯连接

当桥架敷设安装遇到墙角、柱或梁时，桥架线路必须转弯，转弯的方向和角度要根据施工现场而定。YL-156A 型实训装置所配置的桥架就有一些供选择的转角配件，见表 1-3-1。桥架的转弯连接的方法与桥架的直线连接相同。

常用的由转角配件组合的转弯连接如图 1-3-3 所示。

3．桥架与配电箱（柜）的连接

桥架与配电箱（柜）的连接可通过金属软管、波纹管或塑料管等，将桥架内的电缆线出线接入配电箱（柜）内这种连接方式，如图 1-3-4（a）所示。桥架末端需要用连接件作封堵，如图 1-3-4（b）所示。

三、桥架的接地

金属桥架必须进行可靠的保护接地处理，即在桥架的首端、末端（或中间位置）把桥架用导线接到接地线上；同时，桥架之间的连接板（片）的两端也必须跨接铜芯导线或编制铜线，连接导线为 2.5mm^2 规格的单股黄绿双色绝缘导线。

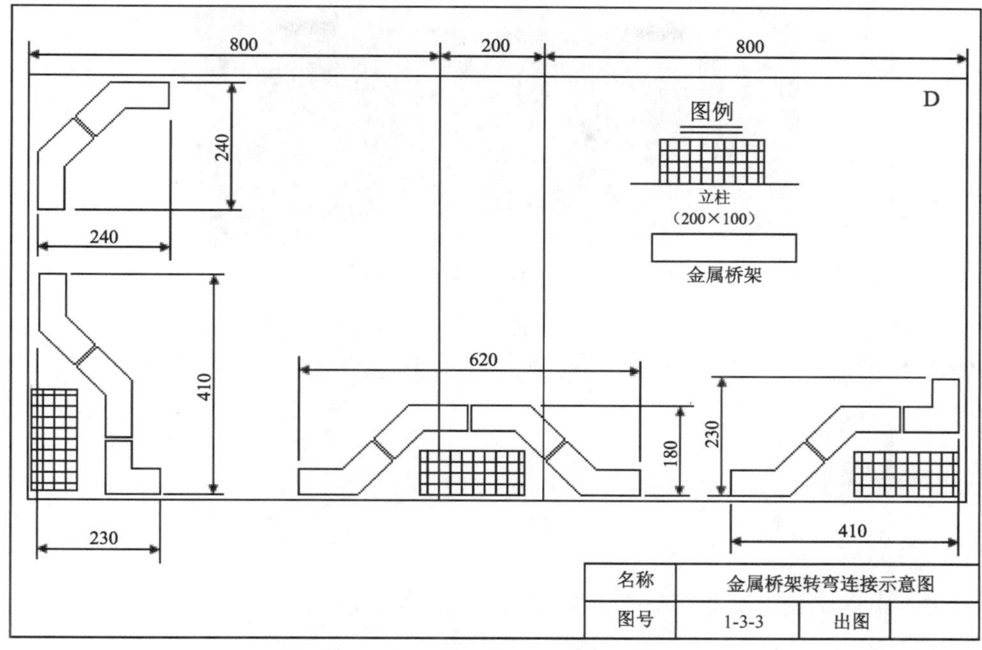

图 1-3-3　金属桥架转弯连接示意图

（a）桥架入箱需用波纹管过渡

（b）桥架末端需用连接件封堵

图 1-3-4　桥架与配电箱（柜）的连接

接地线连接螺栓时必须按螺丝拧紧的方向（顺时针），大小应略大于螺栓而小于垫片，必须使用铜质螺栓、螺帽、垫片，且接地线必须固定在两片铜质垫片之间，如图 1-3-5 所示。

图 1-3-5　桥架的接地处理

四、桥架的敷设安装

金属桥架的敷设安装固定方式可采用托臂（U 形或△形）支撑固定，或吊杆支撑固定，根据图纸安装尺寸和施工现场而定。桥架的敷设安装固定如图 1-3-6 所示。

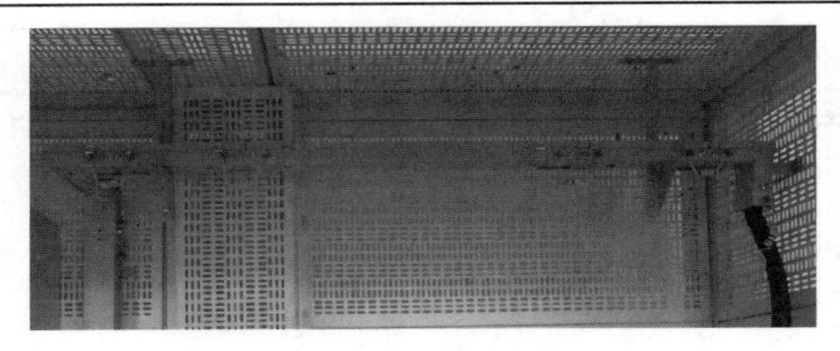

图 1-3-6 桥架的敷设安装

桥架安装固定时，桥架直线段支撑点跨距要合理，在距离桥架转弯处 300～600mm 的两侧各设置一个支撑点对其固定，吊杆一般固定在桥架靠墙一侧。桥架施工后需盖上盖板，并用四个卡扣进行固定。

完成工作任务指导

一、工具准备

螺丝刀、电动旋具、套筒、扳手、尖嘴钳、剥线钳、卷尺、直尺、强力磁铁（定位用）、铅笔、橡皮擦等。

二、耗材准备

桥架及安装配件若干、螺钉螺帽、垫片、铜质螺钉螺帽、波纹管、橡胶护套、接地排等。

三、施工步骤

1. 阅读任务书

认真阅读工作任务书，理解工作任务的内容，明确工作任务的目标。根据施工单及施工图，做好工具及耗材的准备，拟订施工计划。

2. 看图计算

根据工作任务书给定的桥架敷设安装示意图，进行桥架的走向与布局分析；计算桥架长度和选择桥架配件类型，如图 1-3-7（a）所示。

3. 桥架拼接

将选择好的桥架配件按桥架走向依次排列，进行桥架连接，包括直线段连接和转弯连接，如图 1-3-7（b）所示。

4. 安装桥架的支撑托臂

根据桥架的吊装位置，正确选择支撑托臂的类型进行安装，如图 1-3-7（c）所示。

5. 桥架的接地处理

按规范要求，对桥架连接片两端进行连接接地线处理，如图 1-3-7（d）所示。

6. 桥架上墙安装

由两人一起抬起整个桥架，双人站在人字梯上进行桥架上墙敷设安装。根据图纸尺寸要求进行定位，注意桥架的水平度和垂直度，用螺钉紧固，如图 1-3-7（e）所示。

7. 桥架与箱体的连接

用波纹管将桥架与箱体连接起来，连接时必须使用连接件，如图 1-3-7（f）所示。

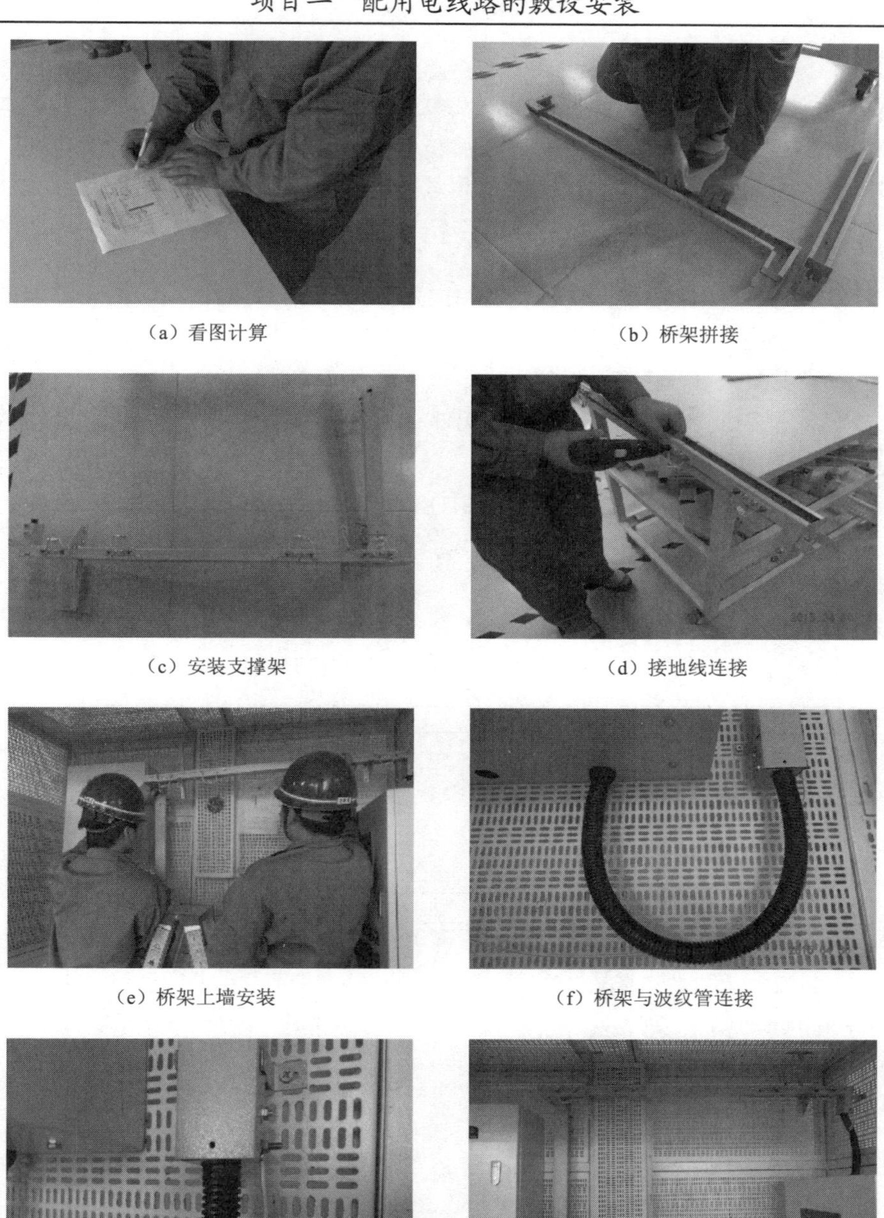

（a）看图计算　（b）桥架拼接

（c）安装支撑架　（d）接地线连接

（e）桥架上墙安装　（f）桥架与波纹管连接

（g）封头处接地线与接地线干线连接　（h）完成桥架敷设安装

图 1-3-7　桥架的敷设安装过程

8. 桥架最终端的接地

将桥架两端的封头处的接地线与接地干线相连接，如图 1-3-7（g）所示。

9. 安装盖板

桥架固定好后，将每段桥架的盖板盖上，用卡扣固定，完成桥架的敷设安装，如图 1-3-7（h）所示。

安全提示：

在完成工作任务过程中，严格遵守电气安装与维修的安全操作规程，必须穿工作服、绝缘鞋和戴安全帽。安全施工，正确使用人字梯和电动工具。

在作业全过程中，要文明施工，注意工具与器材的摆放、工位的整洁。

【思考与练习】

1．请总结在完成金属桥架敷设安装的工作任务中，在工具的使用、敷设安装的方法和步骤等方面的体会和经验。在敷设安装过程中，遇到了什么困难？用什么方法克服了这些困难？

2．钢制桥架表面处理工艺有哪些？

3．YL-156A 型实训装置中桥架的转角配件见表 1-3-1，使用这些配件你能拼接出哪些转弯形状？分别应用在什么施工现场？

4．桥架之间的连接板（片）应使用哪几种螺栓紧固？各有什么作用？

5．请完成如图 1-3-8 所示的金属桥架敷设安装工作任务，并回答以下问题：

（1）制定施工计划和操作步骤。

（2）整个桥架线路由几段桥架组成？

（3）桥架固定是用什么类型的支撑件？其中，吊杆支架共用多少个？

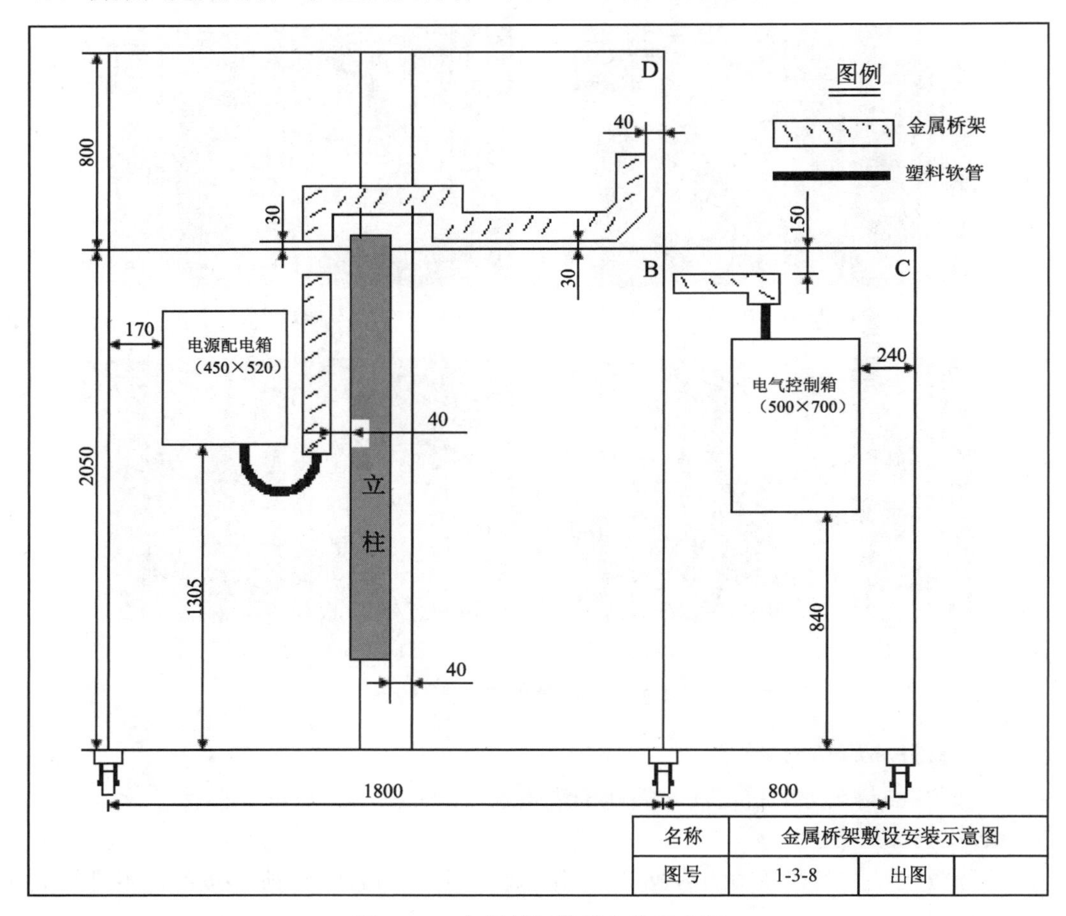

图 1-3-8　金属桥架敷设安装示意图

6．请填写完成金属桥架敷设安装工作任务评价表 1-3-2。

表 1-3-2　金属桥架敷设安装工作任务评价表

序号	评价内容	配分	评价标准	自我评价	老师评价
1	桥架走向与布局	20	（1）桥架不按图纸要求的位置或方向布局，扣 4 分/处； （2）桥架安装位置与图纸尺寸误差±5mm 及以上者，扣 2 分/处； （3）桥架段及配件选择错误，扣 2 分/段 （最多可扣 20 分）		
2	桥架固定	25	（4）桥架固定不牢固、松动，扣 2 分/处； （5）吊架数量不够或安装位置不妥，吊架倾斜、不牢靠，扣 2 分/处； （6）墙面固定支架数量不够，或安装位置不妥，扣 1 分/处 （最多可扣 25 分）		
3	桥架工艺	30	（7）相连接桥架段使用连接件或连接螺栓不正确，扣 0.5 分/个； （8）固定连接件的螺母不朝外，扣 1 分/个； （9）相连接桥架段之间的连接处有明显缝隙，扣 0.5 分/处； （10）相邻桥架段之间没接接地线，或导线颜色线径选用不正确，扣 1 分/处； （11）桥架两端封头接地线未与接地干线相连接，扣 2 分/处； （12）盖板没安装，或安装不牢靠，盖板之间有明显缝隙，扣 0.5 分/处 （最多可扣 30 分）		
4	桥架进箱工艺	15	（13）桥架两端与波纹管连接未使用封头，或连接不牢靠，扣 2 分/处； （14）波纹管与箱体连接时，未使用连接件，或连接不牢靠，扣 1 分/处； （15）与桥架相连的波纹管的长度不合适，扣 1 分/处； （最多可扣 15 分）		
5	安全操作规程	5	（16）不穿工作服和绝缘鞋、不戴安全帽，扣 2 分/项；（不听劝阻，可终止操作） （17）登高作业时，不按安全要求使用人字梯，扣 0.5 分/次； （18）作业过程中将工具或器件放置在高处等危险的地方，扣 1 分/次		
6	工具、耗材摆放，废料处理	3	（19）作业过程中工具与器件摆放凌乱，扣 1 分； （20）废弃物不按规定处置，扣 1 分/次		
7	工位整洁	2	（21）作业后不清理现场，或将工具等物品遗留在设备内或器件上，扣 0.5 分/个		
	合计	100			

项目二　照明线路的安装与调试

本项目通过完成电源配电箱、照明配电箱、电气照明线路的安装与调试三个工作任务，学会供配电系统图、照明配电系统图和照明平面图的识读，掌握电源配电箱、照明配电箱、插座和灯具安装操作技能，并且能根据元器件布置图和照明平面布置图完成电气照明线路安装与调试的工作任务。

任务一　电源配电箱的安装

工作任务

根据如图 2-1-1 所示的电源配电箱的配电系统图和如图 2-1-2 所示的箱内元器件布置图，请完成电源配电箱的接线与安装。

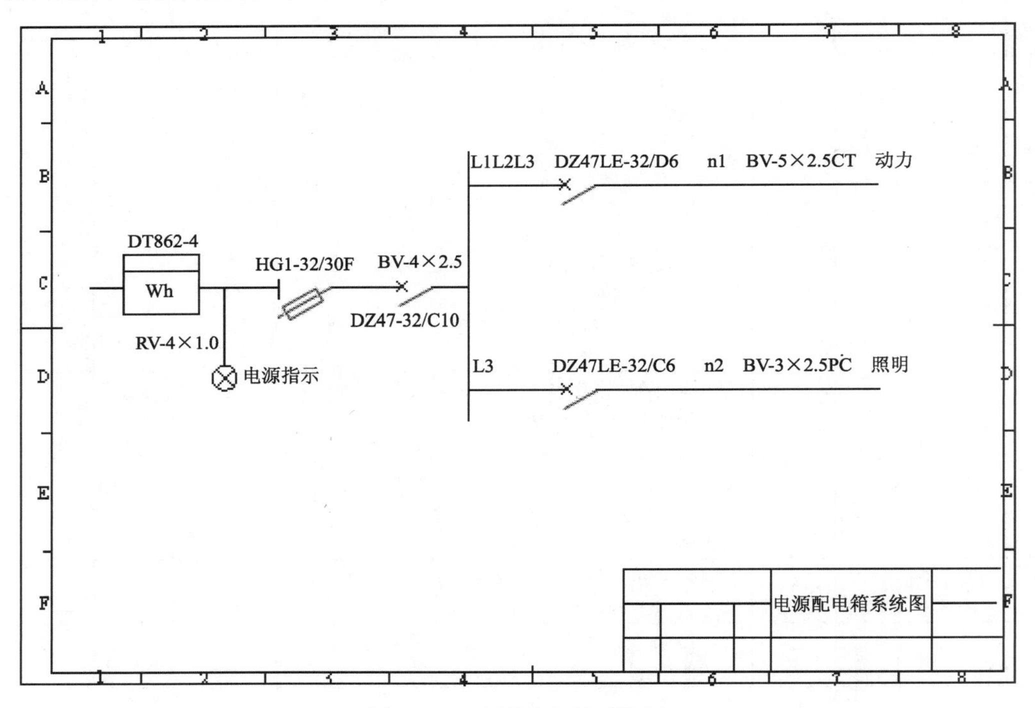

图 2-1-1　电源配电箱系统图

在完成电源配电箱的接线与安装工作任务时，必须满足以下敷设工艺要求：

（1）断路器按配电系统图要求选配。

（2）箱内电器按配电系统图要求接线；相线、零线、接地线、指示灯接线按配电系统图线径要求配线和分色。

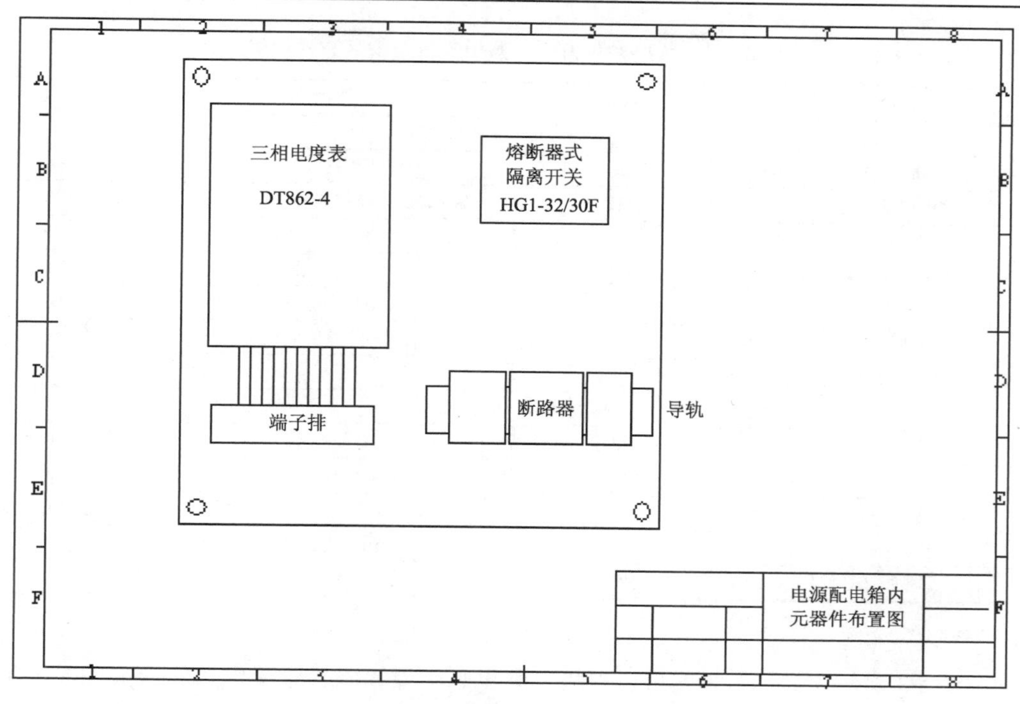

图 2-1-2　电源配电箱内元器件布置图

（3）引入线中的零线（或接地线）进箱直接接零线排（或接地线排）。

（4）指示灯线按规范要求套缠绕管或捆扎。

（5）敷设导线时，做到横平竖直、无交叉、集中归边走线、贴面走线。

（6）一个接线端接线不超过 2 根，端子压接要牢固，不露铜或压皮。

（7）端子按图纸要求进行编码。

（8）通电检测时，输出电压均正常，电源指示灯亮。

请注意下列事项：

① 在完成工作任务的全过程中，严格遵守电气安装和电气维修的安全操作规程。

② 电气安装中，线路安装参照《建筑电气工程施工质量验收规范（GB 50303—2002）》验收，低压电器的安装参照《电气装置安装工程低压电器施工及验收规范（GB 50254－96）》验收。

知识链接

一、供配电系统图的识读

供配电系统图说明了系统的基本组成、主要设备、元器件之间的连接关系以及线路的规格型号、参数等，它是进行安装施工和电气维修的重要依据。

1. 配电线路的标注

配电线路在图上的文字标注的一般格式为：

$$a–b\ (c\times d)\ e–f$$

式中，a——线路编号或用途；b——导线型号；c——导线根数；d——导线截面积；e——导线的敷设方式；f——导线敷设部位。表示导线敷设方式和敷设部位的文字符号见表 2-1-1。

表 2-1-1　线路敷设方式、敷设部位及安装方式代号

名称	符号	名称	符号
线路敷设方式的标注			
穿焊接钢管敷设	SC	用钢索敷设	M
穿电线管敷设	MT	穿聚氯乙烯塑料波纹电线管敷设	KPC
穿硬塑料管敷设	PC	穿金属软管敷设	CP
穿阻燃半硬聚氯乙烯管敷设	FPC	直接埋设	DB
电缆桥架敷设	CT	电缆沟敷设	TC
金属线槽敷设	MR	混凝土排管敷设	CE
塑料线槽敷设	PR		
线路敷设部位的标注			
沿或跨梁（屋架）敷设	AB	暗敷设在墙内	WC
暗敷在梁内	BC	沿天棚或顶板面敷设	CE
沿或跨柱敷设	AC	暗敷设在屋面或顶板内	CC
暗敷在柱内	CLC	吊顶内敷设	SCE
沿墙面敷设	WS	地板或地面下敷设	FC

2. 干线系统图

如图 2-1-3 所示，干线系统图可以直接反映出总配电箱到各分配电箱的连接方式，有放射式、树干式或混合式；还可以反映出分支线路的数目及每条支线路的供电范围。

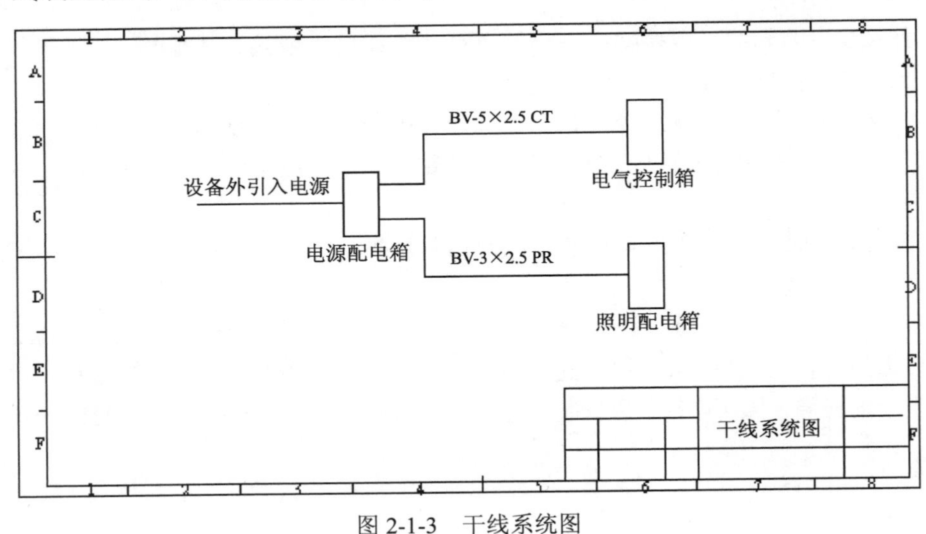

图 2-1-3　干线系统图

图 2-1-3 中反映了电源配电箱与电气控制箱、照明配电箱的电能分配关系，其中：

① BV-5×2.5CT 表示电源配电箱与电气控制箱之间的连接线路是用 5 根 2.5mm^2 铜芯塑料绝缘导线，通过桥架敷设方式连接的；

② BV-3×2.5PR 表示电源配电箱与照明配电箱之间的连接线路是用 3 根 2.5mm^2 铜芯塑料绝缘导线，通过硬质塑料线槽敷设方式连接的。

3. 电源配电箱系统图

如图 2-1-1 所示，电源配电箱系统图反映了电源配电箱内部各元器件之间的连接关系，同时系统图中对各器件规格、线路进行了标注，其含义如下：

① DT862-4：D——电能表；T——三相四线有功；862——设计序号；4——额定电流为标定电流的 4 倍。

② HG1-32/30F：HG——隔离开关；1——设计代号；32——约定发热电流；3——极数；0——无熔断器信号装置；F——有防护型。

③ DZ47LE-32/D6：DZ——小型断路器（D 自动开关、Z 装置式）；47——设计代号；LE——功能代号（电子式剩余电流动作断路器，漏电保护型）；32——壳架等级额定电流；D——瞬时脱扣器类型；6——额定电流。

D 型即动力型，用于电力线路；C 型为配电型，用于配电和照明线路。D 型的要比 C 型的短路分断倍数大。

二、电源配电箱

电源配电箱是连接电源和用电设备的一种电气装置。YL-156A 型实训装置中的电源配电箱内配置了 DT862-4 型电度表、HG1-32/30F 型熔断器式隔离开关、三极断路器、单极断路器等，具有计量、隔离、正常分断、短路、过载、漏电保护及电源指示等功能。电源配电箱实物图如图 2-1-4 所示。

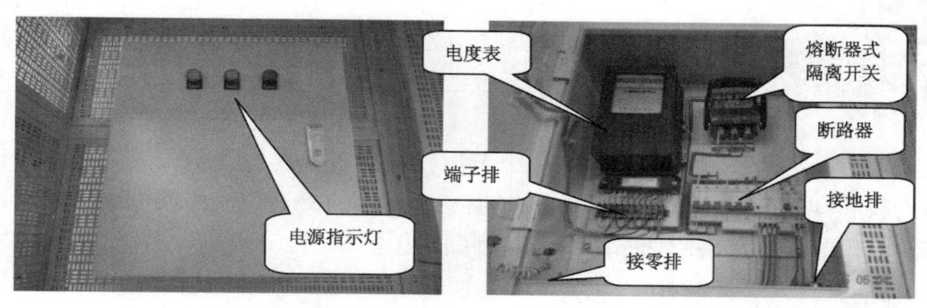

（a）箱体外观　　（b）箱内布局

图 2-1-4　电源配电箱实物图

1. 三相四线制电度表

电度表是用来测量电能的仪表，由电磁机构、计数器、传动机构、制动机构及其他部分组成。当负荷电流在 40A 及以下时，采用直接接法，如图 2-1-5 所示。当负荷电流超过 40A 时，电度表必须采用与电流互感器连接的方法进行接线，这里不作介绍。

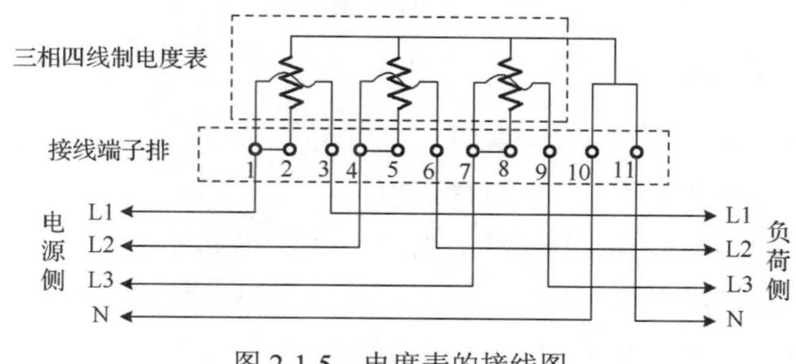

图 2-1-5　电度表的接线图

2. 熔断器式隔离开关

如图 2-1-6 所示，熔断器式隔离开关就是带有熔断器装置的隔离开关，开关由底座和罩盖

（载熔装置）两部分组成，呈三相并列封闭式结构，具有体积小巧、使用安全可靠、熔体装卸方便、手感操作力小等优点。

熔断器式隔离开关主要用于有高短路电流的电路或电动机电路场合，具有电源开关、隔离开关和应急开关的作用。

熔断器是根据电流超过规定值一定时间后，以其自身产生的热量使熔体熔化，从而使电路断开的原理制成的一种电流保护器。熔断器式隔离开关广泛应用于低压配电系统、控制系统及用电设备中，作为短路和过电流保护，是应用最普遍的保护器件之一。

熔断器主要由熔体和熔管两个部分及其外加填料等组成，常用的有瓷插式、螺旋式、无填料封闭式和有填料封闭式等几种。其型号由 R（熔断器）、结构特征（C－瓷插式）、设计序号、熔断器额定电流及熔体额定电流等内容组成。

图 2-1-6　熔断器式隔离开关

3. 断路器

低压断路器又称自动空气开关或自动空气断路器，是一种重要的控制和保护电器，能自动切断故障电路并兼有控制和保护功能,如图 2-1-7 所示。

图 2-1-7 中 3P+N 和 1P+N 均为带漏电保护功能的断路器。漏电保护器的主要部件是一个磁环感应器，火线和零线采用并列绕法在磁环上缠绕几圈，在磁环上还有一个次级线圈。当火线和零线在正常工作时，电流产生的磁通正好抵消，在次级线圈不会感应出电压；如果某一线有漏电，或未接零线，在磁环中通过的火线和零线的电流就不会平衡，产生穿过磁环的磁通在次级线圈中感应出电压，通过电磁铁使脱扣器动作，跳闸切断电源，起到漏电保护作用。

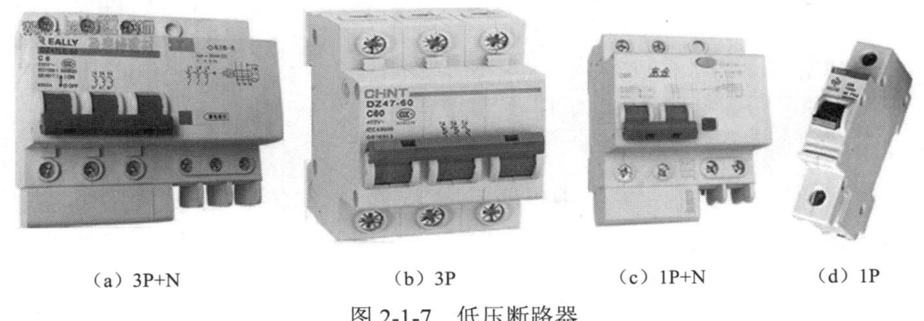

（a）3P+N　（b）3P　（c）1P+N　（d）1P

图 2-1-7　低压断路器

三、电源配电箱的安装

电源配电箱内部器件的布置一般是按“上进下出”原则，即电源进线从配电板（盘）的上部接入，电源出线从配电板（盘）的下部引出。

箱内器件的基本配置一般含有电度表、隔离开关、熔断器、断路器。其中，隔离开关、电度表、熔断器等布置在配电板（盘）的上部，总负荷开关或断路器布置在板（盘）的中间部位，各支路的断路器则布置在板（盘）的下部，器件的型号规格按设计图纸配置。

1. 器件安装

当器件位置确定后，用丁字尺、三角尺画出水平线和垂直线，定出各器件的具体安装位置。三个断路器要安装在导轨上。

2. 盘内配线

盘内配线时请注意以下几点：

① 选择导线的截面和长度，剪断拉直后进行配线。

② 导线与器件的螺钉压接必须牢固，压线方向应正确，导线应排列整齐、美观、横平竖直。电源线的色别按相序依次为黄色、绿色、红色，保护接地线为黄绿相间，工作零线为蓝色。

3. 配电箱的保护接地

将电器的金属外壳、金属框架进行接地，箱体的接地排应与接地干线连接。

完成工作任务指导

一、工具准备

钢丝钳、尖嘴钳、剥线钳、台虎钳、螺丝刀、扳手、电动旋具、直尺、角度尺、铅笔、橡皮擦。

二、耗材准备

各种线径规格的导线若干、电源配电箱及其器件。

三、施工步骤

1. 阅读任务书

认真阅读工作任务书，理解工作任务的内容，明确工作任务的目标。根据施工单及施工图，做好工具及耗材的准备，拟订施工计划。

2. 器件安装

将电源配电箱中的配电板（盘）取出，放置在工作台上，为施工做准备，如图 2-1-8（a）所示。

根据如图 2-1-1 所示的配电系统图选择相应的断路器，用万用表检测断路器的通断情况，如图 2-1-8（b）所示。

根据如图 2-1-2 所示的元器件布置图，将器件安装在图中指示位置，所有的断路器均安装在导轨上，如图 2-1-8（c）所示。

3. 盘内配线

① 根据配电系统图，选择导线的截面和颜色。

② 估算导线长度后将其剪断，将导线固定在台虎钳上用钢丝钳进行拉直处理，如图 2-1-8（d）所示。

③ 用尖嘴钳将导线弯出直角，如图 2-1-8（e）所示。根据导线敷设位置量好长度，如图 2-1-8（f）所示。重复此步骤，完成该导线弯曲制作。

④ 重复以上③的操作步骤，继续完成其他导线的弯曲。

⑤ 用螺丝刀将所有的导线固定在配电盘上，如图 2-1-8（g）所示。

⑥ 完成整个配电盘的接线安装，如图 2-1-8（h）所示。

4. 安装配电箱

将配电板（盘）装入电源配电箱，完成电源指示灯的接线，如图 2-1-8（i）所示；再完成进、出线的连接。这样，电源配电箱的安装过程就结束了，其安装效果如图 2-1-8（j）所示。

（a）待安装的配电盘

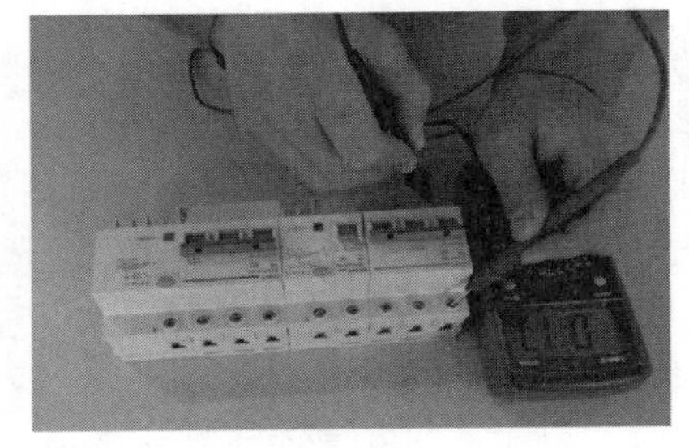

（b）断路器选配及检测

（c）断路器安装

（d）导线拉直处理

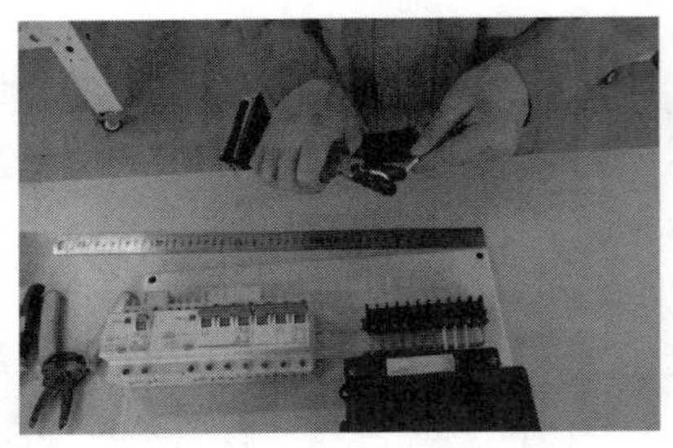

（e）用尖嘴钳弯出直角

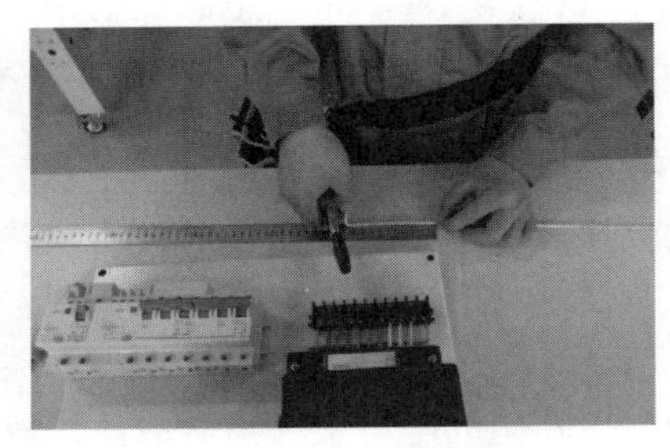

（f）测量走线长度

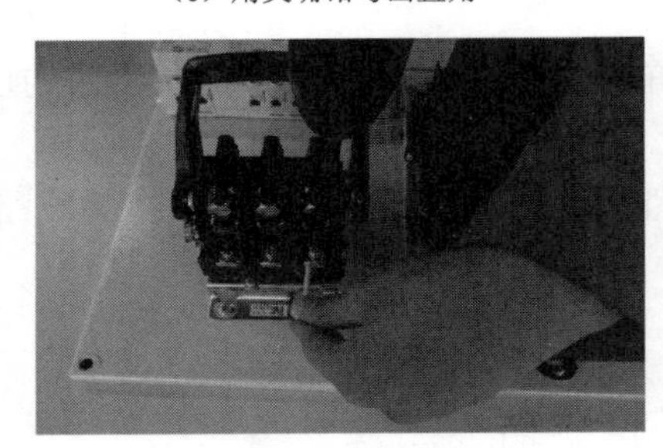

（g）固定导线

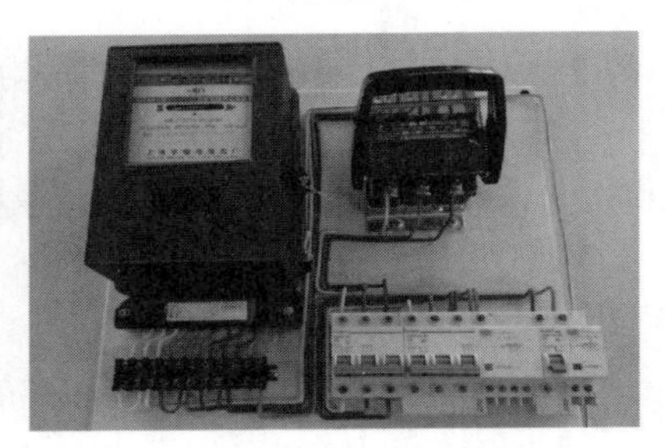

（h）完成盘内接线

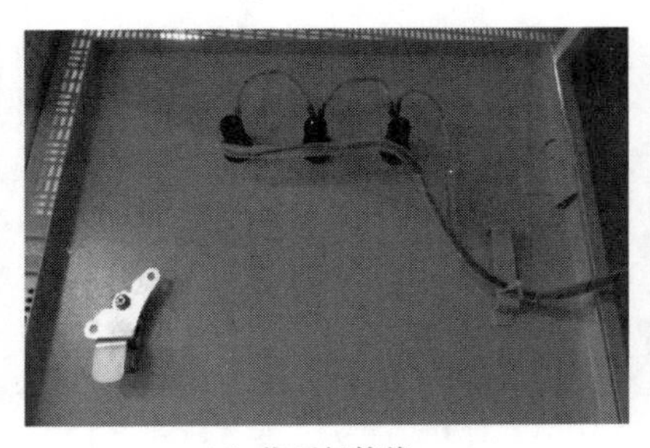

（i）指示灯接线

（j）进出线的连接

图 2-1-8　配电箱安装过程

安全提示：

在完成工作任务过程中，严格遵守电气安装与维修的安全操作规程，必须穿工作服、绝缘鞋和戴安全帽。安全施工，正确使用人字梯和电动工具。

在作业全过程中，要文明施工，注意工具与器材的摆放，工位的整洁。

【思考与练习】

1．请总结在完成电源配电箱接线安装的工作任务中，在工具的使用、敷设导线的方法和步骤等方面的体会和经验。在安装过程中，遇到了什么困难？用什么方法克服了这些困难？

2．一套电气施工图应包括哪些图纸？请说一说读图的一般步骤是什么。

3．请查阅资料，国产断路器额定电流分几个等级？并说明断路器型号为 DZ47LE-32/C6 和 DZ47LE-32/D6 有什么区别。

4．根据图 2-1-2 所示的电源配电箱器件位置布置图和图 2-1-9 所示的配电系统图，请完成电源配电箱的安装工作任务。回答以下问题：

（1）制定施工计划和操作步骤。

（2）配电箱内部安装包括哪些元器件？各有什么作用？

（3）完成安装后进行通电测试时，若有故障问题出现，你是如何排查故障的？

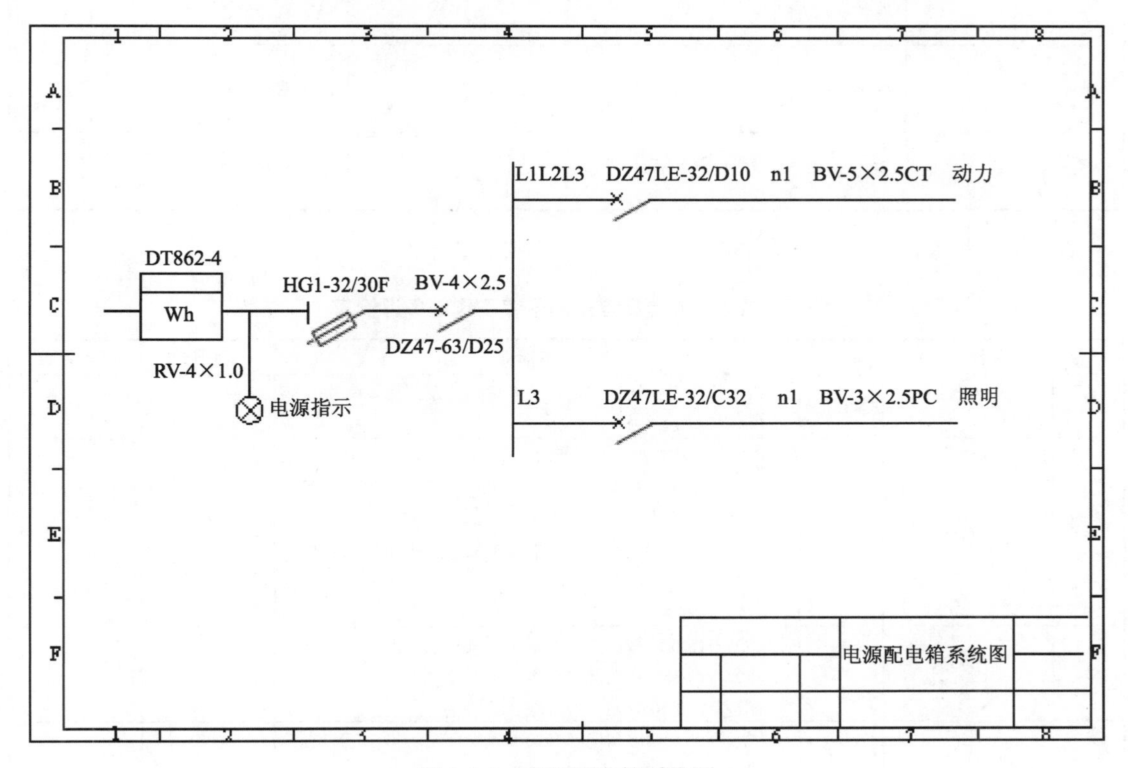

图 2-1-9　电源配电箱系统图

5．常用的部分电气工程图形符号（GJBT-532）见表 2-1-2。请查阅资料了解更多的电气工程图形符号及其含义。

表 2-1-2　部分建筑电气工程常用图形和文字符号

符号	名称	符号	名称
	电力配电箱		照明配电箱
	熔断器式隔离开关		断路器
	缓慢释放继电器的线圈（断电延时型时间继电器）		缓慢吸合继电器的线圈（通电延时型时间继电器）
	一般照明灯		（单）管荧光灯
	带指示灯双联单控开关		开关一般符号
	明装单极开关		暗装单极开关
	明装双控单极开关		暗装双控开关
	明装双极开关		暗装双极开关
	明装双控双极开关		暗装双控双极开关
	明装带接地孔的单相三孔插座		明装单相两孔插座

6．请填写完成电源配电箱的安装工作任务评价表 2-1-3。

表 2-1-3　电源配电箱的安装工作任务评价表

序号	评价内容	配分	评价标准	自我评价	老师评价
1	箱内器件选用和安装	15	（1）选用器件错误或器件位置安装错误，扣 4 分/处； （最多可扣 15 分）		
2	箱内线路的连接	45	（2）按供配电系统图的要求，少接或错接线，扣 4 分/根； （3）所接 BV 线不横平竖直、有交叉线、外露铜丝过长、有跨接线或压皮或绝缘受损等，扣 3 分/处； （4）指示灯接线不接，或接线不捆扎，或捆扎不牢固，扣 4 分 （最多可扣 45 分）		
3	配电箱与外部的线路连接	30	（5）进出线连接不整齐，或留余量不足，扣 2 分/处； （6）没有编号或编号不正确，扣 1 分/处 （最多可扣 30 分）		
4	安全操作规程	5	（7）不穿工作服和绝缘鞋、不戴安全帽，扣 2 分/项；（不听劝阻，可终止操作） （8）登高作业时，不按安全要求使用人字梯，扣 0.5 分/次； （9）作业过程中将工具或器件放置在高处等危险的地方，扣 1 分/次； （10）在没有固定的线槽或盒上开孔或开槽，扣 0.5 分/次		

续表

序号	评价内容	配分	评价标准	自我评价	老师评价
5	工具、耗材摆放，废料处理	3	（11）作业过程中工具与器件摆放凌乱，扣1分； （12）废弃物不按规定处置，扣1分/次		
6	工位整洁	2	（13）作业后不清理现场，或将工具等物品遗留在设备内或器件上，扣0.5分/个		
	合计	100			

任务二 照明配电箱的安装

工作任务

根据如图2-2-1所示的照明箱配电系统图，请完成照明配电箱的接线安装。

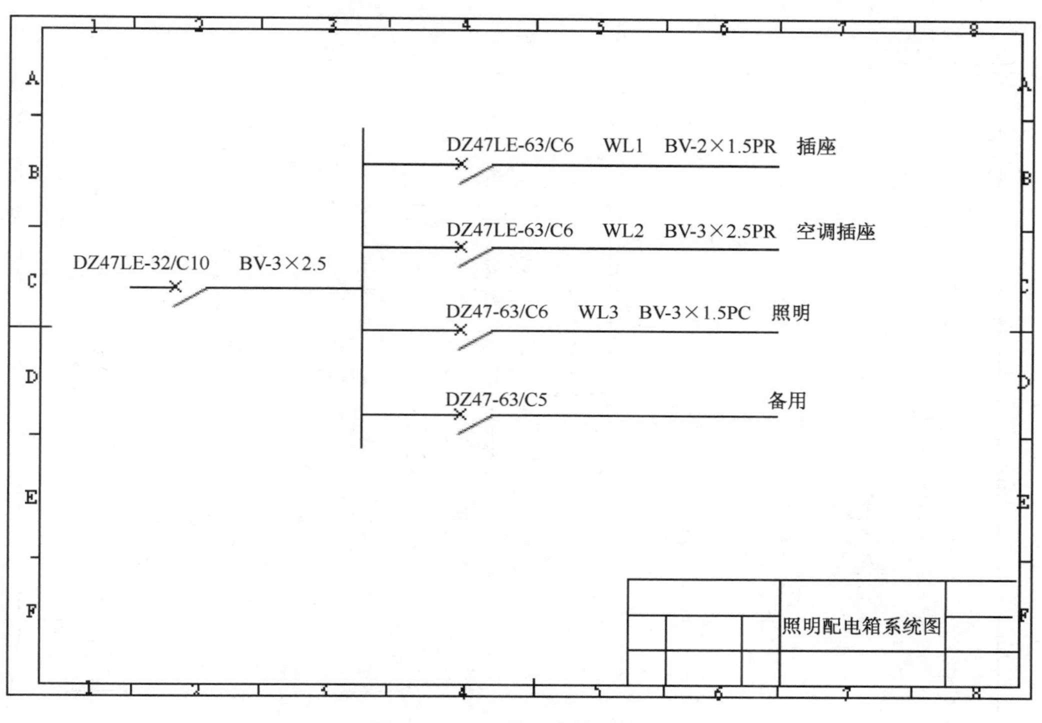

图2-2-1 照明配电箱系统图

在完成照明配电箱的接线与安装工作任务时，必须满足以下敷设工艺要求：

（1）断路器按照明配电系统图要求进行选型配置。

（2）总断路器的进出线、其他断路器的进线，导线线径选择要正确。

（3）照明线路的火线用红色线，零线用蓝色线，接地线用黄绿双色线。

（4）各支路断路器出线端应套号码管，并标回路编号。

（5）该接接零排的零线应接在接零排上，箱内所有地线均接在接地排上。

（6）断路器按系统图顺序整齐排列，每个接线柱最多只接2根导线，且接线牢固。

（7）通电检测时，输出电压均正常。

请注意下列事项：

① 在完成工作任务的全过程中，严格遵守电气安装和电气维修的安全操作规程。

② 电气安装中，线路安装参照《建筑电气工程施工质量验收规范（GB 50303—2002)》验收，低压电器的安装参照《电气装置安装工程低压电器施工及验收规范（GB 50254—96)》验收。

知识链接

一、照明配电系统图的识读

如图 2-2-2 所示，照明配电系统图是用图形符号、文字符号表示建筑照明配电系统供电方式、配电线路分布及相互联系的一种电气工程图。通过阅读照明配电系统图，可以了解照明的负荷容量、配电方式，导线的型号、数量、敷设方式，漏电保护开关及断路器的规格型号等。

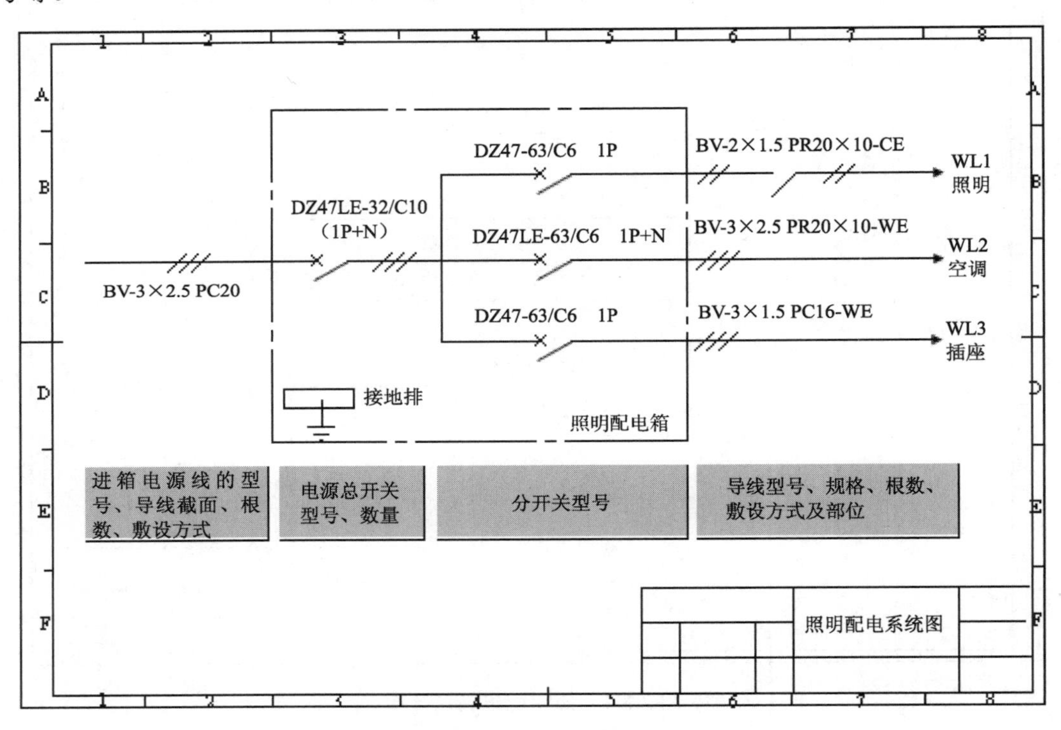

图 2-2-2 照明配电系统图

照明配电系统图上，线路的标注格式与电源配电系统图的格式相同，即

$$a\text{–}b\ (c\times d)\ e\text{–}f$$

二、照明平面图的识读

照明平面图是用图形符号、文字符号来表示电源配电箱、照明配电箱位置，灯具、开关、插座的种类、型号、敷设方式与敷设部位的电气图纸，如图 2-2-3 所示。

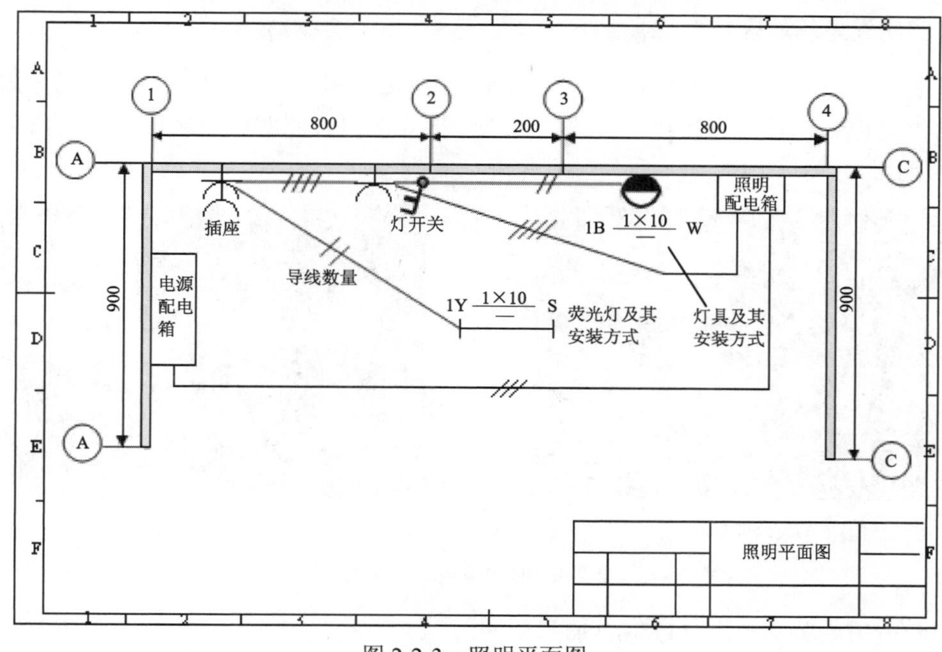

图 2-2-3　照明平面图

其中，灯具在照明平面图上的标注格式为

$$a-b\frac{c\times d\times L}{e}f$$

式中，各符号的含义分别表示：a——同类灯具的个数；b——灯具种类；c——灯具内安装灯的数量；d——每个灯的功率（W）；e——灯的安装高度（m），吸顶安装用“－”表示；f——安装方式；L——电光源种类（如 IN 表示白炽灯，FL 表示荧光灯）。

表示灯具类型和安装方式的文字符号见表 2-2-1。

表 2-2-1　表示灯具类型及安装方式的文字符号

名称	符号	名称	符号
灯具类型的文字符号			
壁灯	B	搪瓷伞罩灯	S
吸顶灯	D	投光灯	T
防水防尘灯	F	无磨砂玻璃罩（万能型灯）	W
工厂一般灯具	G	花灯	H
防爆灯	G 或专用符号	水晶底罩灯	J
卤钨探照灯	L	荧光灯具	Y
普通吊灯	P	柱灯	Z
灯具安装方式的文字符号			
自在器线吊式	CP	吸顶式	S
固定线吊式	CP1	嵌顶式	R
防水线吊式	CP2	墙壁内安装式	WR
吊线器式	CP3	台上安装式	TR
链吊式	Ch	支架安装式	SP
管吊式	P	柱上安装式	CL
壁装式	W	座装式	HM

三、照明配电箱的安装

照明配电箱通常配置有漏电保护开关和各支路的断路器，实现对照明、空调、插座等用电器具的供电控制，且具有短路、过载、漏电保护等作用。照明配电箱的外部及内部结构如图 2-2-4 所示。

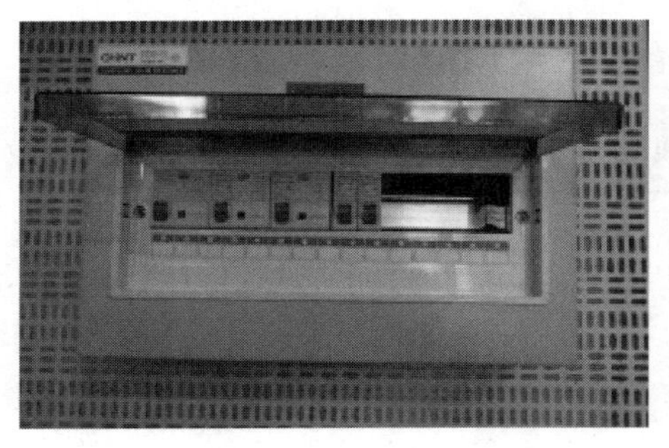

（a）外部结构

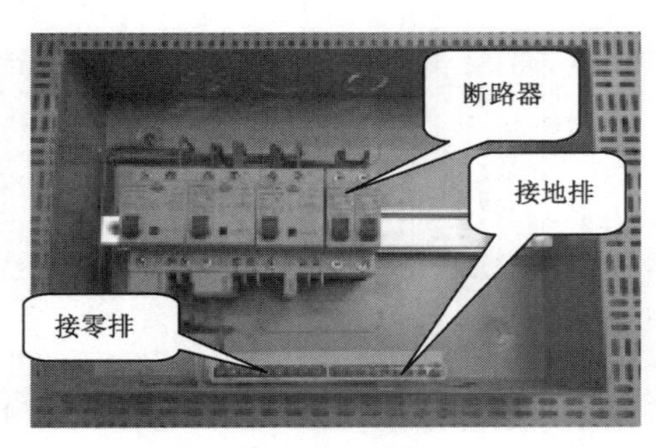

（b）内部结构

图 2-2-4　照明配电箱的结构图

照明配电箱安装必须满足以下要求：

① 位置正确，部件齐全，箱体开孔与套管管径适配。

② 箱内接线整齐，无绞接现象；回路编号齐全，标识正确。

③ 导线连接紧密，不伤芯线，不断股；同一端子上导线连接不多于 2 根。

④ 箱内开关动作灵活可靠，带有漏电保护的回路，漏电保护装置动作电流要求不大于 30mA，动作时间不大于 0.1s。

⑤ 照明箱内，分别设置中性线和保护地线汇流排，中性线和保护地线经汇流排配出。在照明工程中，TN-S 系统（即三相五线制供电系统）应用普遍，因此要求 PE 线和 N 线要截然分开，不能混同。

⑥ 箱体安装牢固，垂直度允许偏差 1.5‰；底边距离地面不小于 1.5m。

完成工作任务指导

一、工具准备

钢丝钳、尖嘴钳、剥线钳、台虎钳、螺丝刀、电动旋具。

二、耗材准备

各种线径规格的导线若干、照明配电箱及其器件、连接件。

三、施工步骤

1. 阅读任务书

认真阅读工作任务书，理解工作任务的内容，明确工作任务的目标。根据施工单及施工图，做好工具及耗材的准备，拟订施工计划。

2. 器件安装

根据照明配电系统图选择相应的断路器，用万用表检测其通断情况，如图 2-2-5（a）所示。

将选好的断路器安装在导轨上，如图 2-2-5（b）所示。

3. 箱内配线

① 根据照明配电系统图，选择导线的截面和颜色。

② 估算导线长度后将其剪断，用钢丝钳在台虎钳上拉直，方法同电源配电箱。

③ 用尖嘴钳将导线弯出直角，如图 2-2-5（c）所示。导线弯曲制作方法与电源配电箱的相同。

④ 重复以上③的操作步骤，继续完成其他所有导线。

⑤ 固定导线，如图 2-2-5（d）所示。

⑥ 完成照明配电箱的接线，如图 2-2-5（e）所示。

4. 安装照明配电箱

将照明配电箱安装于指定的位置，如图 2-2-5（f）所示。

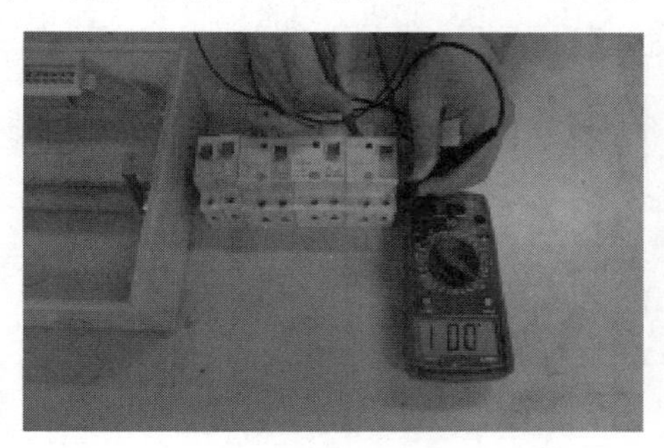

（a）断路器选配及检测

（b）断路器安装

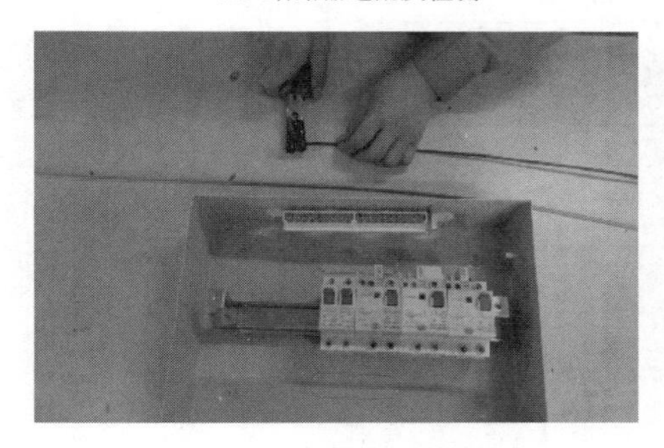

（c）用尖嘴钳弯出直角

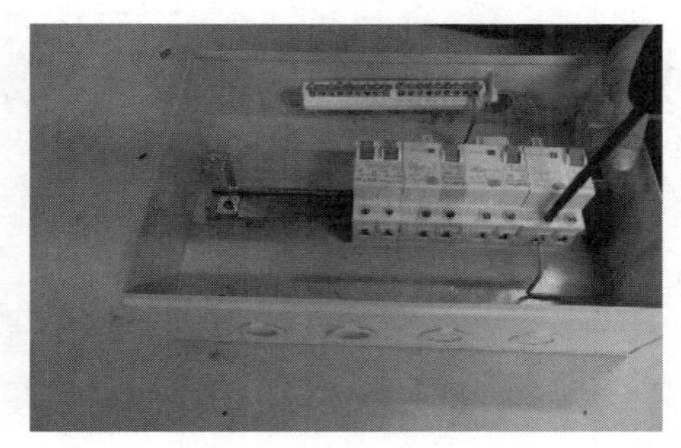

（d）固定导线

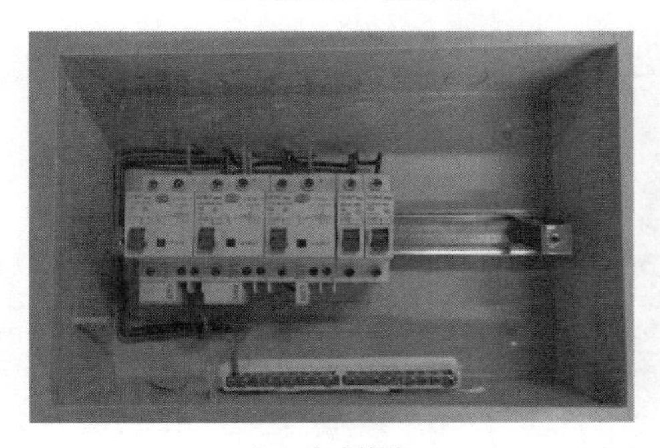

（e）完成接线

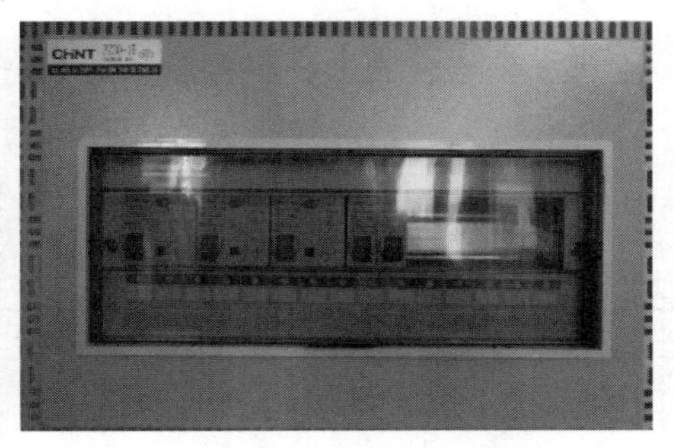

（f）完成照明配电箱安装

图 2-2-5　照明配电箱安装过程

安全提示：

在完成工作任务过程中，严格遵守电气安装与维修的安全操作规程，必须穿工作服、绝缘鞋和戴安全帽。安全施工，正确使用人字梯和电动工具。

在作业全过程中，要文明施工，注意工具与器材的摆放，工位的整洁。

【思考与练习】

1．请总结在完成照明配电箱的接线及安装的工作任务中，在工具的使用、接线的方法和步骤等方面的体会和经验。

2．请说一说照明系统图和照明平面图的阅读方法。

3．照明配电箱内的各断路器分别对照明灯具、家电插座及空调器等用电设备进行控制，请说一说分别用什么型号规格的断路器进行控制。

4．根据《建筑电气工程施工质量验收规范》（GB 50303—2002）的验收要求，请说一说照明配电箱安装的验收项目主要有哪些条款。

5．请根据如图2-2-6所示的照明配电系统图完成照明配电箱的接线工作任务，并回答以下问题：

（1）制定施工计划和操作步骤。

（2）照明配电箱内安装有哪些断路器？各有什么作用？

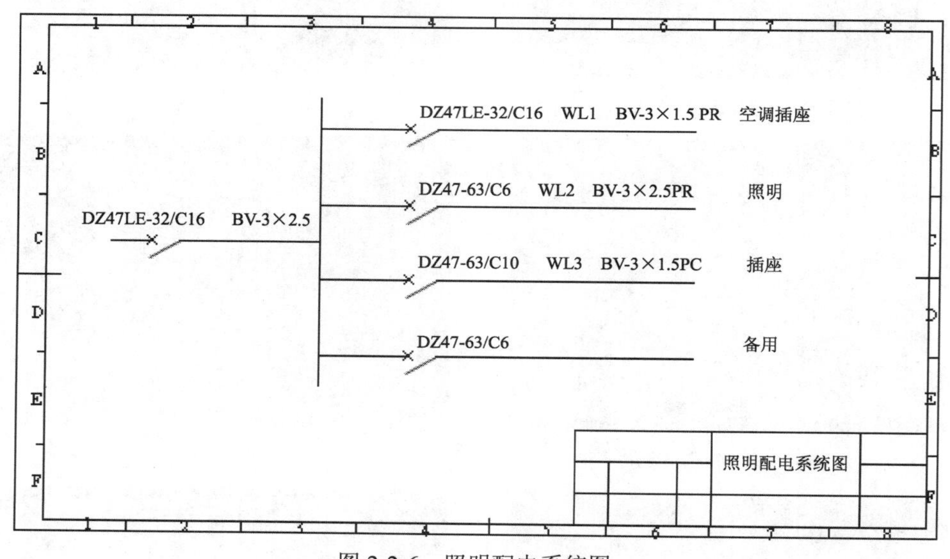

图2-2-6 照明配电系统图

6．请填写完成照明配电箱安装工作任务评价表2-2-2。

表2-2-2 照明配电箱安装工作任务评价表

序号	评价内容	配分	评价标准	自我评价	老师评价
1	箱体及箱内器件安装	30	（1）箱体安装位置与图纸要求误差大于5mm，或箱体倾斜的，扣2分/处 （2）箱体安装不牢固，少装螺丝，扣2分/个； （3）断路器选型不正确或从左到右的排列顺序不正确，扣2分/个 （最多可扣30分）		

续表

序号	评价内容	配分	评价标准	自我评价	老师评价
2	箱内接线工艺规范	40	（4）按照明配电系统图的要求，错接（漏接），或不按图纸线径要求配线和分色，扣 4 分/根； （5）接线端露铜、端子接线超过两根，线端压接松动，扣 3 分/处； （6）零线（地线）进箱未直接接零线排（接地排），扣 4 分/处； （7）各支路断路器出线端未套号码管，或未标回路编号，扣 2 分/处 （最多可扣 40 分）		
3	通电测试	20	（8）通电后，输出电压不正常，扣 5 分/个；若发生跳闸、漏电现象，扣 20 分 （最多可扣 20 分）		
4	安全施工	5	（9）不按规范要求穿工作服和绝缘鞋，施工过程不戴安全帽，扣 2 分/项； （10）不按安全要求使用工具，扣 1 分/次		
5	文明施工	5	（11）作业过程中工具与器件摆放凌乱，扣 1 分； （12）作业后不清理现场，废弃物不按规定处置，扣 1 分/次		
	合计	100			

任务三　电气照明线路的安装与调试

工作任务

请根据如图 2-2-1 所示的照明配电系统图、如图 2-3-1 所示的照明平面图、如图 2-3-2 所示的电气设备与器件安装位置示意图、如图 2-3-3 所示的照明布线示意图，完成电气照明线路的安装与调试工作任务。

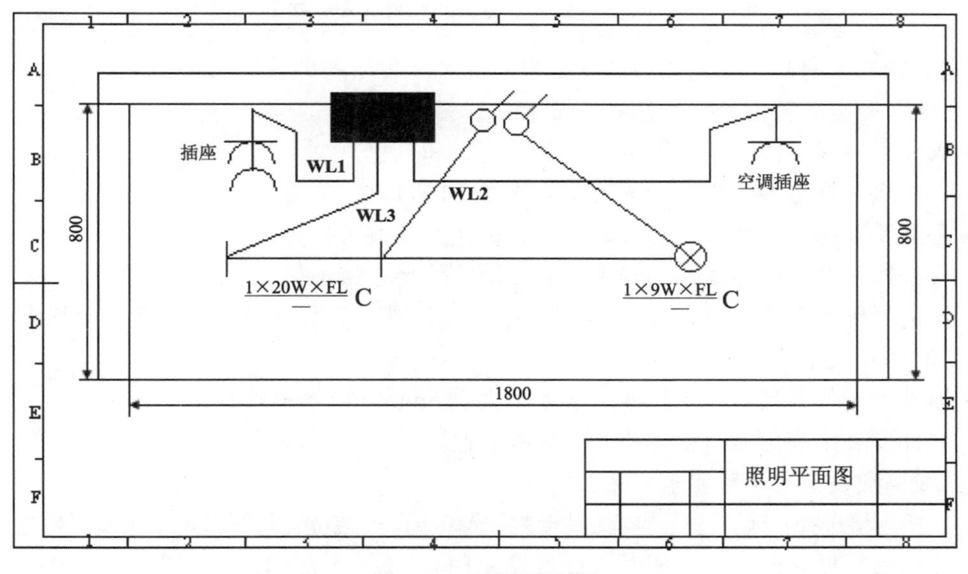

图 2-3-1　照明平面图

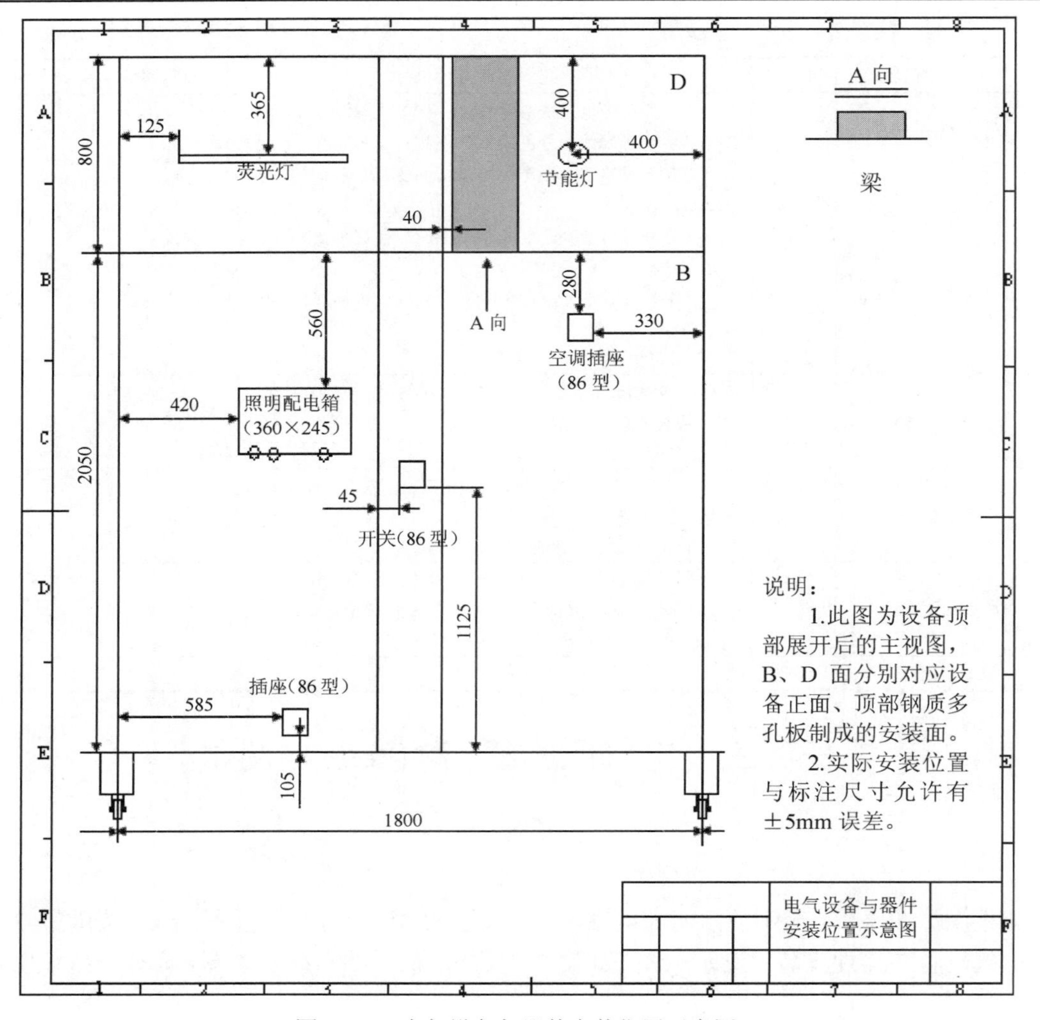

图 2-3-2　电气设备与器件安装位置示意图

在完成电气照明线路的安装与调试工作任务时，必须满足以要求：

（1）照明配电箱箱内接线工艺规范要求

① 火线、零线、接地线按图纸线径要求配线和分色。

② 每个接线柱最多只接 2 根导线，且接线牢固可靠。

③ 各支路断路器出线端应套号码管，且标注回路编号。

④ 零线进箱直接接零线排，箱内所有接地线均接在接地排上。

⑤ 箱内的硬线拉直后进行敷设，敷设时基本横平竖直、排列整齐，线路集中归边不凌乱。

（2）器件安装工艺规范要求

① 器件安装位置尺寸与图纸要求误差不大于 5mm，箱体不倾斜。

② 器件安装牢固可靠，箱体或开关插座底盒固定螺丝不少于 3 个。

（3）线槽敷设工艺规范要求

① 线槽规格选择正确，线槽走向按图纸的位置布局，安装位置与图纸尺寸相差不超过±5mm。

② 线槽底板要紧贴建筑物墙面进行敷设，牢固安装，不松动，固定螺丝间距要符合规范。

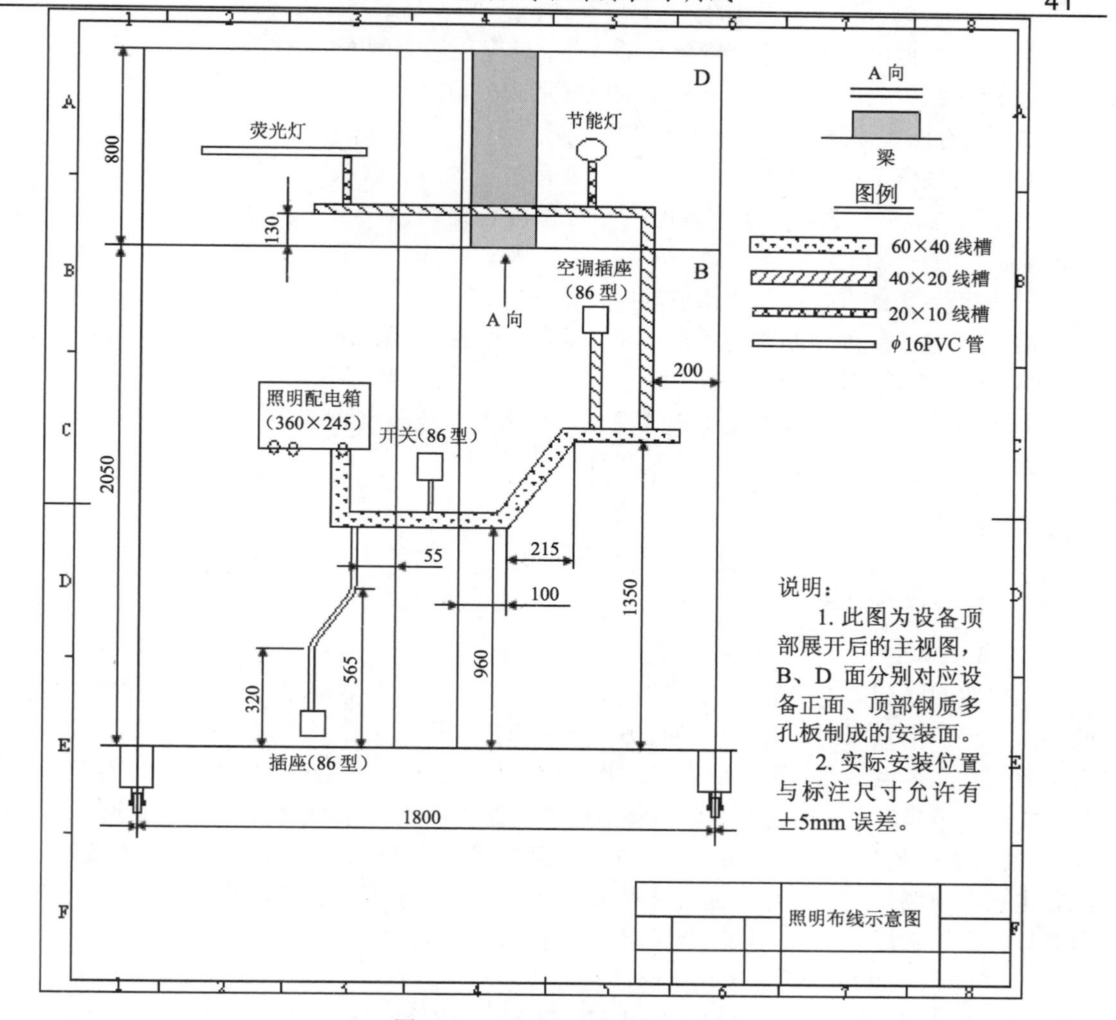

图 2-3-3　照明布线示意图

③ 同一规格的线槽段拼接缝小于 0.5mm；不同规格的线槽连接，槽板应插入 5～10mm 的深度，开孔大小合适，拼缝小于 0.5mm。

④ 线槽与照明箱边的接缝小于 1mm；线槽与开关或插座底盒、节能灯底座拼接缝小于 1mm，线槽板插入深度为 5～15mm。

⑤ 线槽与线管连接必须使用大小合适的连接件；线槽末端应使用线槽终端头做封堵处理。

⑥ 线槽盖板应完全盖好，没有翘起现象；线槽表面应干净，无施工遗留痕迹。

（4）线管敷设工艺规范要求

① 线管管径大小按图纸要求选择，线管走向按图纸的位置布局，安装位置与图纸尺寸相差不超过±5mm。

② 线管敷设要牢固安装，不松动。管卡固定牢固，线管要压入管卡中，固定管卡间距要符合规范。

③ 线管与线槽、箱（盒）相连接时要使用连接件，且连接件要锁紧。

④ 线管进入照明箱前按规范制作鸭脖子弯。

⑤ 线管弯曲半径不应小于管外径的 6 倍，转弯处转弯圆滑，无折皱、凹穴或裂缝、裂纹。

⑥ 所有线管表面应干净，无施工的临时标志残留。

（5）电气照明线路布线工艺规范要求

① 照明线路的火线用红色线，零线用蓝色线，地线用黄绿双色线。

② 所有插座、开关、灯座内连接导线留有合适余量，且连接牢固，无压皮和露铜过长现象。

③ 线槽内无绞线、中间接头或导线折叠现象。

④ 为了便于穿线，线管内的导线总截面积（含绝缘层）不超过线管内径截面积的 40%。

（6）电气照明线路控制功能要求

① 通电时，没有短路或漏电现象发生，且用开关控制火线。

② 各断路器及开关控制符合照明平面图要求。

知识链接

一、灯具及其安装

1. 电光源

电气照明是利用电光源将电能转换为光能，在夜晚或自然采光不足的环境中提供的人工照明。合理的电气照明，对于保护视力、减少事故、提高工作效率以及美化、装饰环境都具有重要的意义。电气照明主要由供电线路、控制装置和电光源组成。

常用的电光源有热辐射光源和气体放电冷光源两大类。前者光源是利用电流通过物体（灯丝），使之加热至白炽化状态而辐射发光的原理制成的，常见的有白炽灯、卤钨灯等；后者光源是电极在电场作用下，电源通过一种或几种气体或金属蒸气而发光的电光源，如荧光灯、节能灯、高压汞灯、高压钠灯、金属卤化物灯和氙灯等。

2. 灯具

灯具就是用来固定电光源器件的装置，其作用是防护电光源器件免受外力损伤；消除或减弱炫光，使光源发出的光线向需要的方向照射；装饰、美化环境。

灯具分为直射照明型、半直射照明型、均匀漫射型、间接照明型或半间接照明型；根据灯具的结构也可分为开启型、密闭型、防爆型等。

3. 灯具的安装

灯具的安装方式主要有吸顶式、悬吊式、壁装式、台式、落地式等。灯具的类型及其安装方式的文字符号见表 2-2-1。

螺口灯头的接线要求火线接在中心触头的端子上，零线接在螺纹的端子上，如图 2-3-4 所示。

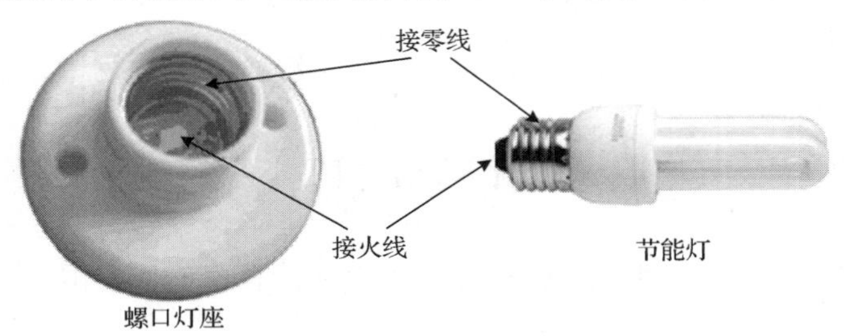

图 2-3-4 灯座和灯具

4. 照明开关

照明开关的作用是在照明线路中接通或断开照明灯具。按其安装形式分为明装式和暗装式；按其结构形式分为单联开关、双联开关和旋转开关；按其控制形式分为单控和双控等。开关应串联在通往灯头的火线上。开关面板正面如图 2-3-5 所示。

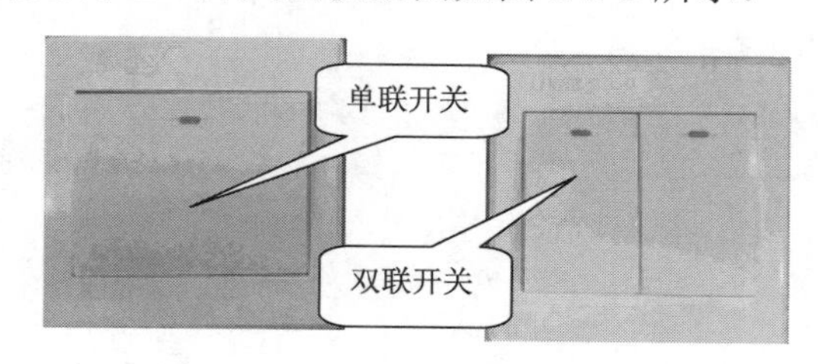

图 2-3-5　照明开关

双控开关主要用在一盏灯需要两地或多地控制的电路中，即两地或多地都可以开灯或关灯。由两个双控开关控制一盏灯的线路原理图如图 2-3-6 所示。

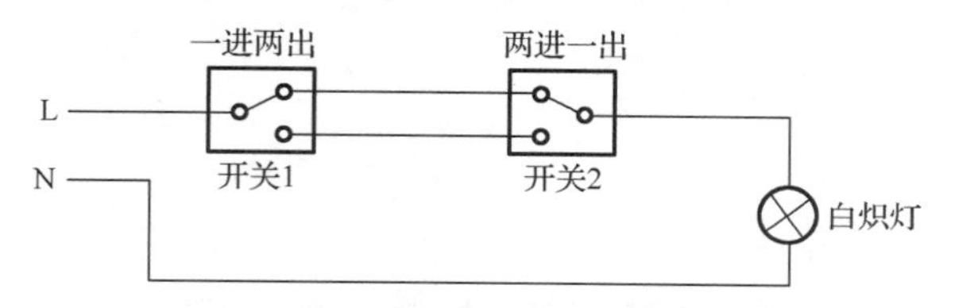

图 2-3-6　双控开关接线原理图

二、插座及其安装

1. 插座

插座的作用是为移动式照明电路、家用电器或其他用电设备提供电源，如台灯、风扇、电视机、电冰箱、空调器等。

插座的样式有单相两孔（极）插座、单相三孔（极）插座、三相三孔（极）插座、三相四孔（极）插座等。接线规范要求如下。

① 单相两孔插座：面对插座的右孔或上孔与相线相连接，左孔或下孔与中性线相连接，俗称“左零右火”或“下零上火”。

② 单相三孔插座：面对插座的右孔与相线相连接，左孔与零线相连接，上面的孔与保护中性线相连接，俗称“左零右火上保护”。

③ 三相四孔插座：面对插座按逆时针方向依次接相线 L1、L2、L3，上面孔接地线。同一场所的三相插座，接线的相序也应一致。插座的样式及其规范接线要求如图 2-3-7 所示。

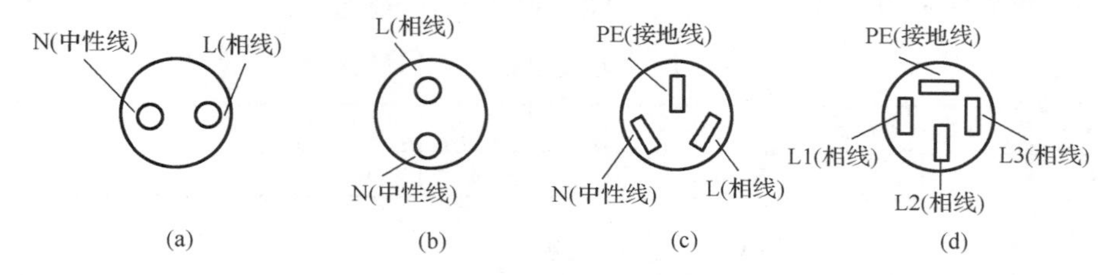

图 2-3-7　插座的样式及规范接线图

常用插座及其图形符号如图 2-3-8 所示。

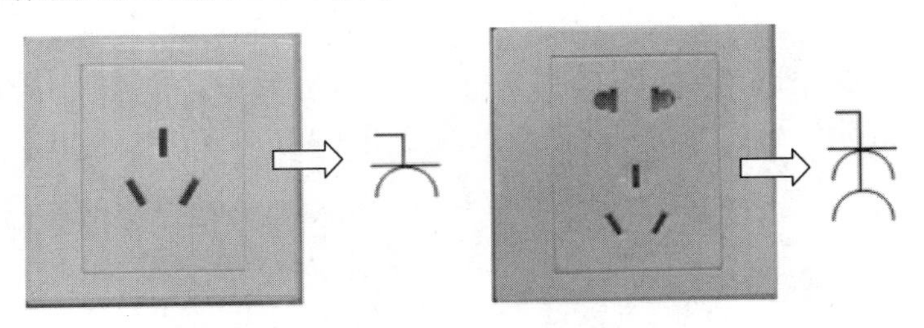

图 2-3-8　插座及其图形符号

2. 插座的安装

插座的安装分底盒明装和底盒暗装两种形式，明装底盒又有线管专用和线槽专用之分。底盒安装前要根据照明布线示意图，提前在底盒上开出相应的线管或线槽进出孔。安装时，线槽与插座底盒相连接时，线槽要插入底盒内，插入深度符合工艺规范要求；线管与插座底盒相连接时，线管必须使用连接件进行可靠连接。

三、常用电工材料

1. 绝缘材料

绝缘材料又称电介质，在技术上主要用于隔离带电导体或不同电位的导体，以保障人身和设备的安全。此外，在电气设备上还可用于机械支撑、固定、灭弧、散热、防潮、防霉、防虫、防辐射、防化学腐蚀等场合。绝缘材料分有机绝缘材料、无机绝缘材料以及这两种材料经加工制成的各种成型材料。常见的绝缘材料有绝缘漆、绝缘油、塑料制品、橡胶制品、绝缘胶布等。

2. 导电材料

导电材料分为电线电缆、电热材料和电刷三大类。金属材料铜或铝常常用于制作电线电缆。

电线电缆分为裸导线和绝缘导线，绝缘导线有橡皮绝缘电线、聚氯乙烯绝缘电线等。型号有 BV、BVR、RBV 等多种。

3. 导线的选择

（1）安全载流量

导线的安全载流量是指该导线在一定环境温度（通常为 25℃）下工作，当其线芯温度不超过某一最高温度界线（即超过该温度长期工作时有可能影响导线及其绝缘材料的使用寿命）时，导线允许通过的电流。

导线的安全载流量可参照表 2-3-1 所示的数值进行计算。

表 2-3-1　导线安全载流量计算表

导线规格/mm^2	1	1.5	2.5	4	6	10	16	25	35 及以上
载流量/A	9	14	28	35	48	65	91	120	5/mm^2

（2）单相电用电设备功率与电流的换算关系

① 电热器具及白炽灯照明用电电流=千瓦数×4.5A

② 电动器具与荧光灯照明用电电流=$\frac{\text{电动器具、荧光灯总千瓦数}}{0.8}\times 4.5\text{A}$

公式中，0.8 为用电设备的功率因数。

（3）三相电机用电设备功率与电流的换算关系

三相电动机用电电流=千瓦数×2A

完成工作任务指导

一、工具准备

钢锯、锉刀、电工刀、台虎钳、螺丝刀、电动旋具、开孔器、卷尺、直尺、角度尺、ϕ16 弹簧弯管器、ϕ20 弹簧变管器、线管切割器、强力磁铁（定位线槽用）若干、铅笔、橡皮擦。

二、耗材准备

各种规格线管及线槽、塑料连接件若干、固定螺钉、垫片、塑料管卡、橡胶护套、各种线径规格的导线若干等。

三、施工步骤

1. 阅读任务书

认真阅读工作任务书，理解工作任务的内容，明确工作任务的目标。根据施工单及施工图，做好工具及耗材的准备，拟订施工计划。

2. 照明配电箱箱内接线

照明配电箱箱内接线的方法与步骤介绍如下。

（1）断路器选择与安装

① 根据如图 2-2-6 所示的照明配电系统图正确选择断路器，从左至右排列依次为 DZ47LE-32/C10、DZ47-63/C6、DZ47LE-63/C6、DZ47-63/C6、DZ47-63/C6。

② 用万用表电阻挡测试各断路器的通断情况，检测其质量的好坏。

③ 将检测过质量好的断路器按顺序安装在导轨上。

（2）箱内配线

根据照明配电系统图，正确选择导线的线径和颜色，其配线的方法和步骤与项目二任务二相同。

3. 器件安装

（1）器件定位

根据如图 2-3-2 所示的电气设备与器件安装位置示意图，用卷尺测量出图中荧光灯座、节能灯座、照明配电箱、开关、空调插座、插座等器件的位置尺寸，用铅笔或记号笔画线在安装网孔板上，如图 2-3-9（a）所示。

（2）器件安装

照明配电箱、开关盒、灯座等器件安装固定于图纸要求的位置，如图 2-3-9（b）所示。

4. 线槽敷设

本次工作任务中所用线槽规格共有 60×40、40×20、20×10 三种，线槽的安装位置均以 60×40 规格的线槽为参考，所以 60×40 规格的线槽必须先敷设安装。安装固定后再继续安装其他规格的线槽。

（1）60×40 规格线槽的敷设

① 根据图纸要求确定线槽安装位置，量出线槽的长度和切割角度，用钢锯对线槽进行切割。

② 将线槽固定于图纸要求的位置，如图 2-3-9（c）所示。

（2）其他规格线槽的敷设

其他规格线槽的切割及安装方法同上，如图 2-3-9（d）所示。

5. 线管敷设

本次工作任务中的线管敷设共有两段：一段用于开关和线槽的连接，一段用于线槽与插座的连接，均为ϕ16PVC 管。

（1）线槽（盒）开孔

在线管与 60×40 线槽、开关底盒或插座底盒相连接之前，必须先对线槽、底盒进行开孔处理。

（2）线管任意弯制作

根据图 2-3-3 所示的线管布局，与插座相连接的线管需要做两个任意弯；与开关盒相连接的线管直管连接即可。弯曲线管的方法与步骤如图 1-2-3 所示。

（3）敷设安装

敷设时，先将线路上的管卡逐个固定好，配管时将线管从管卡开口处压入即可，使用连接件将线管与线槽或底盒连接起来，完成线管的敷设安装，如图 2-3-9（e）所示。

照明线路器件及敷设材料的固定安装效果如图 2-3-9（f）所示。

6. 照明线路布线

根据照明配电系统图 2-2-6，从断路器 DZ47LE-32/C16 引出线至空调插座（WL1），从断路器 DZ47-63/C6 引出线至照明（WL2），从断路器 DZ47-63/C10 引出线至插座（WL3）。具体布线的方法与步骤如下：

（1）荧光灯及节能灯线路布线

① 从照明配电箱内的 DZ47-63/C6 引出一个火线（红色线）至开关盒，一路分配给左侧开关，另一路分配给右侧开关。

② 再从左右侧开关的输出端子分别引出两根火线至荧光灯和节能灯。

③ 从照明配电箱内总断路器 DZ47LE-32/C10 零线输出端子上引出一根零线（蓝色线）分别至荧光灯及节能灯灯头接线柱，完成照明灯线路的连接。

（2）空调插座线路布线

同时取红色、蓝色、双色 3 根导线，从照明配电箱内 DZ47LE-32/C16 引出火线和零线，从接地排引出一根地线（双色线），这三根导线连接到空调插座对应的端子上，完成空调插座的接线。

（3）插座线路布线

插座的火线从 DZ47-63/10 引出，零线从 DZ47LE-32/C10 零线端子引出，地线从箱内接地排引出，将这三根导线同时连接到插座的相应接线端子上，完成插座线路的布线。

照明线路所有导线布线的完成效果如图 2-3-9（g）所示。

（4）整理

将开关板、插座等安装固定好，将线槽板盖好；整理施工现场，施工痕迹。照明线路敷设安装完成效果如图 2-3-9（h）所示。

（a）画线定位

（b）器件固定

（c）线槽安装

（d）线槽与线槽连接

（e）线管敷设安装

（f）线路敷设安装

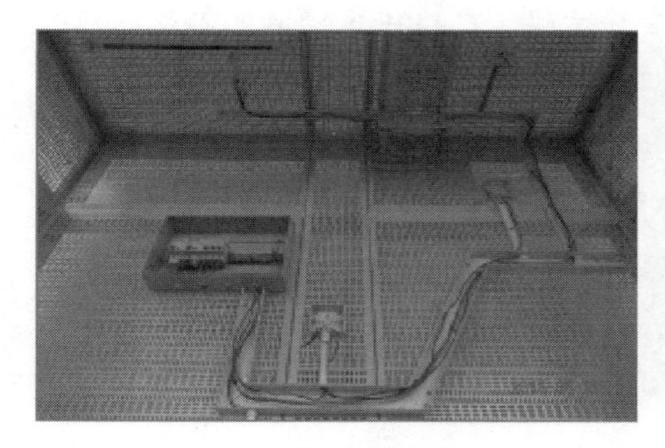

（g）照明线路布线

（h）完成照明线路全部安装

图 2-3-9　照明线路的安装过程

7. 通电测试

（1）用万用表检测断路器之间的连接情况，如图 2-3-10（a）所示。

（2）将电源线引入箱内，如图 2-3-10（b）所示。

（3）通电测试，如图 2-3-10（c）、（d）所示。

（a）电阻检测

（b）引入电源线

（c）电压检测

（d）照明线路通电

图 2-3-10 照明线路的调试过程

安全提示：

在完成工作任务过程中，严格遵守电气安装与维修的安全操作规程，必须穿工作服、绝缘鞋和戴安全帽。安全施工，正确使用人字梯、电动工具、验电笔、万用表等。

在作业全过程中，要文明施工，注意工具与器材的摆放及工位的整洁。

检修照明线路时，必须停电、验电、挂安全警示牌；严格按照停送电制度，执行“谁停电谁送电，一人操作一人监护”的原则。

【思考与练习】

1．请总结完成照明线路安装与调试工作任务的一般步骤。

2．在完成照明线路安装与调试工作任务中，你遇到了什么困难？用什么方法克服了这些困难？

3．单相三孔插座的接线有什么规定？

4．解释下面符号的含义各是什么。

（1）①DZ47LE-32/C16(3P+N)；②DZ47LE-32/D6(3P+N)；③DZ47LE-32/C6(1P+N)；④DZ47-63/C6(1P)

（2）线路标注：BV(2×1.5)PVC16-CE、BV(3×2.5)PVC16-WC

（3）灯具标注：$4-P\dfrac{5\times25}{1.8}Ch$

5．某照明线路中有 25 盏双管日光灯（单管 40W），额定电压 220V，同时工作时，请计算照明线路的工作电流是多少安培（A）。请参考表 2-3-1 所示的导线安全载流量计算表，确定保险丝、导线及断路器的规格型号。

6．请根据图 2-2-6 所示的照明配电系统图、图 2-3-11 所示的电气设备与器件安装位置示意图及图 2-3-12 所示的照明布线示意图，完成照明线路的安装与调试工作任务，并满足以下要求：

（1）制定施工计划和操作步骤。

（2）节能灯采用双开关控制，请补画出照明平面图。

（3）线路敷设工艺，开关、插座及灯头接线均应符合规范要求。

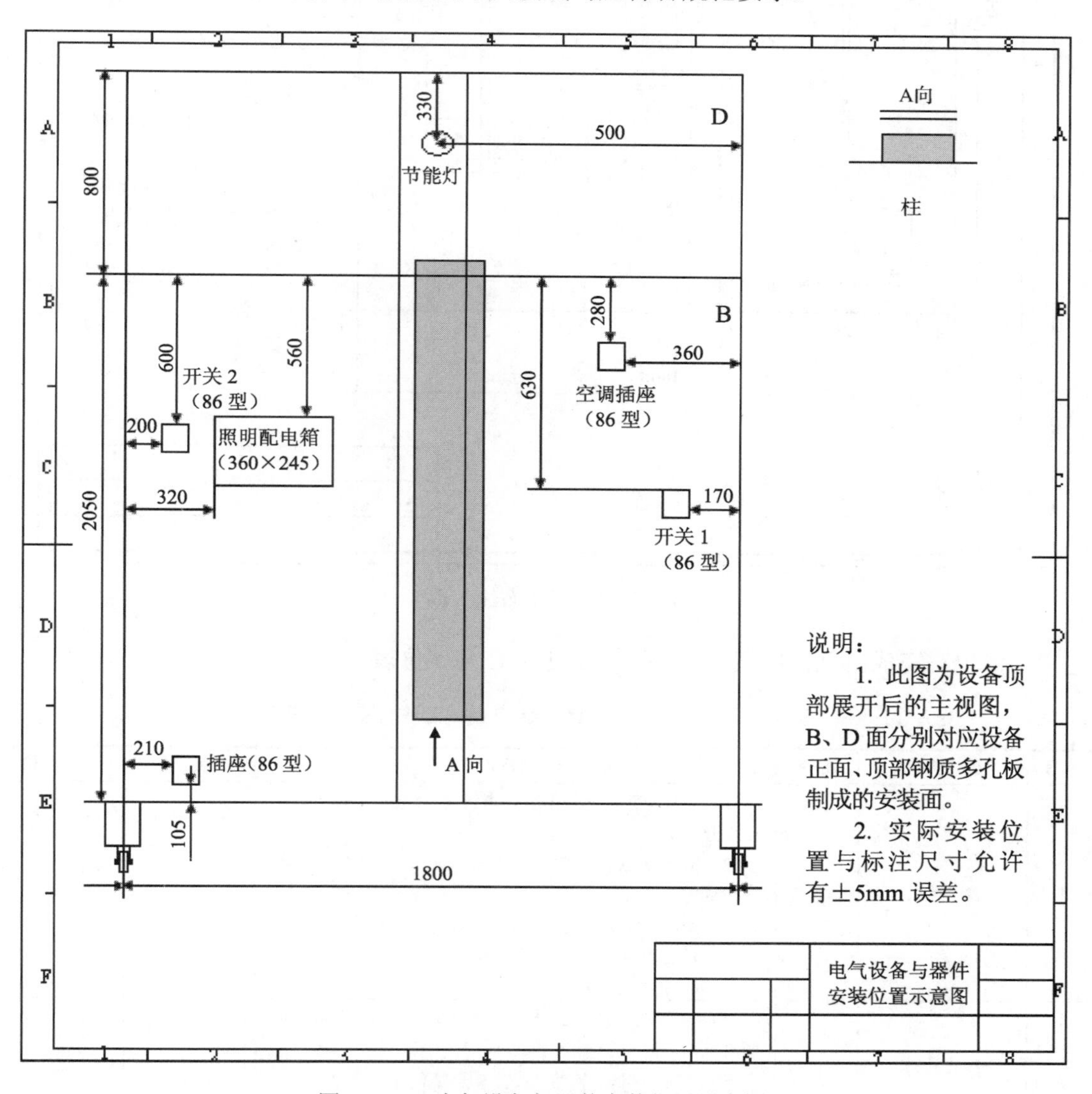

图 2-3-11　电气设备与器件安装位置示意图

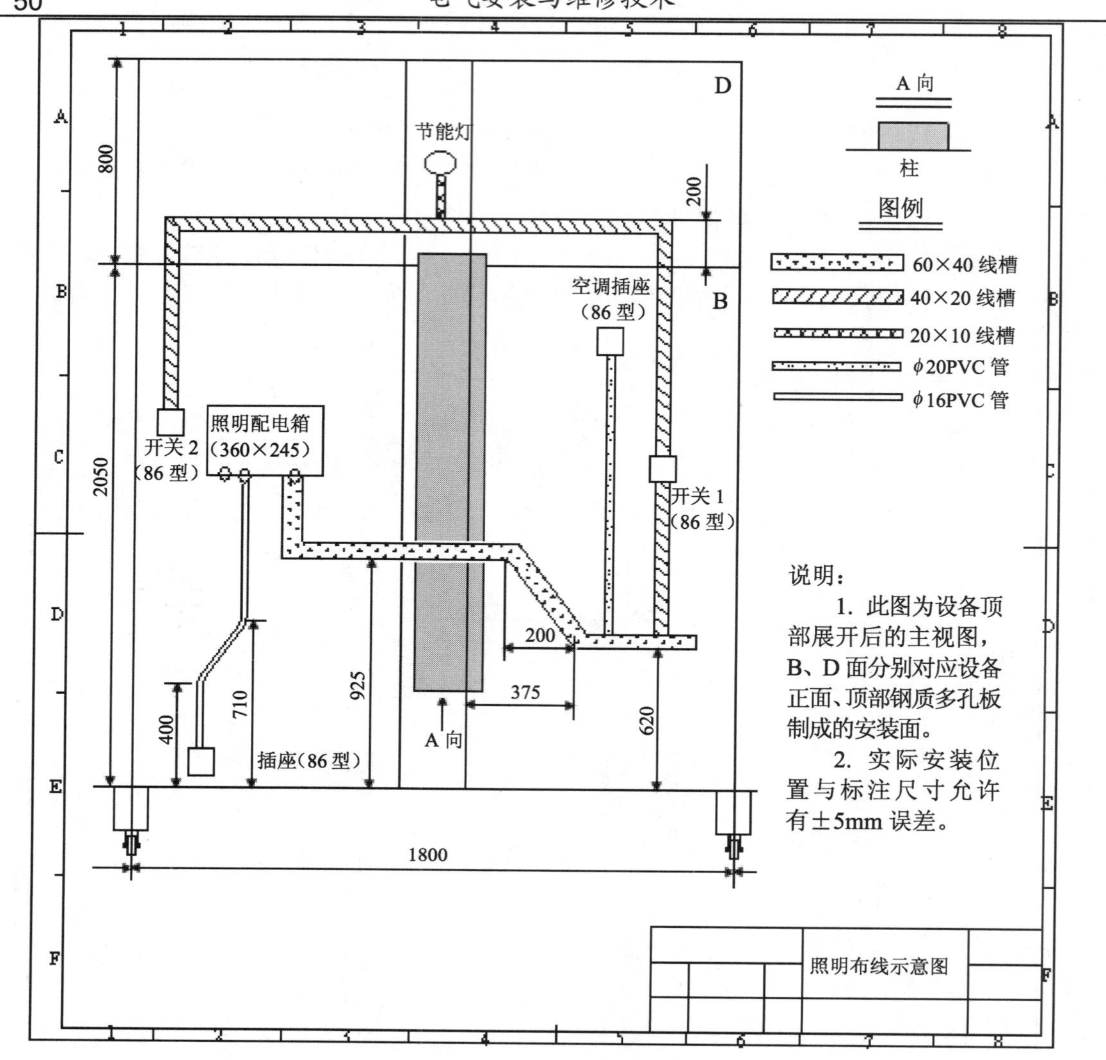

图 2-3-12　照明布线示意图

7．请填写完成电气照明线路安装与调试工作任务评价表 2-3-2。

表 2-3-2　电气照明线路安装与调试工作任务评价表

序号	评价内容	配分	评价标准	自我评价	老师评价
1	器件安装	5	（1）安装位置尺寸与图纸要求误差±5mm 及以上者，扣 2 分/处； （2）箱体（或盒）安装方位不正确，或倾斜，扣 4 分/处； （3）器件安装不牢固，扣 1 分/处； （4）开关、插座方向安装错误，扣 2 分 （最多可扣 5 分）		
2	线管敷设工艺	25	（5）线管安装位置尺寸与图纸要求误差大于 10mm，或倾斜，扣 1 分/处； （6）线路不牢固、松动；线管未压入管卡内，扣 2 分/处； （7）直线两端、转弯处两端、入盒（箱、槽）前端不装管卡固定，扣 0.5 分/处		

续表

序号	评价内容	配分	评价标准	自我评价	老师评价
2	线管敷设工艺	25	（8）转弯处两端管卡不对称，或管卡位置与规定不符者，扣0.5分/处； （9）线管直接进盒、箱、槽前的固定管卡位置与规定不符者，扣0.5分/处； （10）线管作鸭脖子弯进盒（箱）前的固定管卡位置与规定不符者，扣0.5分/处； （11）线管的转弯处有折皱、凹穴或裂缝、裂纹，管的弯曲处弯扁的长度大于规定的，扣1分/处； （12）线管进盒时，线管中心位置和盒的中心位置的偏差大于±5mm，扣0.5分/处； （13）线管进箱、盒、槽时，未使用连接件，或连接件松动，扣2分/处 （最多可扣25分）		
3	线槽敷设工艺	25	（14）槽线路不按图纸要求的位置或方向布线，扣3分/处； （15）线槽安装位置与图纸尺寸误差大于±5mm，扣2分/处； （16）线槽不平整，或歪斜、松动，扣1分/处； （17）槽未上盖，或未盖好，扣2分/处； （18）线槽末端未作封堵者，或线路不干净，残留施工临时标志、痕迹者，扣1分/处； （19）线槽接缝间隙大于0.5mm，扣1分/处； （20）平面转弯、内角、外角、T形不按规定方法安装者，扣1分/处； （21）任意转折角的角度偏离图纸要求5°以上者，扣1分/处； （22）异径线槽作三通连接时，小线槽的底槽未插入大线槽的底槽中，虽伸入未压紧，或伸入长度不合适，或小线槽与大线槽之间的拼接缝大于1mm，扣1分/处； （23）转弯（或折角）两端、三通连接的三端、进盒（箱）处，直线槽两端、进线槽处无固定点，扣1分/处； （24）过柱（或梁）时，柱（或梁）上的每个直线段缺少固定点，扣1分/处； （25）固定点不呈一直线，或各固定点间距不一致，或固定点位置与规定不符者，扣1分/处 （最多可扣25分）		
4	照明配电箱内接线	10	（26）不按图纸要求，错接（漏接），扣1分/处； （27）接线端露铜、端子接线超过2根，线端压接松动，扣1分/处； （28）地线未接接地排或应接接零排的零线未接接零排，扣1分/处； （29）引入线或引出线接线不留余量，或余量不合理，扣1分/处 （最多可扣10分）		
5	照明配电箱内布线	10	（30）相线、零线、地线不按图纸线径要求配线和分色，扣1分/处； （31）线路未按横平竖直走线，或走向选择不正确，线路凌乱，扣1分/处 （最多可扣10分）		

续表

序号	评价内容	配分	评价标准	自我评价	老师评价
6	照明配电箱外接线	5	（32）开关、插座、空调插座、灯内接线不留余量，或余量不合理，扣1分/处； （33）接线端头露铜过长或接触不良，扣1分/处； （34）导线线径和颜色选择不正确，扣1分/处； （35）导线不进线槽（或线管），线管、线槽内导线有绞线或折叠现象，扣1分/处 （最多可扣5分）		
7	通电测试	10	（36）由于未能上电，没有进行测试，扣10分； （37）通电后，灯不发光，扣2分/处； （38）通电后，开关不起控制作用，或不符合图纸控制要求，扣2分/个； （39）通电后输出电压、空调插座及插座电压不正常，扣1分 （最多可扣10分）		
8	职业与安全意识（安全施工）	6	（40）不穿工作服、绝缘鞋，扣2分； （41）室内施工过程不戴安全帽，经提醒后再犯，扣1分/次；（不听劝阻，可终止操作） （42）登高作业时，不按安全要求使用人字梯，扣0.5分/次； （43）不按安全要求进行带电或停电检修（调试），视情节严重情况扣1～5分； （44）不按安全要求使用电工工具作业的，扣2分； （45）穿线时不注意保护导线，扣1分； （46）作业过程中将工具或器件放置在高处等危险的地方，扣1分/次； （47）不挂安全标志牌，扣0.5分/次 （最多可扣6分）		
9	职业与安全意识（文明施工）	4	（48）作业过程中工具与器件摆放凌乱，扣0.5～2分； （49）废弃物不按规定处置，扣1分/次 （50）作业后不清理现场，或将工具等物品遗留在设备内或器件上，扣0.5分/个； （51）不在规定的工作范围内作业，影响到其他人施工，扣2分 （最多可扣4分）		
	合计	100			

项目三　电动机控制线路安装与调试

在生产实践中，各种生产机械由于工作性质和加工工艺的不同，对电动机的控制要求也就不同，所需要的电器类型、数量以及所构成的控制线路也不同。

本项目通过完成电动机继电—接触器控制电路的安装与调试、编写两台三相异步电动机联合控制 PLC 程序、电动机变频调速控制电路安装与调试这三个工作任务，了解交流电动机的结构与工作原理，三相异步电动机的星—三角降压起动原理以及正反转工作原理；了解继电接触器控制电路的组成与工作原理，学会选择和使用常用的低压电器，初步掌握电气控制原理图的绘制和读图方法；了解 PLC、变频调速器的基本结构、工作原理和使用方法，熟悉 PLC 编程软件的使用，掌握 PLC 程序的编写方法和技巧；掌握变频器参数的设置和操作方法。

本项目还通过完成电动机控制线路的安装与调试这一工作任务，了解步进电动机的基本结构和工作原理；熟悉步进驱动器的工作原理和使用方法，掌握电动机控制线路的安装与调试方法和步骤，掌握触摸屏控制画面的制作技术。

通过完成本项目这四个工作任务，将可编程控制器技术、变频器调速控制技术和触摸屏人机界面控制技术有机地结合在一起，加深对现代电气控制新技术的认知。

任务一　电动机继电器接触控制电路安装与调试

工作任务

某三相交流异步双速电动机采用低压继电器接触控制方式，按下起动按钮 S2（或 S3），电动机低速（或高速）正转起动；电机运行中按下停止按钮 S1，电动机立即停止转动。在双速电动机低速运行过程中，按下按钮 S3，电动机将会在延时一段时间（由时间继电器初设定为 5s）后自动切换为高速运行；当电动机在高速运行时，按下按钮 S2，电动机转速不变。电气控制原理图如图 3-1-1 所示，控制箱内部电器元件布置图如图 3-1-2 所示，控制箱面板元件布置图如图 3-1-3 所示。

请根据以上要求，完成下列工作任务：

（1）根据电气原理图正确选择元器件，按图 3-1-2 所示的元器件布置图排列元器件并固定安装。

（2）按照电气原理图进行电路的连接，接线工艺应符合如下规范要求：

① 箱内器件按图纸要求接线，不错接或漏接导线。

② 引入线中的零线（或地线）进箱直接接零线排（或接地排）。

③ 引入线或引出线接线都应留有合适的余量。

④ 引入线或引出线接线必须分类集中，归边走线，排列整齐。

⑤ 相线、零线、接地线、二次回路控制线按图纸线径要求配线和分色。

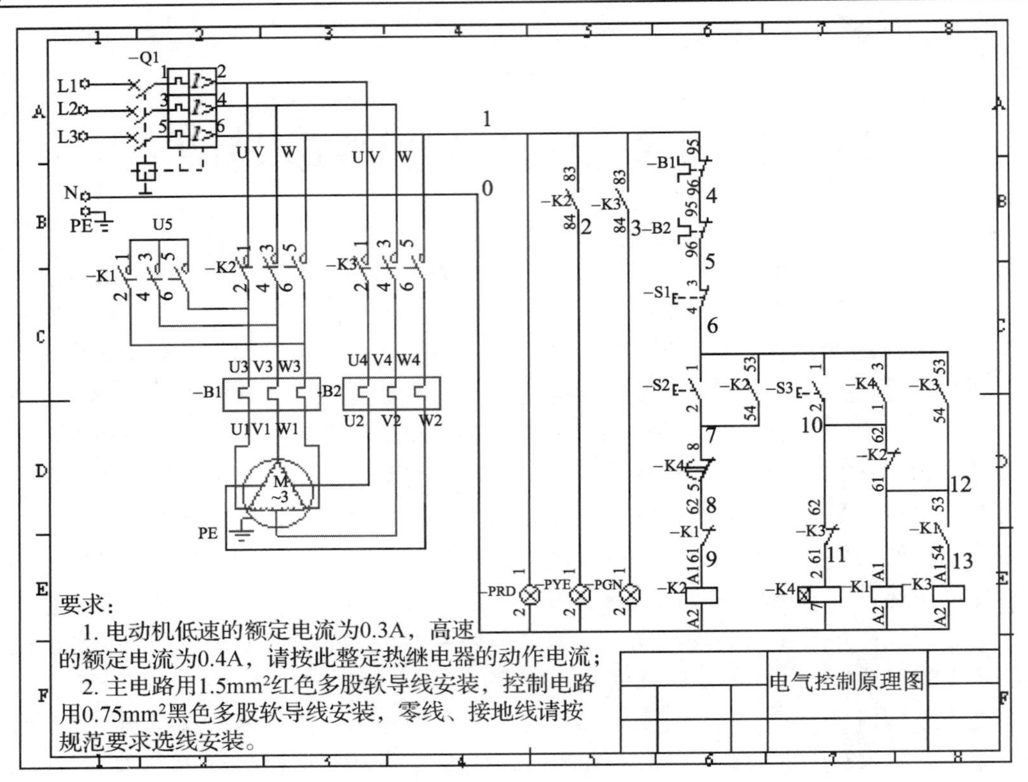

图 3-1-1 双速电动机电气控制原理图

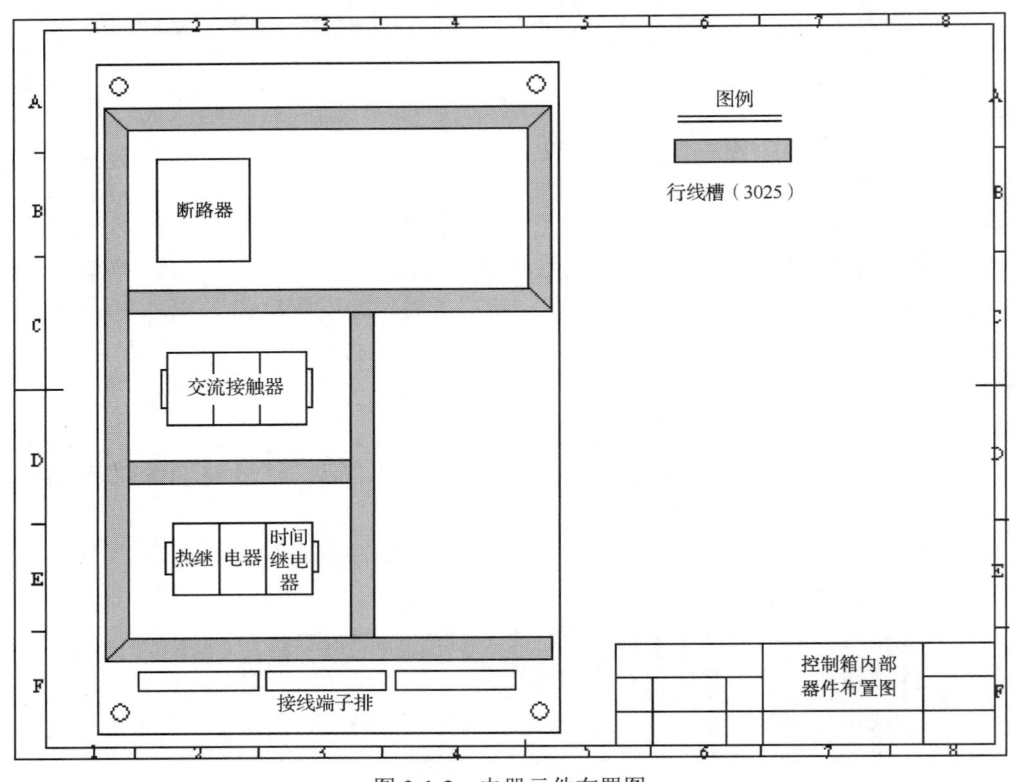

图 3-1-2 电器元件布置图

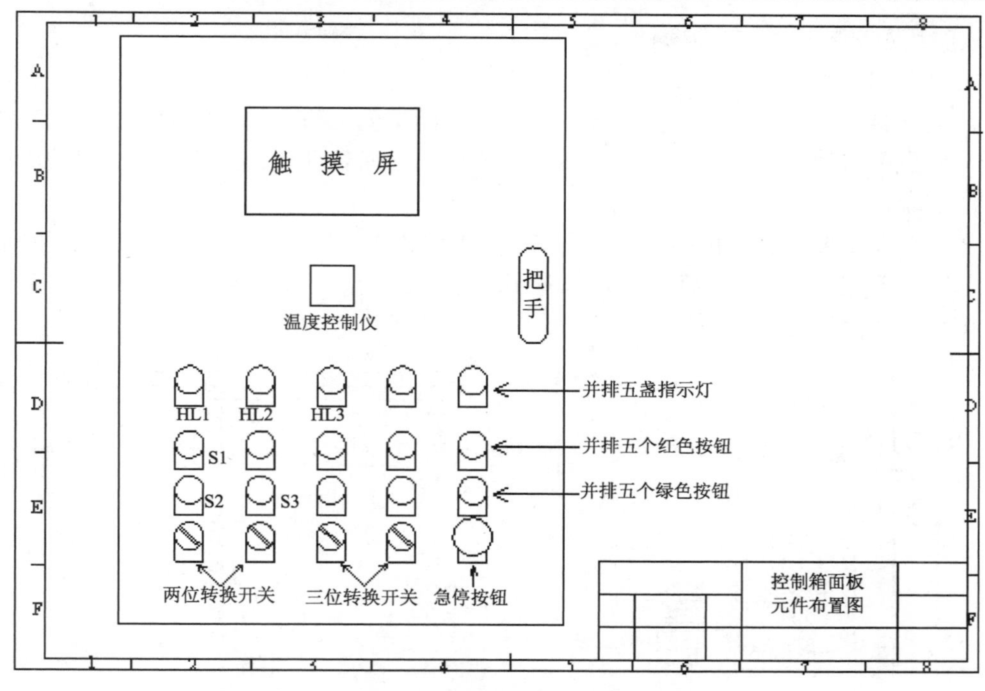

图 3-1-3　控制箱面板元件布置图

⑥ 连接导线必须对准线槽孔入槽，盖板盖好，连接导线应整齐。

⑦ 接控制箱面板部分导线的集中必须用缠绕带绑扎，并固定。

⑧ 接线端必须压接冷压叉或端针，且压接牢固，不能有露铜现象。

⑨ 连接导线必须套有编号的号码管，编码与图纸要求一致。号码管排列整齐，号码朝外，字迹清晰可辨。

⑩ 1 个接线端的接线不超过 2 根导线。

⑪ 按图纸要求正确选择电动机，并按图纸要求进行接线。

⑫ 电动机必须进行接地保护处理。

（3）通电测试，实现控制要求的功能。

请注意下列事项：

① 在完成工作任务的全过程中，严格遵守电气安装和电气维修的安全操作规程。

② 电气安装中，线路安装参照《建筑电气工程施工质量验收规范（GB 50303－2002)》验收，低压电器的安装参照《电气装置安装工程低压电器施工及验收规范（GB 50254－96)》验收。

知识链接

一、常用低压电器

低压电器是用来接通和分断电路及用电设备，并起保护、控制和调节作用的电工元器件。低压电器常用于交流电压 1200V、直流 1500V 及以下的低压电路中，在电力拖动控制及电力供配电系统中的应用十分广泛。

1. 低压断路器

（1）作用和分类

低压断路器又称自动空气开关，用于接通和分断负荷电路，控制电动机不频繁起动与停止。当电路发生过载、短路、失压、欠压等故障时，它能自动切断故障电路，保护电路和用电设备的安全。

低压断路器主要由操作机构、触头系统、灭弧装置、保护装置（电磁脱扣器及热脱扣器）等组成。其种类很多，按结构形式分有框架式和塑壳式两种类型。塑壳式断路器内部结构原理及新国标电气图形符号说明如图 3-1-4 所示。

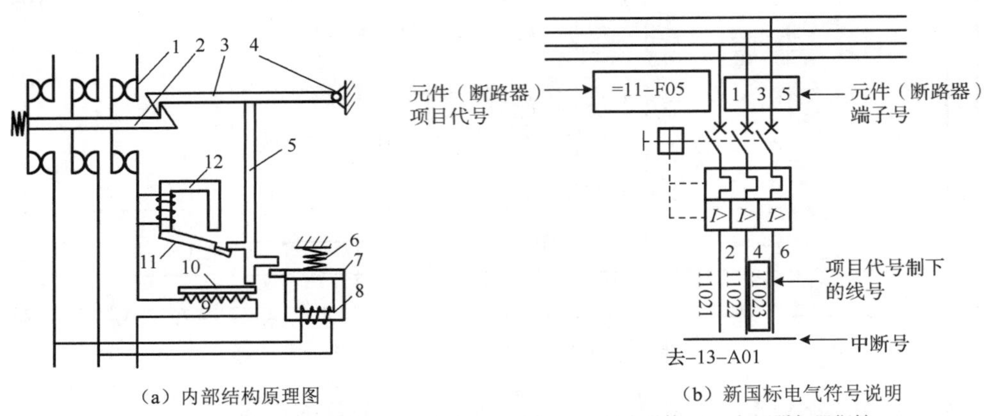

（a）内部结构原理图　　（b）新国标电气符号说明

1—主触点；2—锁扣；3—搭钩；4—转轴；5—连杆；6—拉力弹簧；7—欠压脱扣器衔铁；8—欠压脱扣器；9—发热元件；10—双金属片；11—衔铁；12—电磁脱扣器；13—弹簧

图 3-1-4　塑壳式断路器

（2）型号

断路器型号及含义如下所示。

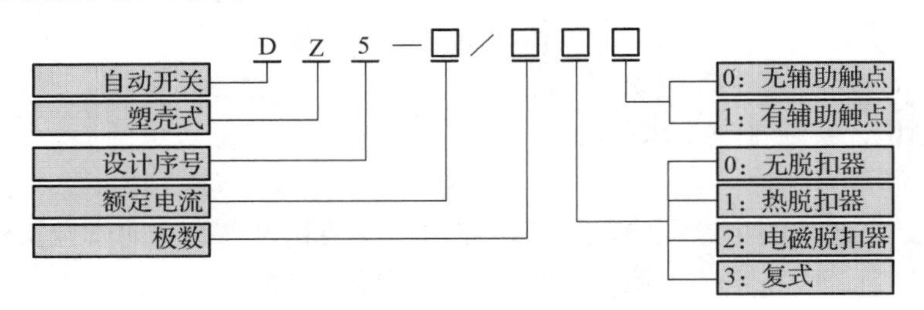

（3）选用

根据用途选择断路器的形式和极数；根据最大工作电流选择断路器的额定电流；根据需要选择脱扣器类型、附件种类和规格。具体选用原则如下：

① 额定电压和额定电流应大于或等于线路的正常工作电压和电流。

② 热脱扣器的整定电流应大于或等于所控制负荷电路的额定电流。

③ 电磁脱扣器的瞬时脱扣整定电流：用于控制照明电路时，应为负载电流的 6 倍；用于单台电动机保护时，应为电动机起动电流的 1.7 倍；用于多台电动机保护时，应为容量最大的一台电动机起动电流的 1.3 倍加上其余电动机额定电流之和。

另外，选用断路器时，在类型、等级和规格等方面还要与上、下级开关的保护特性进行配合，以免越级跳闸，扩大停电范围。

2. 交流接触器

（1）作用

交流接触器是一种自动的电磁式开关，适用于远距离频繁地接通或断开大电流回路，其主要控制对象是电动机，也常用于控制其他负载电路，在电力拖动系统中得到广泛应用。它具有低电压释放保护功能、工作可靠、操作频率高、使用寿命长等优点。

交流接触器主要由电磁系统、触头系统、灭弧装置及辅助部件等组成。常用的交流接触器有 CJ0、CJ10、CJ20 等系列产品，交流接触器如图 3-1-5 所示。

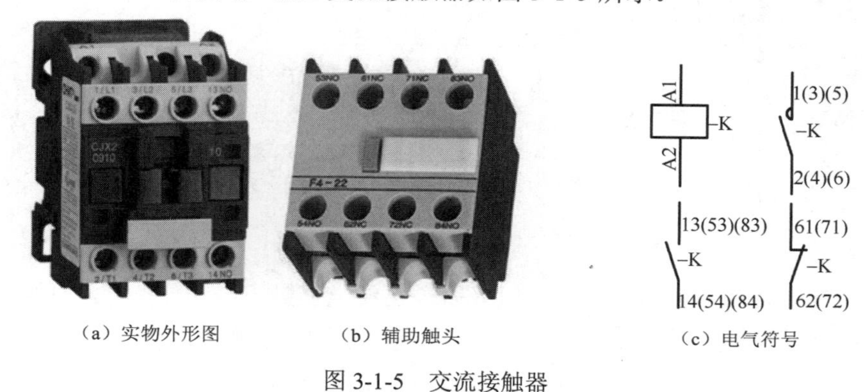

（a）实物外形图　（b）辅助触头　（c）电气符号

图 3-1-5　交流接触器

（2）型号

交流接触器型号及含义如下所示。

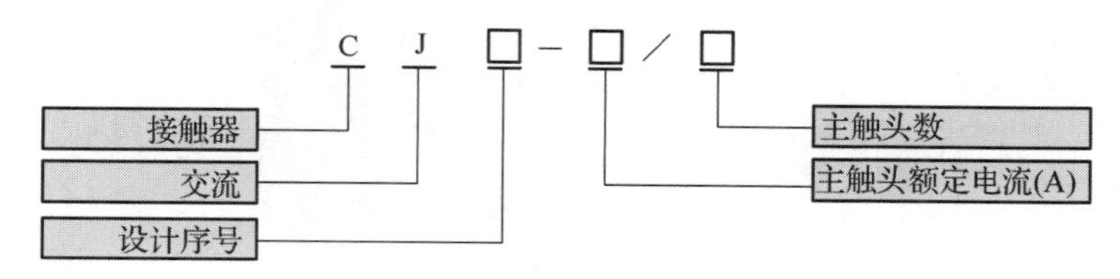

（3）选用

交流接触器的选用原则如下：

① 交流接触器主触头的额定电压应大于或等于被控制电路的最高电压。

② 交流接触器主触头的额定电流应大于被控制电路的最大工作电流。控制电动机时，主触头的额定电流应大于电动机的额定电流；控制需要频繁起动、制动及正反转的电动机时，应将主触头的额定电流降低一个等级来使用。

③ 交流接触器电磁线圈的额定电压应与被控制辅助电路电压一致。对于简单电路，多用交流电压 380V 或 220V；在线路复杂或有低压电源的场合，或工作环境有特殊要求时，也可选用交流电压 110V、36V 等。

④ 交流接触器的触头数量和种类应满足主电路和控制电路的要求。

3. 热继电器

（1）作用

热继电器是一种利用电流的热效应原理来进行工作的保护电器。它主要用做电动机的过载保护、断相保护、电流不平衡运行及其他电气设备发热状态的控制，使之免受长期过载电流的危害。

热继电器有两相结构、三相结构、三相带断相保护装置三种类型，其主要组成部分是发热元件、双金属片、执行机构、整定装置和触点等。常见热继电器如图 3-1-6 所示。

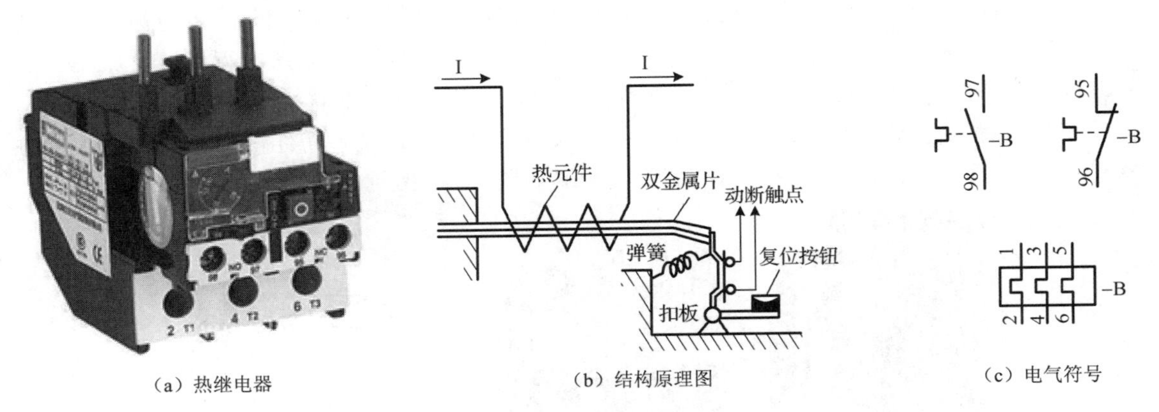

（a）热继电器　（b）结构原理图　（c）电气符号

图 3-1-6　热继电器

由于热惯性，在电动机起动和短时过载时，热继电器是不会动作的，这样可避免不必要的停机。但电路发生短路时，热继电器不能立即动作，所以热继电器不能用做短路保护。

（2）型号

热继电器的型号及其含义如下所示。

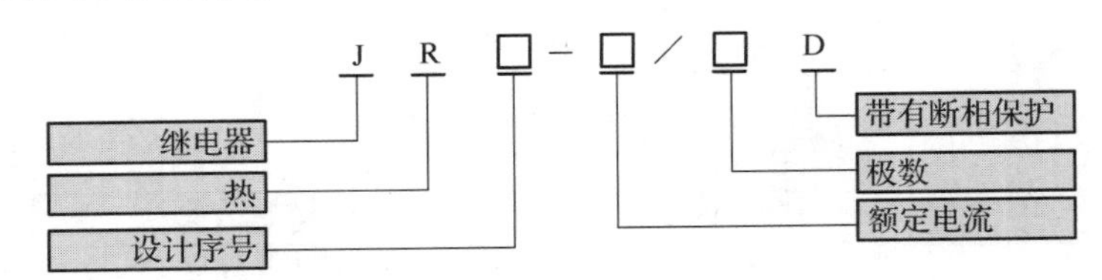

（3）选用

热继电器的主要技术数据是整定电流，即热继电器长期运行而不动作的最大电流。在负载电流超过整定电流值的 20%时，热继电器在 20min 内就能动作。选择热继电器时，主要根据所保护电动机的额定电流来确定热继电器的规格和热元件的电流等级。具体选用原则如下：

① 根据电动机的额定电流选择热继电器的规格，一般应使热继电器的额定电流略大于电动机的额定电流。

② 根据需要的整定电流值选择热元件的电流等级。一般情况下，热元件的整定电流为电动机额定电流的 0.95～1.05 倍。

若在电动机频繁起动或正反转、起动时间长及冲击性负载等情况下，热元件的整定电流应为电动机额定电流的 1.1～1.5 倍。

如果电动机的过载能力较差，热元件的整定电流应为电动机额定电流的 0.6～0.8 倍。

③ 根据电动机定子绕组的连接方式选择热继电器的结构形式，即定子绕组作Y形连接的电动机选用普通三相结构的热继电器；而作△形连接的电动机应选用三相带断相保护装置的热继电器。

4. 时间继电器

（1）作用

在电路中，从得到信号（线圈得电或失电）起，需要经过一段时间的延时后才输出信号（触点闭合或断开）的继电器称为时间继电器。时间继电器如图 3-1-7 所示。

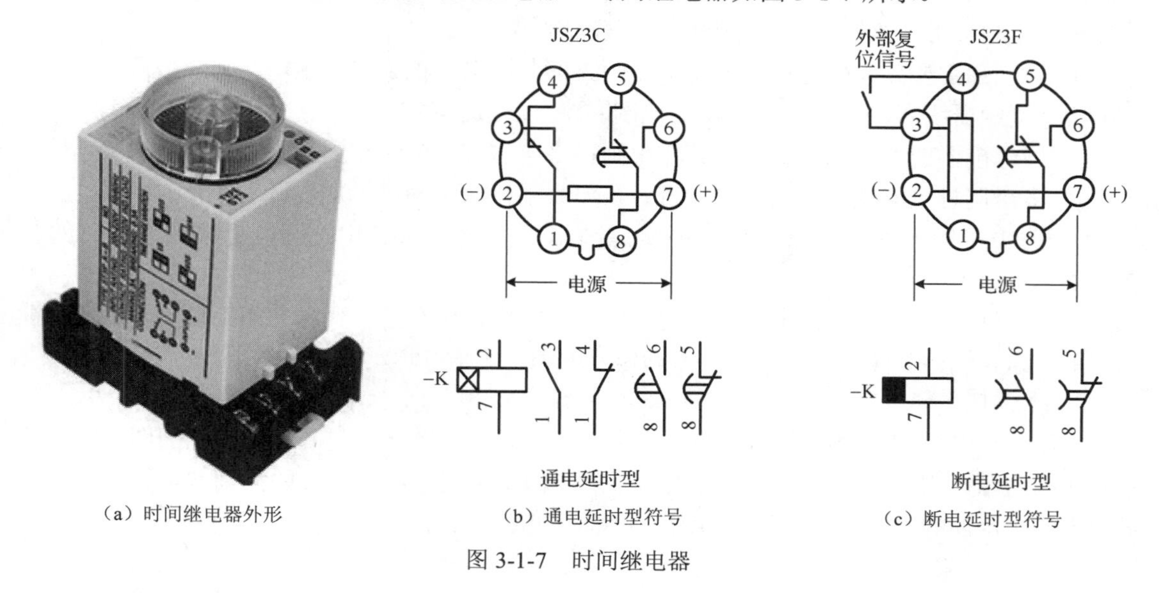

（a）时间继电器外形　（b）通电延时型符号　（c）断电延时型符号

图 3-1-7　时间继电器

（2）型号

晶体管式时间继电器 JS20 型的含义如下所示。

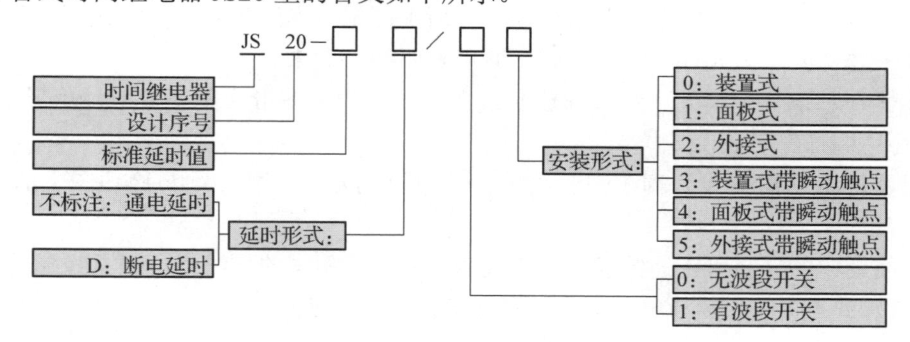

（3）选用

时间继电器的一般选用原则如下：

① 根据被控制电路的延时范围和精度，选择时间继电器的类型和系列。对延时精度要求较高的场合可选用晶体管式时间继电器。

② 根据被控制线路的实际要求选择通电延时型或断电延时型的时间继电器。同时，还必须考虑控制电路对瞬时动作触点的要求。

③ 根据被控制电路的电压等级选择时间继电器吸引线圈电压，使两者电压相符。

二、电气图的识读

电气图在电气安装与维修中用得最多的有电气控制电路原理图、电器元件布置图和电气安装接线图。电气图必须采用国家统一规定的电气图形和文字符号绘制。

1. 原理图的识读

原理图是采用国家标准图形符号和文字符号并按工作顺序排列，用于描述电路结构和工作原理的一种图纸。它标明了电路的组成，各电器元件相互连接的关系，但它不涉及电器元件的结构尺寸、安装位置、材料选用和配线方式等内容。原理图是电气安装、调试与维修时的理论依据和参考。绘制、识读原理图的一般原则如下：

① 原理图主要分为主电路和控制电路两大部分，电动机回路为主电路，一般画在左边；继电器、接触器线圈、PLC 等控制器为控制回路，一般画在右边。

② 同一电器的不同元件，根据其作用画在不同位置，但用相同的文字符号标注。

③ 多个同种电器使用相同的文字符号，但必须标注不同序号加以区别。

④ 图中接触器的触点按未通时的状态画出；按钮、行程开关等也是按未动作时的状态画出。

⑤ 元器件型号、有关技术参数有时可用小号字体注明在电器代号的相应位置，以便识读和使用，如导线横截面、热继电器电流动作范围和整定值、电动机功率等。

2. 布置图的识读

电器元件布置图是根据电器元件在控制板（盘）上的实际位置，采用简化的图形符号绘制的一种简图。它不涉及各电器的结构和原理等，用于表示电器元件的排列和位置固定。布置图中各元器件的文字符号必须与原理图和接线图的标注相同。

3. 接线图的识读

接线图是根据原理图和布置图绘制的，是原理图的具体体现，主要用于电气设备的安装配线、线路检测和故障维修。绘制、识读接线图的一般原则如下：

① 各元器件均按实际安装位置给出，元件所占图幅按实际尺寸以统一比例绘制。

② 同一器件的不同元件均画在一起，并用点画线框起来。

③ 元器件、部件、单元、组件或成套设备都采用简化图形（如正方形、矩形、圆形），必要时也可用图形符号表示。

④ 元器件上凡需接线的端子都应绘出，并予以编号。编号必须与原理图上的导线编号相同。

⑤ 接线图中的导线可用连续线或中断线表示，走向相同的导线也可用总线形式表示。为了便于连接和检查，图中的导线一般应加以标记，其标记应符合 GB 4884—1985《绝缘导线标记》规定。

三、电路安装工艺规范

1. 板前线槽布线的工艺要求

① 所有导线的截面积大于或等于 $0.5mm^2$ 时，必须采用软线。除特殊情况外，一般主电路采用 $1.5mm^2$，控制回路采用 $0.75mm^2$。

② 布线时，严禁损伤线芯和导线绝缘层。

③ 各元器件接线端子引出导线的走向以元件的水平中心线为界限，在水平中心线上的引出导线，必须进入元器件的上方行线槽；在水平中心线下的引出导线，必须进入元器件的下方行线槽，任何导线都不允许从水平方向直接进入行线槽内。

④ 进入行线槽内的导线要完全置于行线槽内，并尽量避免交叉，装线不要超过其容量的 70%。

⑤ 各元器件与行线槽之间的外露导线，应合理走线，并尽可能做到横平竖直、垂直变换走向。位置一致的端子引出引入线，要敷设在同一平面上，并做到高低一致、不交叉。

⑥ 所有接线端子的导线线头上必须套有编号的号码管，编号与原理图相一致。导线线头必须压接端针或冷压叉，且连接必须牢固，无露铜、松动或压皮等现象。

⑦ 一个端子上的连接导线不得超过两根。

2. 控制板引入或引出线的工艺要求

① 进箱电源线中的零线和接地线入箱后分别接在零线排和接地排上，箱内或箱外需接零线或地线时，分别从零线排或接地排引出。

② 除中性线和地线、控制箱面板上器件的连接线外，其他连接线都必须通过接线端子排引入或引出。

③ 接线端子排上的连接导线一般按电源进线、电动机连接线、控制电路连接线的顺序从左向右排列，并且主电路和控制电路连接线之间有明显分界。

④ 控制板到控制箱面板上的连接导线应留有合适的余量，还需要用缠绕带缠绕并用塑料扎带捆扎固定，以保护该线束。

⑤ 穿过箱体的连接导线需要有塑料软管或塑料线管作保护。

⑥ 所有连接导线都必须压接端针或冷压叉，接线接头上应套编号管，并按图纸标注写上编码。

四、电路的检测

1. 测量方法与步骤

在完成电路接线后一定要做好电路通电前的检测工作，避免因发生短路或断路现象使电路无法正常工作。检测电路最简便的方法就是万用表电阻法。

测量检查时，首先把万用表的转换开关位置于倍率适当的电阻挡，然后按如图 3-1-8 所示的方法进行测量。

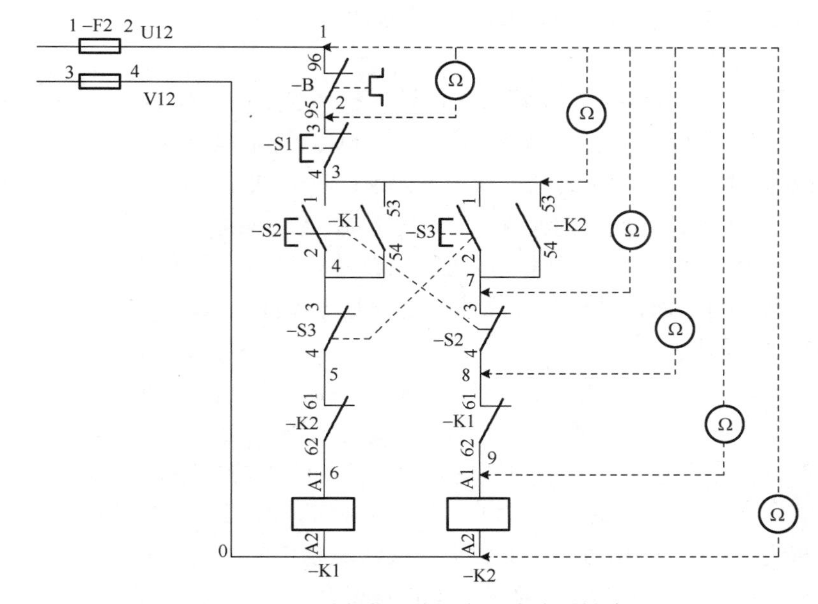

图 3-1-8　万用表电阻法（电阻分阶测量法）

检测时，首先切断控制电路电源，然后按住按钮 S3，用万用表依次测量 1－2、1－3、1－7、1－8、1－9、1－0 各两点之间的电阻值，根据测量结果即可找出故障点。

测量结果表明：

① 若检测 1 至 2、3、7、8、9 各点之间的电阻值均为 0，说明电路正常；

② 若由 1 测至 2～9 的某一点时，电阻突然增大，说明从该测量点到前一测量点之间存在断路故障；

③ 在 1～9 各两点之间的电阻值均为 0 的情况下，继续测量 1 到 0 之间的电阻，若电阻值为 R（接触器线圈电阻），则电路正常；若电阻值为 0，说明线圈被短路；若电阻值为无穷大，说明电路存在断路故障。

同理，按住按钮 S2，用万用表依次测量 1－2、1－3、1－4、1－5、1－6、1－0 各两点之间的电阻值，根据测量结果即可找出故障点。

2. 注意事项

这种电阻测量法的优点是安全，缺点是测量电阻不准确时，容易造成判断错误。因此，要注意以下几点：

① 为安全起见，检测电路前，一定要确认电源已断开！

② 所测量电路若与其他电路并联时，必须将该电路与其他电路断开，以免受影响。

③ 测量高电阻元器件时，要将万用表的电阻挡调整到相应的挡位，否则电阻值超出量程时会造成错误判断——断路故障。

五、双速电动机工作原理

1. 变极调速原理

由三相异步电动机的转速公式 $n=(1-s)\dfrac{60f}{p}$ 可知，改变转子转差率 s、电源频率 f 或磁极对数 p 均可改变异步电动机的转速。

双速电动机属于异步电动机变极调速，它通过改变定子绕组的连接方式（△/YY）来改变磁极对数，从而改变电动机的转速。

如图 3-1-9 所示，以单相绕组 U 相为例，设每相绕组由两个线圈（U_1U_1'、U_2U_2'）组成，如果将两个线圈“顺串”连接，如图 3-1-9（a）所示，则电流从首端 U1 流进，从尾端 U2 流出时，将形成一个 4 极的磁场，如图 3-1-9（b）所示；如果将两个线圈“反并”连接，如图 3-1-9（c）所示，则半相绕组中的电流方向发生改变，此时将形成 2 极的磁场，如图 3-1-9（d）所示。

由此可见，两个 U 相绕组串联时，绕组的极数是并联时的两倍，而电动机的转速是并联时的一半。即串联时为低速，并联时为高速，这就是变极调速原理。

2. 定子绕组的连接

4/2 极双速异步电动机定子绕组△/YY接法如图 3-1-10 所示。三相绕组接成△时，电动机以 4 极运行，为低速；三相绕组接成YY时，电动机以 2 极运行，为高速。

值得注意的是：当电动机的极数发生变化时，三相绕组的相序也跟着变化，即 $2p=2$ 时，三相绕组在空间依次相差 0°、120°、240°；而 $2p=4$ 时，对应空间位置的角度依次变为 0°、240°、480°（相当于120°）。所以，为了保证变极后电动机的转向不变，在改变定子绕组接线的同时，必须在三相绕组与电源相连接时，将任意两个出线头对调。

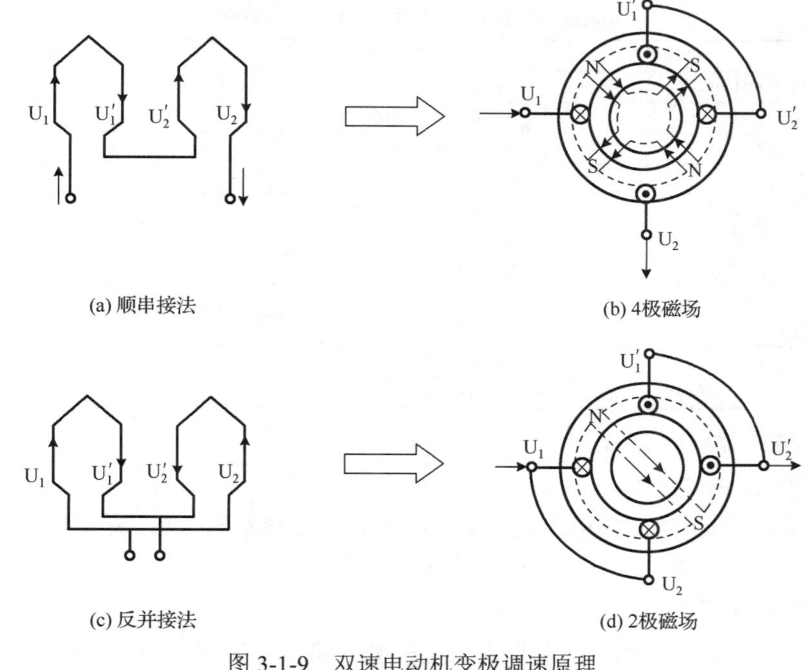

图 3-1-9　双速电动机变极调速原理

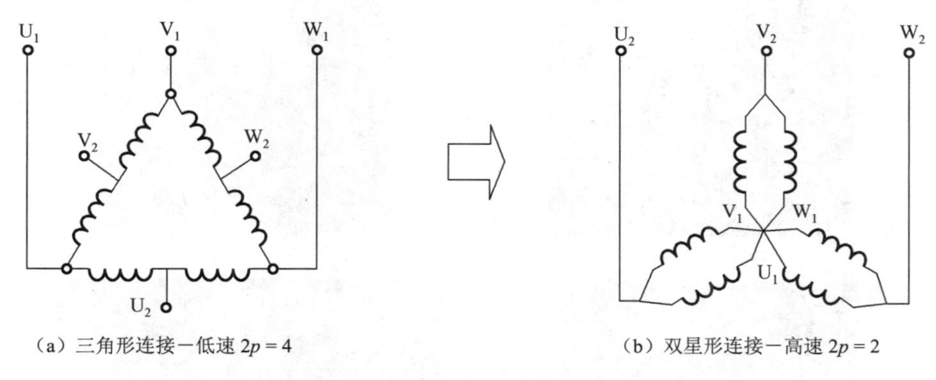

图 3-1-10　双速电动机定子绕组△/YY连接

完成工作任务指导

一、控制电路的安装

1．准备工具、仪表及器材

（1）工具：测电笔、电动旋具、螺丝刀、尖嘴钳、剥线钳、压线钳等电工常用工具。

（2）仪表与设备：数字万用表、YL-156A 型实训考核装置。

（3）器材：行线槽、ϕ20PVC 管、1.5mm^2 红色和蓝色多股软导线、1.5mm 黄绿双色 BVR 导线、0.75mm^2 黑色和蓝色多股导线、冷压接头 SVϕ1.5-4、端针、缠绕带、捆扎带。其他所需的元器件见表 3-1-1。

表 3-1-1　元器件清单表

序号	名称	型号/规格	数量
1	双速异步电动机	YS5012/4	1台
2	塑壳开关	NM1-63S/3300 20A	1只
3	接触器	CJX2-0910/220V	3只
4	辅助触头	F4-22	2只
5	时间继电器	ST3P C-A 30S AC220V	1只
6	热继电器	JRS1D-25F 0.4A	2只
7	接线端子排	TB-1512	3条
8	安装导轨	C45	若干
9	按钮	LA68B-EA35/45	起动2只（绿）、停止1只（红）
10	指示灯	AD58B-22D 220V	3只（红）
11	电气控制箱箱体	720mm×280mm×850mm	1只

2. 固定安装元器件

（1）元器件的选择与检测

根据如图 3-1-1 所示的双速电动机控制电路原理图，核对表 3-1-1 元器件清单表所列的元器件，对各元器件进行型号、外观、质量等方面的检测。

（2）元器件的安装

根据电器元件布置图在电气控制板上固定安装元器件，如图 3-1-11（a）所示。

（a）元器件安装固定

（b）主电路接线

（c）控制电路接线

（d）面板器件接线

（e）箱内进出线接线

（f）电动机接线

图 3-1-11　电气控制电路安装过程

3. 连接线路

根据电气控制原理图和元器件布置图，按接线工艺规范要求完成：

（1）控制电路板上的主电路部分的接线，如图 3-1-11（b）所示；

（2）控制电路板上的控制电路部分的接线，如图 3-1-11（c）所示；

（3）面板上器件的接线、箱内进出线的接线，如图 3-1-11（d）、（e）所示；

（4）连接双速异步电动机，如图 3-1-11（f）所示。

二、控制电路的调试

控制电路的调试应包括线路检查、分析电路工作原理、通电试车的过程。

1. 线路检查

根据原理图对线路进行检查，首先检查连接线路是否达到工艺要求，是否有漏接线或导线连接错误，端子压接是否牢固。然后，用万用表检查线路，如图 3-1-12 所示。断电情况下进行如下检测：

（1）检测电路是否存在短路故障；

（2）检测电路的基本连接是否正确。

（3）必要时还要用兆欧表测量电动机绕组等带电体与金属支架之间的绝缘电阻。

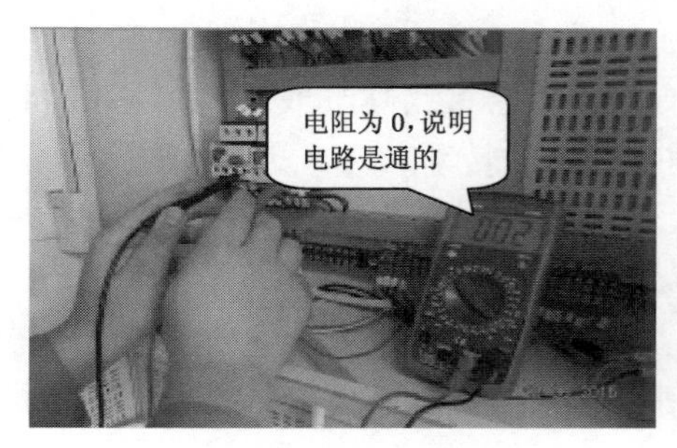

（a）检查电路通断情况

（b）电路短路检测

图 3-1-12　线路检查

2. 分析电路工作原理

（1）低速运行

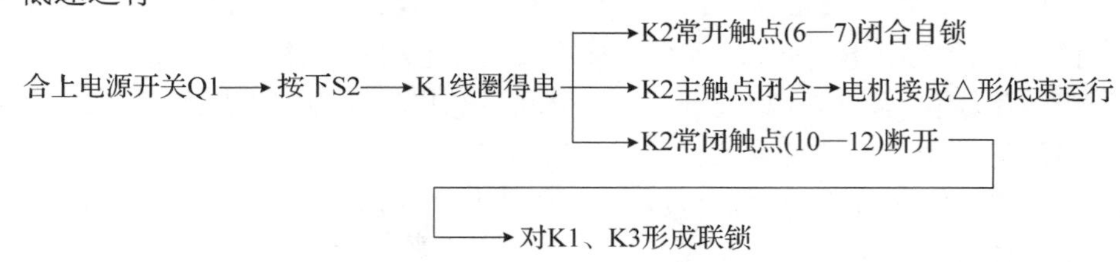

（2）高速运行

合上电源开关Q1 → 按下S3 → K1线圈得电 → K1主触点闭合 → 电机接成YY形

K1线圈得电 → K1常开触点(12—13)闭合 → K3线圈得电

K3线圈得电 → K3主触点闭合 → 电机接成YY形高速运行

K3线圈得电 → K3常开触点(6—12)闭合自锁

K3线圈得电 → K3常闭触点(8—9、10—11)断开 → 对K2、K4形成联锁

（3）速度切换

① 低速切换高速

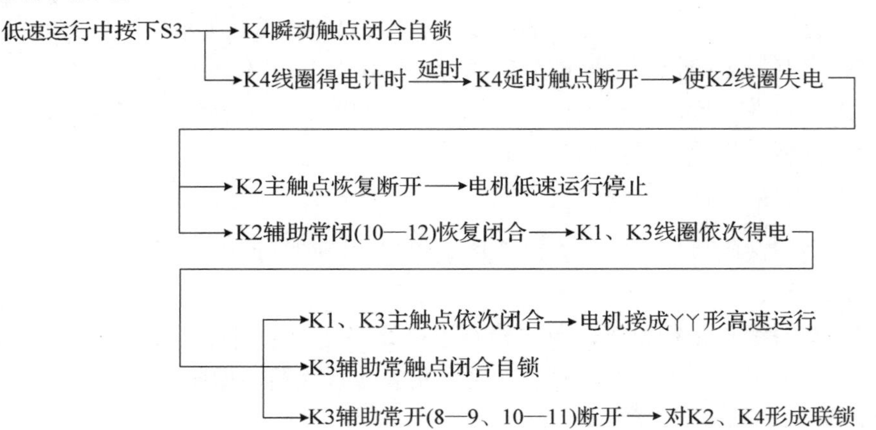

② 高速切换低速

高速运行中按下 S2，由于 K3 辅助常闭断点（8—9）已断开，所以无法使 K2 线圈得电，因此，高速运行中无法直接切换回低速运行。

（4）停止过程

低速或高速运行中，按下停止按钮 S1，所有的接触器 K2、K1 或 K3 均失电，接触器的主触点恢复断开，且自锁解除，电动机停止低速或高速的转动。

3. 通电试车

在完成电路检测、工作原理分析后，根据控制原理图的控制要求进行通电试车。操作方法和步骤如下：

（1）闭合电气控制箱内塑壳开关，接通控制板电源，观察电气箱面板上电源指示灯是否点亮。

（2）通电正常后，按电路工作原理操作电路：

① 按下低速起动按钮 S2，接触器 K2 得电吸合，电动机△接法低速起动运行。

② 继续按下高速起动按钮 S3，延时一段时间（由时间继电器设定）后，接触器 K2 失电，电机低速转动停止；同时，接触器 K1、K3 相继得电，电动机以YY形接法切换为高速运行。

③ 运行中，按下停止按钮 S1，所有接触器失电，电动机立即停止转动。

（3）通电试车成功后，断开塑壳开关，断开设备总电源。整理工具和清理施工现场。

在通电试车过程中，应注意观察接触器的吸合情况，是否有卡阻及噪声过大等现象，观察电动机的转速变化及运行方向，电路是否符合功能要求等。

通电试车操作过程如图 3-1-13 所示。

安全提示：

通电试车前要检查安全措施，通电试车时应有人监护，要遵守安全操作规程，出现故障时要停电检查，并挂警示牌。

【思考与练习】

1．请自己设计电气控制电路的安装与调试的工艺步骤。

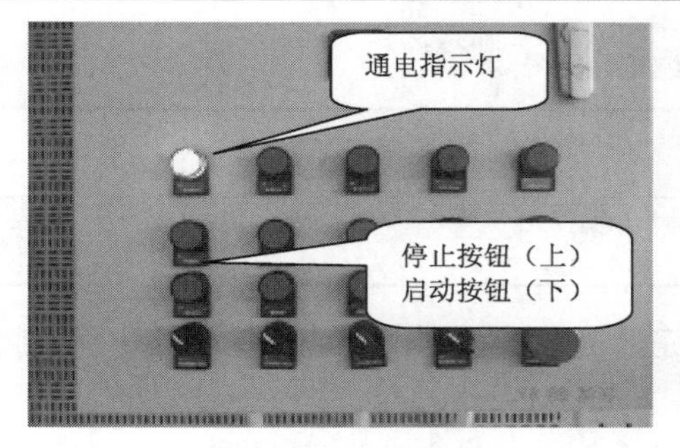

（a）接通设备电源

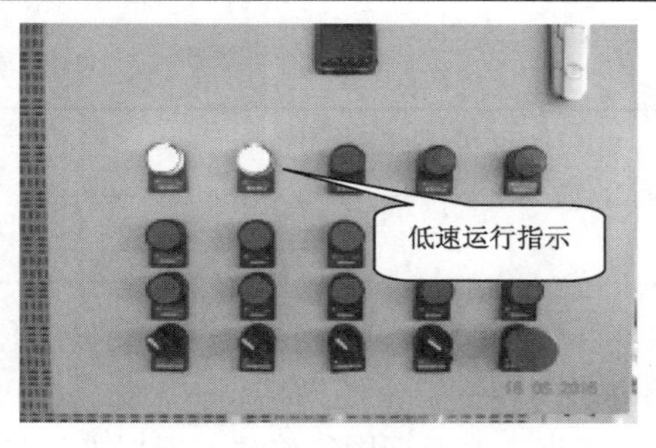

（b）电机低速运行指示

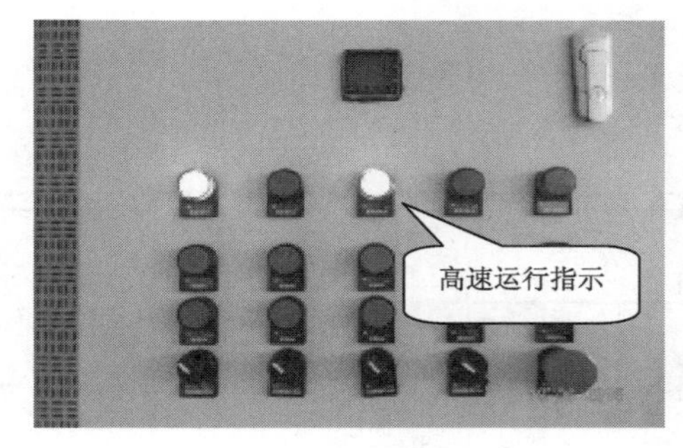

（c）电机高速运行指示

（d）双速电机运行中

图 3-1-13　控制电路的调试

2．说一说：CJX2-0910、CJX2-0901 的含义各是什么？两者有什么区别？

3．改变异步电动机转速可通过哪三种方法来实现？双速异步电动机的调速属于哪一类型？

4．回答与工作任务相关的理论问题：

（1）低压断路器能在电路发生________、________和________等情况下自动切断电路；主要由________、________和各种脱扣器等组成；按结构可分为________和________两种类型。

（2）接触器适用于远距离频繁地接通或断开大电流电路，具有________保护功能。按照主触头通过的电流种类，可分为________接触器和________接触器。

（3）热继电器是一种利用________________原理来进行工作的保护电器，主要用做电动机的_______保护。其内部结构主要由________、________和________组成。

（4）一般情况下，热继电器的热元件的整定电流为电动机额定电流的________倍。

（5）在电气安装与维修技术中，电气图通常是指________、________和________这三种。

（6）4/2 极双速异步电动机定子绕组△接法时，同步转速为________；定子绕组YY接法时，同步转速是________。

5．某三相异步电动机额定电压为 380V，额定功率为 2.5kW，采用接触器控制，热继电器作过载保护，控制回路工作电压为 220V。请根据表 3-1-2、表 3-1-3 所示的技术参数，选择接触器和热继电器的型号，并简要说明理由。

表 3-1-2　接触器型号

接触器型号	CJX2-09 线圈电压 220V	CJX2-12 线圈电压 220V	CJX2-18 线圈电压 220V
	CJX2-09 线圈电压 380V	CJX2-12 线圈电压 380V	CJX2-18 线圈电压 380V

表 3-1-3 热继电器型号

热继电器型号	JRS1D-25 2.5～4A	JRS1D-25 4～6A	JRS1D-25 5.5～8A
	JRS1D-25 7～10A	JRS1D-25 9～13A	JRS1D-25 12～18A

6．根据如图 3-1-14 所示电气控制原理图，完成一台三相异步电动机星—三角降压起动控制电路安装与调试工作任务：

（1）根据电气原理图正确选择元器件，按图 3-1-2 所示的元器件布置图排列元器件并固定安装。

（2）按照电气原理图进行电路的连接，接线工艺应符合规范要求。

（3）通电试车，实现控制要求的功能。

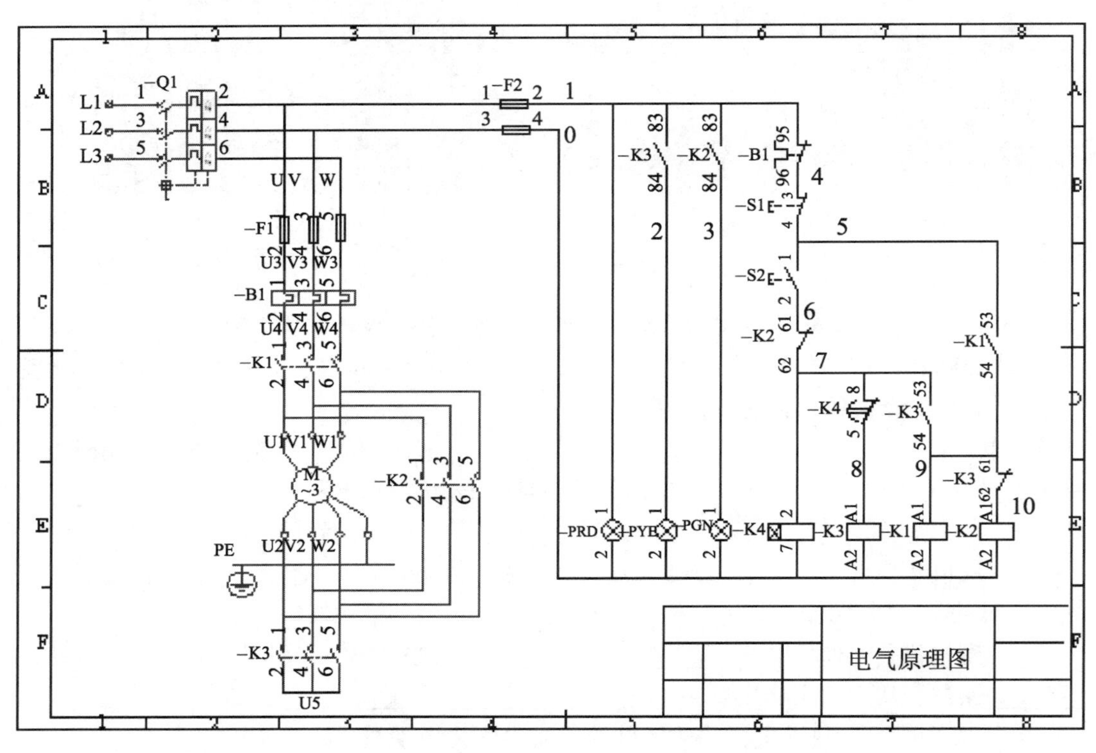

图 3-1-14 三相异步电动机星—三角降压起动控制电路

7．请填写完成电动机继电器接触控制电路安装与调试工作任务评价表 3-1-4。

表 3-1-4 完成电动机继电器接触控制电路安装与调试工作任务评价表

序号	评价内容	配分	评价标准	自我评价	老师评价
1	器件选择与安装	10	（1）器件选择与图纸不相符，扣 1 分/个； （2）安装位置与图纸要求不相符，扣 1 分/个； （3）器件安装不牢固，扣 1 分/处； （4）器件方向安装错误，扣 1 分/个； （5）损坏器件，扣 2 分/个 （最多可扣 10 分）		

续表

序号	评价内容	配分	评价标准	自我评价	老师评价
2	控制板接线工艺	40	（6）不按图纸要求接线，错接或漏接者，扣1分/处； （7）接线端有露铜过长或引出部分悬空过长，或排列不整齐，扣1分/处； （8）一个接线端接线超过2根，扣1分/处； （9）接线端未压接端针或冷压夹，或压接不牢固，扣1分/处； （10）主电路、控制电路的导线不按图纸线径要求配线和分色，扣1分/处； （11）端子不按图纸编码，或编码与图纸不符，扣1分/处； （12）导线有损伤或压皮现象，扣2分/处； （13）控制线路板上的连接导线不按要求入线槽走线，扣2分/处； （14）超过2根导线入线槽孔，扣1分/处 （最多可扣40分）		
3	引入与引出线	10	（15）面板指示灯按钮接线未接或漏接、错接等，或未绑扎固定，扣1分/处； （16）电源引入线中的零线（或地线）进箱未直接接零线排（或接地线排），扣1分/处； （17）引入或引出线没有集中归边走线，不留余量或余量不合适，扣1分/个 （最多可扣10分）		
4	电动机接线	5	（18）电动机接线外露部分没有用缠绕管缠绕，扣1分； （19）电动机模块安装不牢固，扣2分； （20）电动机没有接地保护，扣2分 （最多可扣5分）		
5	通电试车	25	（21）时间继电器、热继电器电流整定值不按要求设定，扣2分/个； （22）热继电器过载（人为操作常闭触点），电机不能立即停止，扣5分； （23）电源指示灯、低速或高速运行指示灯不能正常点亮，扣1分/个； （24）按下S2，电机不能低速运行，或按下S3，电机不能高速运行，扣5分； （25）低速运行时，按下S3，延时后电机不能切换为高速，扣5分； （26）运行中按下S1，电机不能停止，扣5分 （通电试车不成功，全扣，最多可扣25分）		
6	安全施工、文明生产	10	（27）违反安全操作规程，如不穿工作服、不戴安全帽或不穿绝缘鞋，扣2分/个； （28）工具、材料摆放不符合规范要求，扣2分/个； （29）完成任务后，不清理现场，或清理不干净，扣5分； （30）停电检测时，不挂安全标志牌，扣1/次 （最多可扣10分）		
	合计	100			

任务二　编写两台三相异步电动机联合控制 PLC 程序

工作任务

××设备由两台电动机组成：一台带离心开关三相异步电动机 M1，拖动主轴；一台不带离心开关三相异步电动机 M2，拖动工作台来回移动，采用 PLC 自动控制。控制要求如下：设备在 A 点（S4 动作）时按下起动按钮 S2，电动机 M1 星形起动，3s 后三角形运行。再过 3s，电动机 M2 正转起动拖动工作台向 B 点移动，当移动到 B 点（S5 动作）时工作台停止，4s 后工作台返回，到达 A 点（S4 动作）时，工作台停止，同时主轴电动机 M1 也停止，加工过程结束。

运行中，按下停止按钮 S3，或按下急停按钮 S1，或电动机过载时，设备立即停止。电气原理图如图 3-2-1 所示，控制箱内部电器元件布置图如图 3-2-2 所示，控制箱面板器件布置图如图 3-2-3 所示。

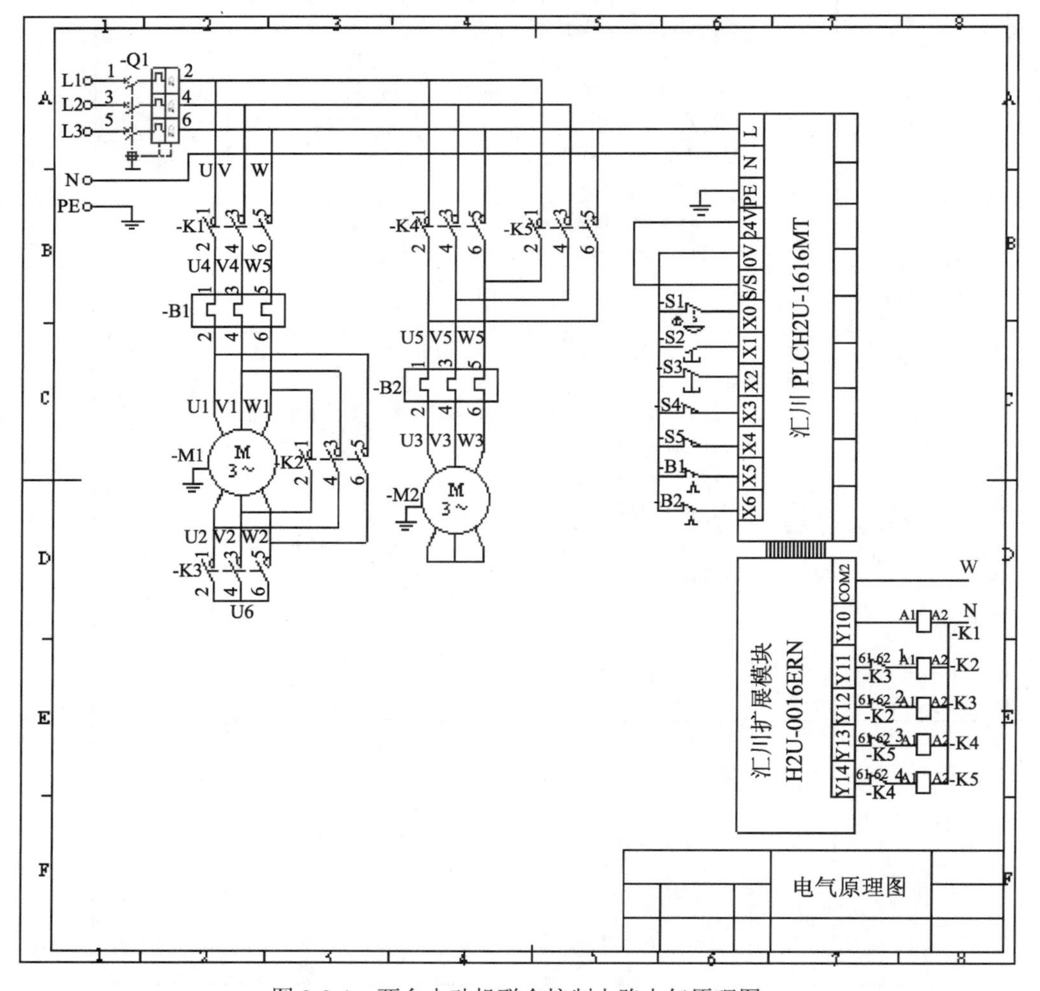

图 3-2-1　两台电动机联合控制电路电气原理图

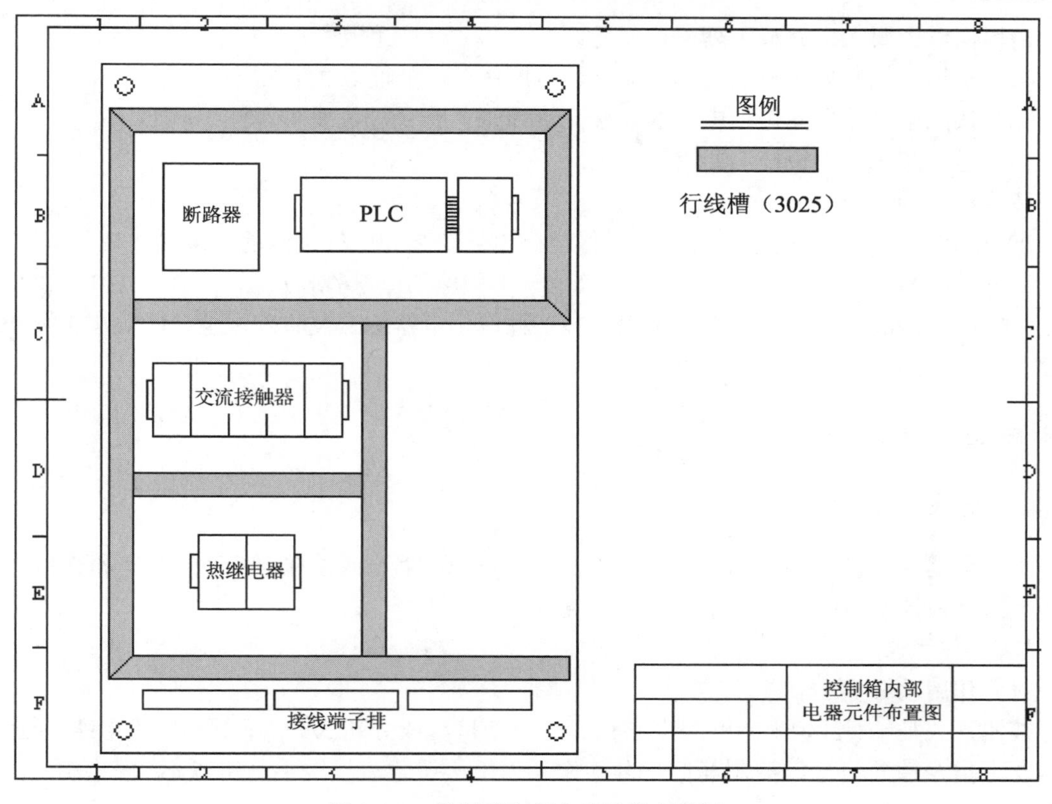

图 3-2-2　控制箱内部电器元件布置图

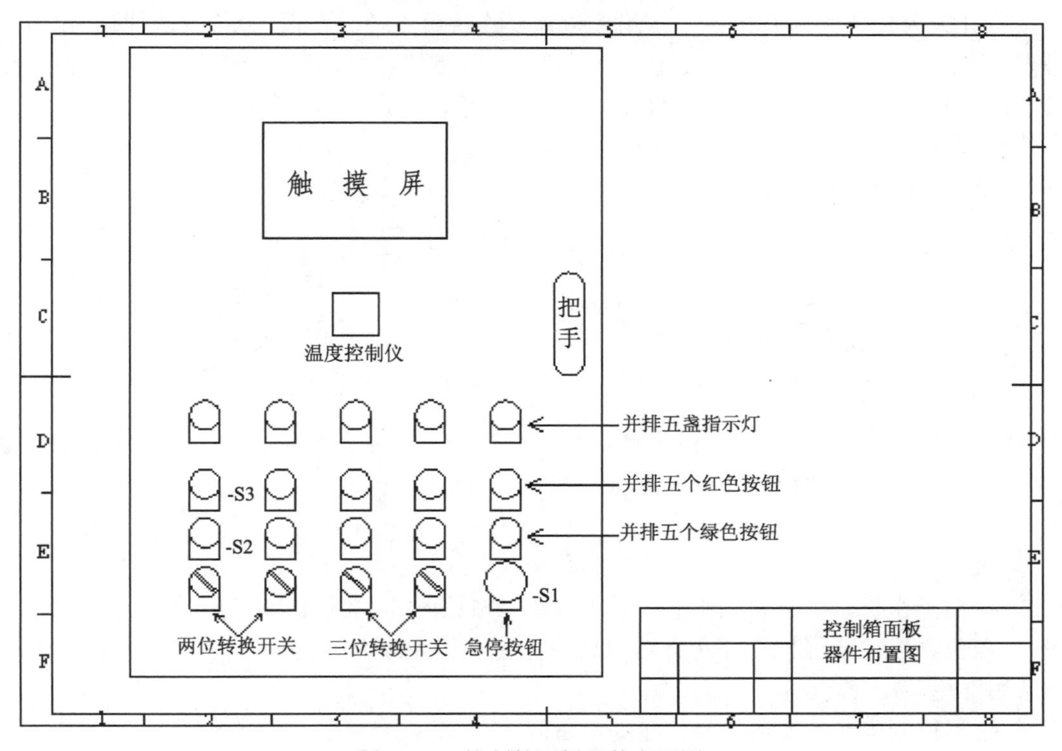

图 3-2-3　控制箱面板器件布置图

请根据以上要求，完成下列工作任务：

（1）根据电气原理图正确选择元器件，按图 3-2-2 排列元器件并固定安装。

（2）按照电气原理图进行电路的连接，接线工艺符合规范要求。

（3）通电测试，实现控制要求的功能。

请注意下列事项：

① 在完成工作任务的全过程中，严格遵守电气安装和电气维修的安全操作规程。

② 电气安装中，线路安装参照《建筑电气工程施工质量验收规范（GB 50303－2002)》验收，低压电器的安装参照《电气装置安装工程低压电器施工及验收规范（GB 50254－96)》验收。

知识链接

一、主令电器

主令电器就是在自动控制系统中用来发出指令的电器，通过继电器、接触器和其他电器，接通或断开被控制电路，如按钮、行程开关等。

1．按钮开关

（1）作用和分类

按钮开关是一种手动控制电器。它只能短时地接通或分断 5A 以下的小电流电路，向其他电器发出指令性的信号，控制其他电器动作。由于按钮载流量很小，所以不能直接用它来控制主电路的通断。

按钮开关大致分为常开按钮、常闭按钮和复式按钮三种。在按下复式按钮时，先断开动断触点，再经过一定行程后才能接通动合触点；松开按钮帽时，复位弹簧先将动合触点分断，通过一定行程后动断触点才闭合。按钮开关可作起动、停止或急停使用。

（2）型号

开关型号及含义如下所示。

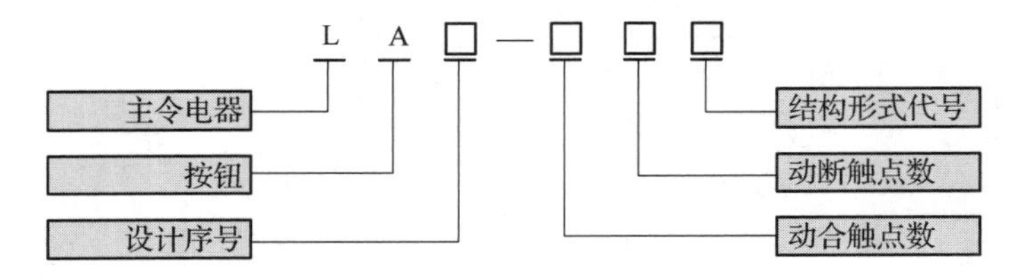

结构形式代号：K——开启式；H——保护式；S——防水式；F——防腐式；J——紧急式；X——旋钮式；Y——钥匙式；D——光标式；DJ——紧急式带指示灯。

（3）选用

① 根据使用场合和具体用途选择按钮种类；

② 根据工作状态指示和工作情况要求，选择按钮的颜色。如：起动按钮可选用白色（优先级）、灰色、黑色或绿色；停止按钮可选用黑色（优先级）、灰色、白色或红色；急停按钮必须选用红色。

③ 根据控制电路的需要选择按钮的数量。

2. 行程开关

（1）作用和分类

行程开关又称限位开关，利用生产机械运动部件的碰撞使其触头动作，来接通或断开电路，从而实现一定的控制作用。机床中常用的行程开关有 LX19 和 JLXK1 等系列。

行程开关的种类很多，按其运动形式可分为直动式、单轮旋转式和双轮旋转式等，如图 3-2-4 所示。其结构可分三个部分：操作机构、触点系统和外壳。

（a）直动式　　（b）单轮旋转式　　（c）双轮旋转式

图 3-2-4　行程开关

（2）型号

行程开关型号及含义如下所示。

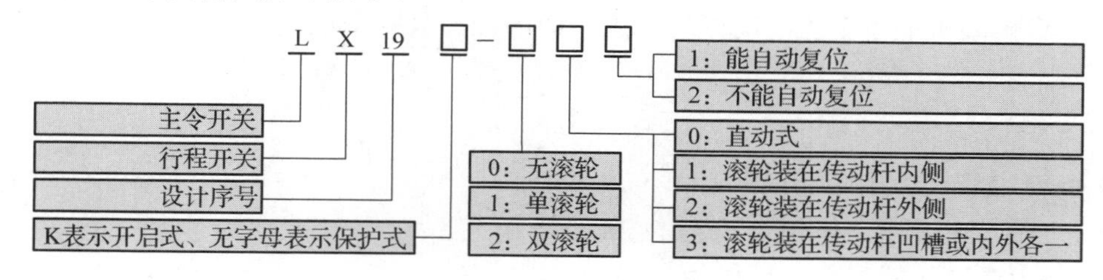

（3）选用

行程开关的主要参数是结构形式、工作行程、额定电压及触头的电流容量。选用时，主要根据动作要求、安装装置及触头数量进行选择。

二、三相异步电动机

1. 正反转的原理

三相交流电源通入电动机的三相定子绕组，三相电流通过三相绕组，绕组周围就出现磁场，分布在定子、转子铁心及气隙中，并绕着一个轴在空间不断地旋转。实验表明：电动机的旋转方向与旋转磁场方向一致，而磁场的方向则由三相交流电源的相序决定。

要改变电动机的转向，就要改变三相电源的相序。在实际生产中，若发现电动机的转向与生产工艺要求不同，只需任意对调两根电源线即可。

2. 星一三角降压起动原理

三相异步电动机直接起动时，起动电流一般为额定电流的 4～7 倍，在电源变压器容量不够、电动机功率较大的情况下，会使变压器输出电压下降，影响电动机本身的起动转矩，也会影响同一供电线路中其他用电设备的正常工作。因此，实际生产中，大容量的电动机需要作减压起动，一般采用星—三角降压起动方式，即改变电动机绕组的接线方式（Y-△）而改变起动电压，从而达到降低起动电流的目的。

（1）三相绕组Y/△接法

三相绕组作星形或三角形接法，如图 3-2-5 所示。

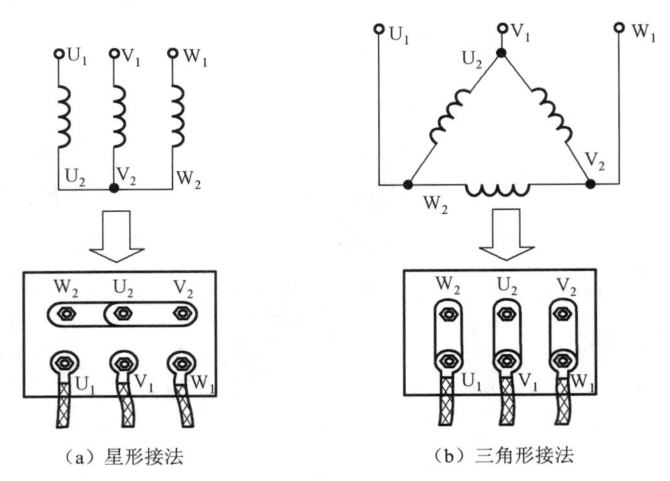

（a）星形接法　　（b）三角形接法

图 3-2-5　三相异步电动机星—三角绕组接法

（2）判断是否采用减压起动方法

判断一台电动机能否全压起动，可以用下面的经验公式来确定：

$$\frac{I_{\mathrm{ST}}}{I_{\mathrm{N}}} \leqslant \frac{1}{4}\left[3+\frac{S}{P}\right]$$

式中，I_{ST}——电动机全压起动电流，单位为 A；

I_{N}——电动机额定工作电流，单位为 A；

S——电源变压器容量，单位为 kV・A；

P——电动机容量，单位为 kW。

一般情况下，异步电动机的功率小于 7.5kW 时允许直接起动，或满足上式时，可以全压起动；若不满足上式，则必须采用减压起动。

星—三角降压起动，由于电动机每相绕组上的电压降为额定值的 $1/\sqrt{3}$ 倍，使得起动转矩、起动电流均为三角形连接时的 1/3。因此，这种起动方法适用于电动机的空载或轻载情况。

三、可编程控制器

可编程控制器简称为 PLC，它是在集成电路、计算机技术基础上发展起来的一种新型通用工业控制装置。而它本身又具有体积小、重量轻、功耗低、可靠性高、易于编程、使用方便等优点，因此，在生产过程的自动化控制系统中得到了广泛应用。

1. 汇川 PLC

YL-156A 型电气安装与维修实训考核装置配置的可编程控制器——汇川 PLC：主模块型号为 $\mathrm{H_{2U}}$-1616MT，扩展模块型号为 $\mathrm{H_{2U}}$-0016ERN，实物外形如图 3-2-6 所示。

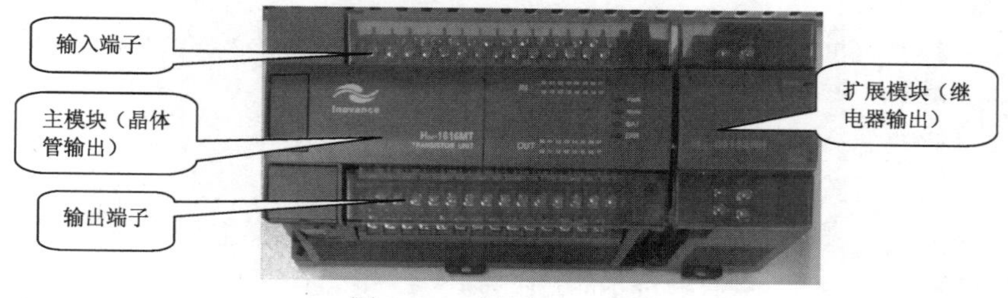

图 3-2-6　汇川 PLC 外形

（1）I/O 端子排列

汇川 PLC 主模块输入输出端子排列如图 3-2-7 所示。

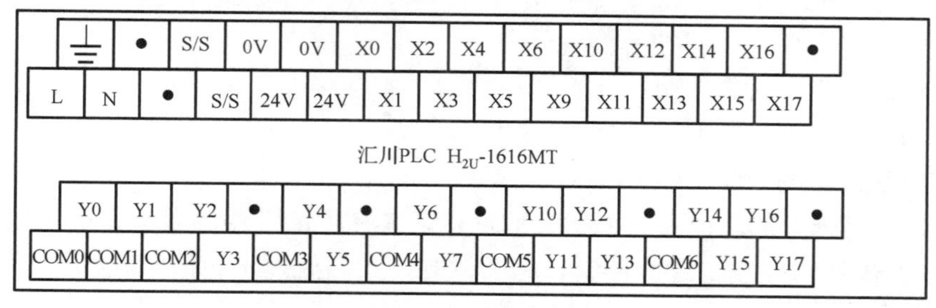

图 3-2-7　输入输出端子排列

（2）主模块的基本参数

主模块的基本参数见表 3-2-1。

表 3-2-1　汇川 PLC 主模块基本参数

型号	合计点数	输入输出特性					
		普通输入	高速输入	输入电压	普通输出	高速输出	输出方式
H_{2U}-1616MT	32 点	16 点	6 路 100K	DC24V	16 点	3 路 100K Y0，Y1，Y2	晶体管

（3）输入接法

汇川 PLC 内置有用户开关状态检测电源（DC24V），用户只需接入接点开关信号即可，将用户电路与 PLC 内部电路通过接线端子进行连接，其 PLC 输入信号与内部等效电路如图 3-2-8 所示。该接法属漏型（NPN 型）输入接法，即“S/S”端子和“24V”端子短接。

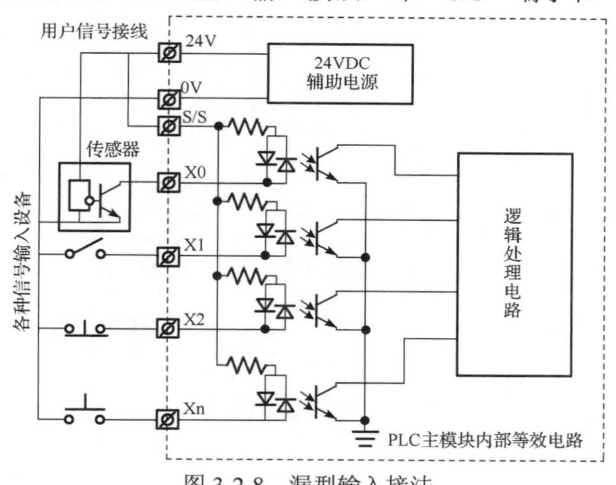

图 3-2-8　漏型输入接法

在一些特殊应用场合，或需要采用源型（PNP 型）输入接法。这种接法是将“S/S”端子与“0V”端子相连接。

2. PLC 基础知识

（1）PLC 的工作方式

PLC 的工作方式与继电器工作方式相比较：继电器采用并行工作方式，而 PLC 采用逐条读取指令、逐条执行指令顺序的循环扫描工作方式。一个扫描周期大致可分为输入采样、程序执行、输出刷新这三个阶段。

（2）PLC 的特点

根据 PLC 的工作原理，它主要具有以下特点：

① 功能强大；

② 可靠性高、抗干扰能力强；

③ 安装与调试方便，维修工作量小；

④ 编程方法简单易学。

由于 PLC 具有强大的功能和其他优良的性能，其在生产过程的自动化控制系统中得到广泛的应用，如开关逻辑控制、过程控制、运动控制、数据处理、通信和联网等。

（3）编程语言

PLC 一般具有多种编程语言可供选择，常见的四种编程语言：梯形图、指令表、顺序功能图、高级语言。

① 梯形图。

梯形图是用得最多的一种编程语言。其电路符号和表达式与继电接触器控制电路原理图相似，形象、直观、实用。

梯形图的结构形式要符合设计规则，见表 3-2-2，左图为不符合设计规则，右图才是正确的。

表 3-2-2 梯形图结构对照表

序号	不正确	正确
1	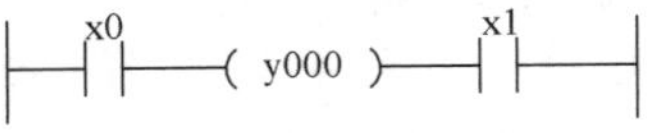 x0 (y000) x1	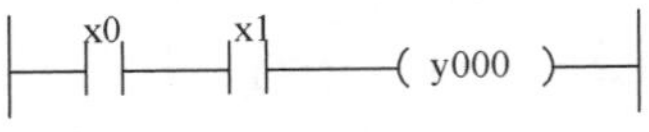 x0 x1 (y000)
2	 (y000)	 x1 (y000)
3	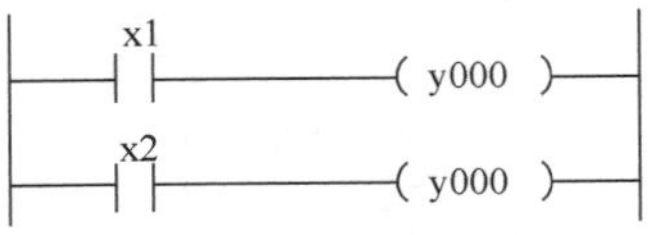 x1 (y000) x2 (y000)	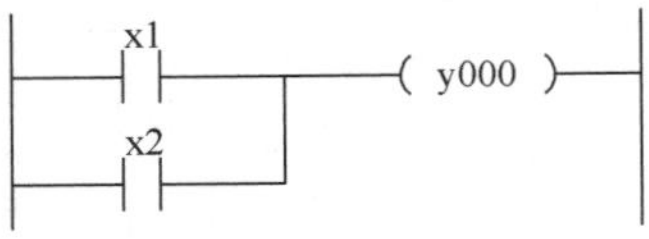 x1 (y000) x2
4	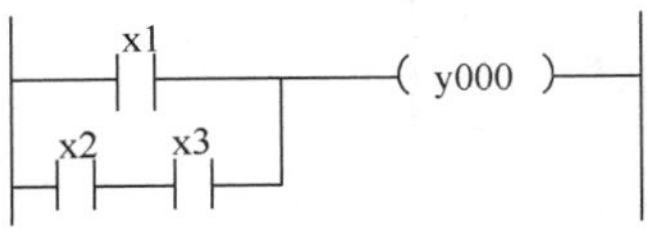 x1 (y000) x2 x3	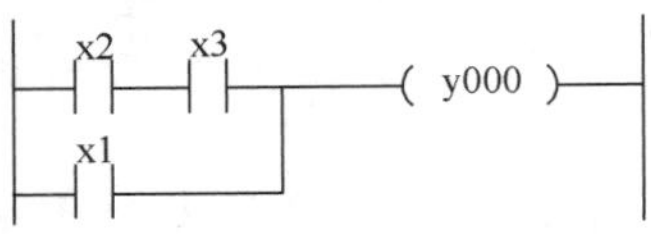 x2 x3 (y000) x1
5	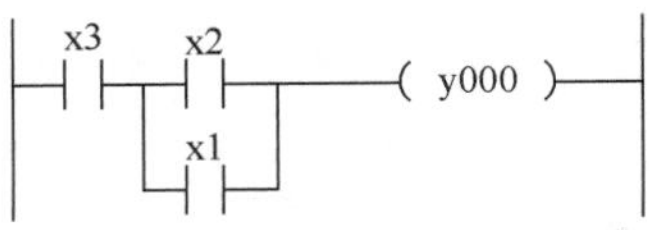 x3 x2 (y000) x1	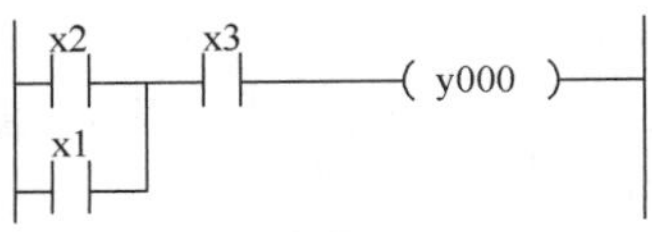 x2 x3 (y000) x1

续表

序号	不正确	正确
6	x2 x3 (y000) (y0001)	x2 (y000) x3 (y0001)
7	X1 X2 (y000) X5 X3 X4	X1 X5 X4 (y000) X3 X3 X5 X2 X1

② 指令表。

指令表也称助记符，是用若干个容易记忆的字符来代替 PLC 的某种操作功能。表 3-2-3 列出了 PLC 的一些常用指令符。

表 3-2-3　PLC 常用指令符（部分）

序号	指令符名称	功能说明
1	LD	取（加载动合接点）
2	LDI	取反（加载动断接点）
3	OUT	输出线圈驱动指令
4	AND	与（串联动合接点）
5	ANI	与非（串联动断接点）
6	OR	或并行连接 a 接点（并联动合接点）
7	ORI	或非并行连接 b 接点（并联动断接点）
8	LDP	取脉冲上升沿
9	LDF	取脉冲下降沿
10	ANDP	与脉冲上升沿检测串行连接
11	ANDF	与脉冲（F）下降沿检测串行连接
12	ORP	或脉冲上升沿检测并行连接
13	ORF	或脉冲（F）下降沿检测并行连接
14	ORB	电路块或块间并行连接
15	ANB	电路块与块间串行连接
16	INV	运算结果取反
17	PLS	上升沿检出指令
18	PLF	下降沿检出指令
19	SET	置位动作保存线圈指令
20	RST	复位动作保存解除线圈指令
21	STL	步进接点指令（梯形图开始）
22	RET	步进返回指令（梯形图结束）
23	MOV	传送
24	ADD	BIN 加法
25	SUB	BIN 减法
26	MUL	BIN 乘法
27	DIV	BIN 除法
28	INC	BIN 加 1
29	DEC	BIN 减 1
30	ZRST	区间复位
31	PLSY	脉冲输出

③ 状态流程图。

状态流程图也叫顺序功能图，或称状态转移图。它将一个控制过程分为若干个阶段，每一个阶段视为一个状态，状态与状态之间存在某种转移条件，当相邻两个状态之间的转移条件成立时，状态就发生转移，即当前状态的动作结束的同时，下一状态的动作开始。状态流程图可用流程框图表示，如图 3-2-9 所示为常用的状态流程图的四种类型。

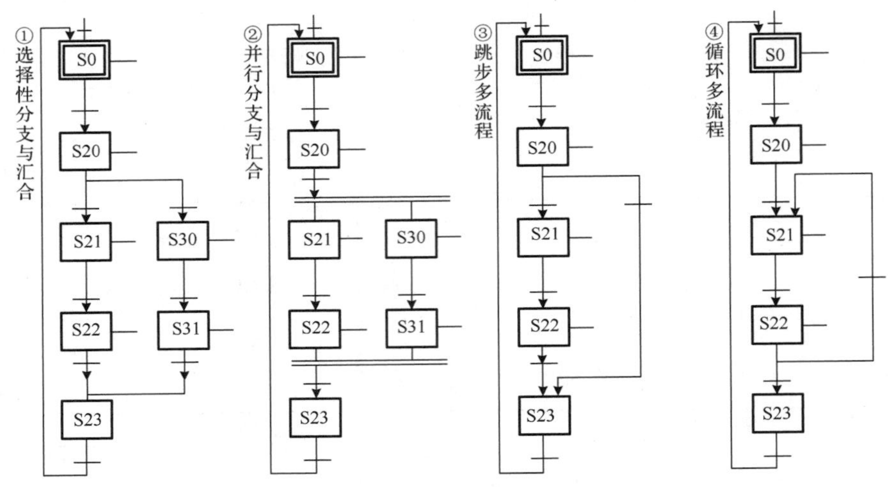

图 3-2-9 状态流程图类型

PLC 有两条步进指令：STL 和 RET，这两条指令是针对状态流程图进行编程用的特殊语句。STL 表示步进开始，RET 表示步进结束。

④ 高级语言。

PLC 还可以采用高级语言编程，如 BASIC、FORTRAN、PASCAL、C 语言。

3. PLC 编程软件的使用

不同的可编程控制器，其编程软件也不相同，下面以汇川的 AutoShop 软件为例来学习如何使用 PLC 编程软件。

AutoShop 软件具有 PLC 控制程序的创建、程序写入和读出、程序监控和调试、PLC 的诊断等功能。下面以完成如图 3-2-10 所示的起动与停止控制程序的输入为例，说明 AutoShop 软件的基本操作。

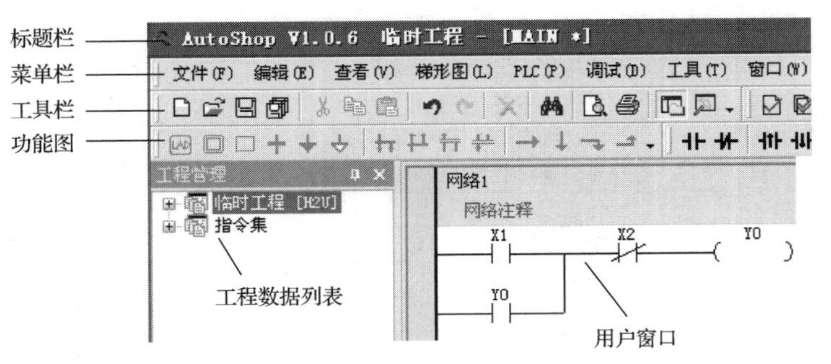

图 3-2-10 AutoShop 软件的界面

（1）AutoShop 软件的界面

AutoShop 软件的界面如图 3-2-10 所示。

（2）创建新工程

单击菜单栏中的“新建工程”，即可打开如图 3-2-11 所示的对话框。依次完成：

① 选中“新建工程”选项。

② 命名“工程名”：如“电气安装与维修技术”。

③ 选择“PLC 类型”：H2U。

④ 默认编辑器：选“梯形图”。

⑤ 工程描述：此项可省略。

完成以上各选项后，按“确定”按钮，即可出现如图 3-2-10 所示的编程界面。

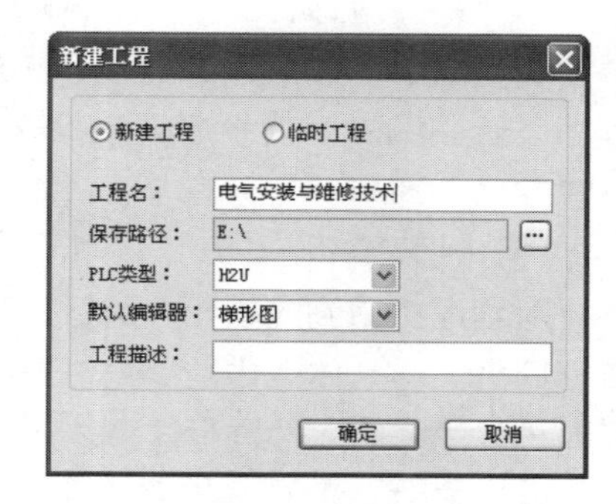

图 3-2-11　新建工程对话框

工程名和保存路径可以在“工程名”、“保存路径”选项中进行设置，也可以在程序进行保存时再设置。

（3）程序编写

新工程建立后，就可以在用户窗口进行梯形图的输入。输入时，可采用“功能图”进行编程，也可以采用“指令符”或“快捷”方式。采用键盘输入时，请参照表 3-2-4。

表 3-2-4　快捷键输入

元件或指令	快捷键	元件或指令	快捷键
常开触点（A）	F5	横线（H）	F9
常闭触点（B）	F6	竖线删除（D）	Ctrl+F10
并联常开触点（O）	Shift+F5	横线删除（L）	Ctrl+F9
并联常闭触点（R）	Shift+F6	上升沿脉冲（P）	Shift+F7
线圈（C）	F7	下降沿脉冲（S）	Shifl+F8
应用指令（F）	F8	并联上升沿脉冲（U）	Alt+F7
竖线（V）	Shift+F9	并联下降沿脉冲（T）	Alt+F8

最后，输入完成如图 3-2-12 所示的梯形图程序。

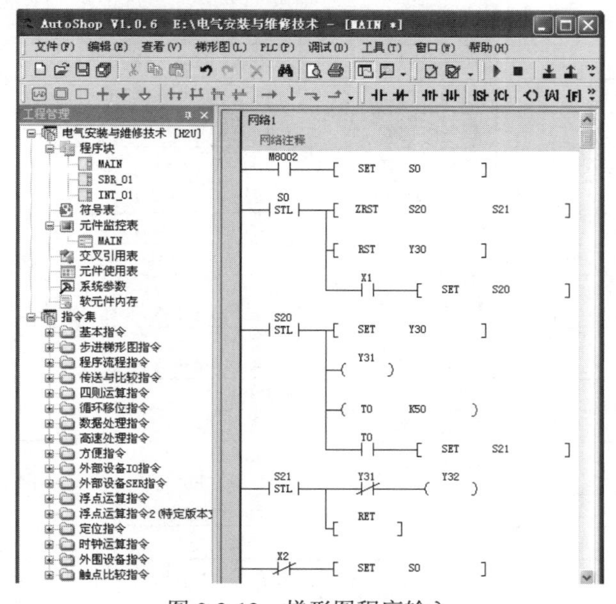

图 3-2-12　梯形图程序输入

（4）程序编译

在完成梯形图的输入并检查无误后，应对梯形图进行编译操作，将其变换为 PLC 的执行程序，否则编辑中的程序无法保存和下载运行。具体操作方法是：单击菜单栏中“PLC(P)”→“编译”即可。

（5）注释编辑

对程序中用到的软元件进行注释，有助于我们阅读和理解程序，尤其是在调试和修改程序时帮助更大。具体操作是：先单击菜单栏中“查看”→“元件注释”选项，然后右击梯形图中需要进行注释的元件进行注释。注释可通过“查看”→“元件注释”选项来打开或关闭显示。

除此之外，PLC 还有保存程序、下载程序、上载程序、在线修改、监视模式等功能。

4. PLC 软元件

PLC 软元件是指输入继电器（X）、输出继电器（Y）、辅助继电器（M）、状态继电器（S）、定时器（T）、计数器（C）、数据寄存器等。

156A 实训装置配置的汇川可编程控制器 H_{2U}-1616MT，输入端口 X0～X17；输出端口 Y0～Y17，为晶体管输出类型，可驱动直流负载。扩展模块 H_{2U}-0016ERN，输出端口 Y0～Y7、Y10～Y17，为继电器输出类型，可驱动直流或交流负载。

PLC 软元件的其他类型见表 3-2-5，部分特殊用辅助继电器见表 3-2-6。

表 3-2-5　PLC 软元件

项目		H_{2U} 系列	
辅助继电器	一般用　*1	M0～M499	500 点
	保存用　*2	M500～1023	524 点
	保存用　*3	M1024～M3071	2048 点
	特殊用	M8000～M8255	256 点
状态继电器	初始化　*1	S0～S9	10 点
	一般用　*2	S10～S499	490 点
	保存用　*3	S500～S899	400 点
	信号用	S900～S999	100 点
定时器	100ms	T0～T199	200 点（0.1～3276.7 秒）
	10ms	T200～T245	46 点（0.01～327.67 秒）
	1ms 累计型　*3	T246～T249	4 点（0.001～32.767 秒）
	100ms 累计型　*3	T250～T255	6 点（0.1～3276.7 秒）
计数器	16 位单向　*1	C0～C99	100 点（0～32767 计数）
	16 位单向　*2	C100～C199	100 点（0～32767 计数）
	32 位双向　*1	C200～C219	20 点（–2147483648～+2147483647）计数
	32 位双向　*2	C220～C234	15 点 （–2147483648～+2147483647）计数
	32 位高速双向*2	C235～C255	21 点 （–2147483648～+2147483647）计数
数据存储器	16 位通用　*1	D0～D199	200 点
	16 位保存用　*2	D200～D511	312 点
	16 位保存用　*3	D512～D7999	7488 点 （D1000 以后可以 500 点为单位设置文件寄存器）
	16 位特殊用	D8000～D8255	256 点
	16 位变址寻址用	V0～V7，Z0～Z7	16 点

注：*1 表示非电池保存区，通过参数设置可变为电池保存区；*2 表示电池保存区，通过参数设置可以改为非电池保存区；*3 表示电池保存固定区，区域特性不可改变

表 3-2-6　部分特殊用辅助继电器

M 元件	M 元件的描述	M 元件	M 元件的描述
M8000	PLC 运行时置为 ON 状态	M8002	PLC 运行的第一周期时为 ON
M8011	10ms 时钟周期的振荡时钟	M8012	100ms 时钟周期的振荡脉冲
M8013	1s 时钟周期的振荡脉冲	M8029	脉冲指令执行完成时置 ON

完成工作任务指导

一、控制电路的安装

1. 准备工具、仪表及器材

（1）工具：测电笔、电动旋具、螺丝刀、尖嘴钳、剥线钳、压线钳等电工工具。

（2）仪表与设备：数字万用表、YL-156A 型实训考核装置。

（3）器材：行线槽、ϕ20PVC 管、1.5mm^{2}红色和蓝色多股软导线、1.5mm 黄绿双色 BVR 导线、0.75mm^2 黑色和蓝色多股导线、冷压接头 SVϕ1.5-4、端针、缠绕带、捆扎带。其他所需的元器件见表 3-2-7。

表 3-2-7　元器件清单表

序号	名称	型号/规格	数量
1	三相异步电动机	YS5024(Y-△)带离心开关	1 台
2	三相异步电动机	YS5024(Y-△)	1 台
3	汇川 PLC 主模块	H_{2U}-1616MT	1 台
4	汇川 PLC 扩展模块	H_{2U}-0016ERN	1 台
5	PLC 通信线	RS-232	1 条
6	塑壳开关	NM1-63S/3300 20A	1 只
7	接触器	CJX2-0910/220V	5 只
8	辅助触头	F4-22	4 只
9	热继电器	JRS1D-25F 0.4A	2 只
10	行程开关	YBLX-ME/8104	2 只
11	接线端子排	TB-1512	3 条
12	安装导轨	C45	若干
13	按钮	LA68B-EA35/45	起动 1 只（绿）、停止 1 只（红）、急停（红）
14	电气控制箱箱体	720mm×280mm×850mm	1 只

2. 固定安装元器件

（1）元器件的选择与检测

根据如图 3-2-1 所示的电气控制电路原理图，核对表 3-2-7 元器件清单表所列的元器件，对各元器件进行型号、外观、质量等方面的检测。

（2）元器件的安装

根据电器元件布置图在电气控制板上安装固定元器件，如图 3-2-13（a）所示。

3. 连接线路

根据电气控制原理图和元器件布置图，按接线工艺规范要求完成：

（1）控制电路板上的主电路部分的接线，如图 3-2-13（b）所示；

（2）控制电路板上的控制电路部分的接线，如图 3-2-13（c）所示；

（3）面板上器件的接线、箱内进出线的接线，如图 3-2-13（d）、图 3-2-13（e）所示；

（4）连接三相异步电动机，如图 3-2-13（f）所示。

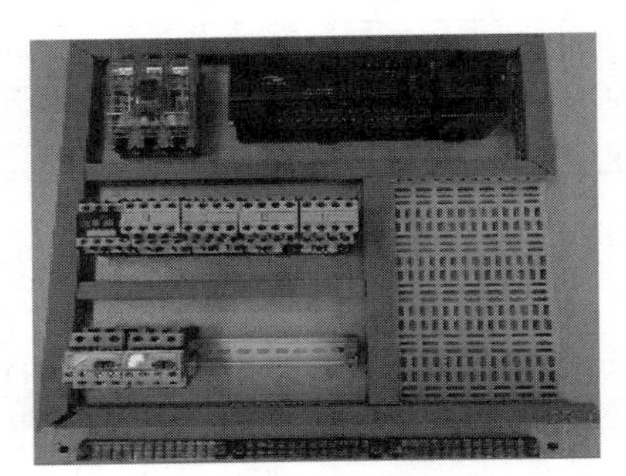

（a）元器件安装固定

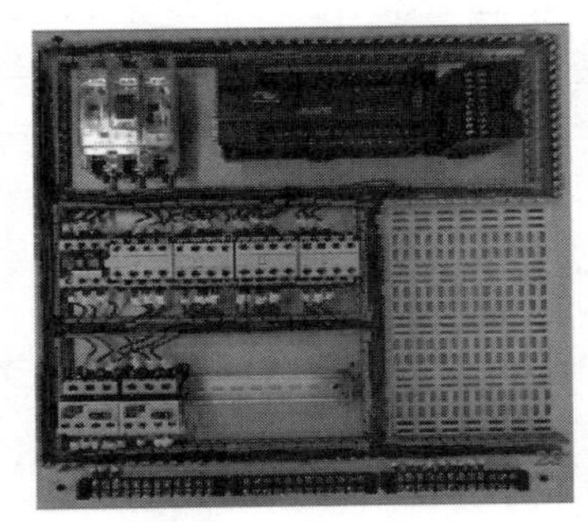

（b）主电路接线

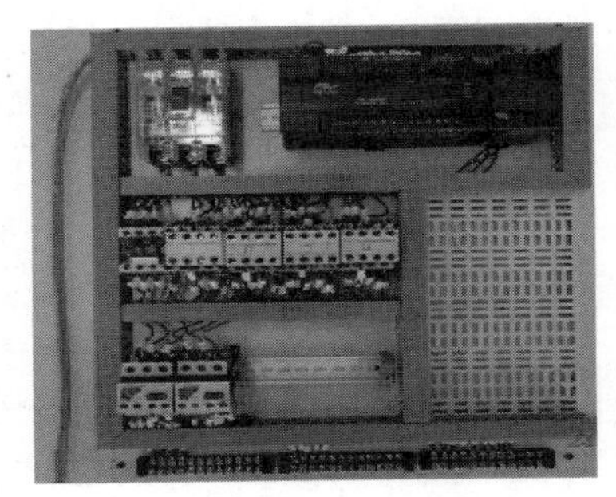

（c）控制电路接线

（d）面板器件接线

（e）箱内进出线接线

（f）电动机接线

图 3-2-13　电气控制电路安装过程

二、PLC 控制程序的编写

1. 分析控制要求，画出自动控制的工作流程图

分析控制要求，不难画出自动控制过程的工作流程图，如图 3-2-14 所示。

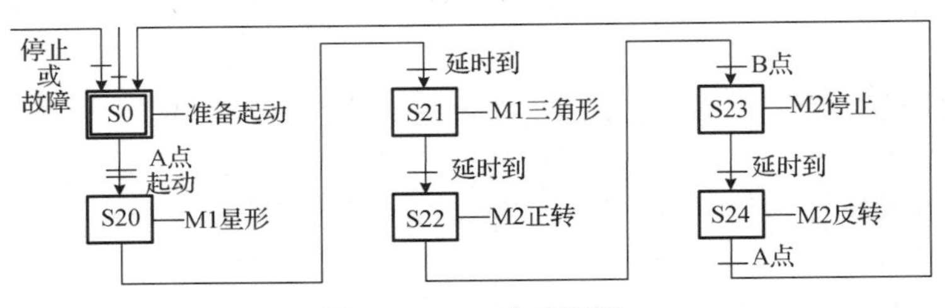

图 3-2-14　工作流程图

2. 编写 PLC 控制程序

根据所画出的工作流程图的特点，确定编程思路。本次任务要求的工作过程是设备在原点（A 点），按下起动按钮后开始工作，状态的转移条件分别为 A 点或 B 点，以及延时时间等。根据这一特点，我们不难写出步进指令的梯形图程序，如图 3-2-15 所示。

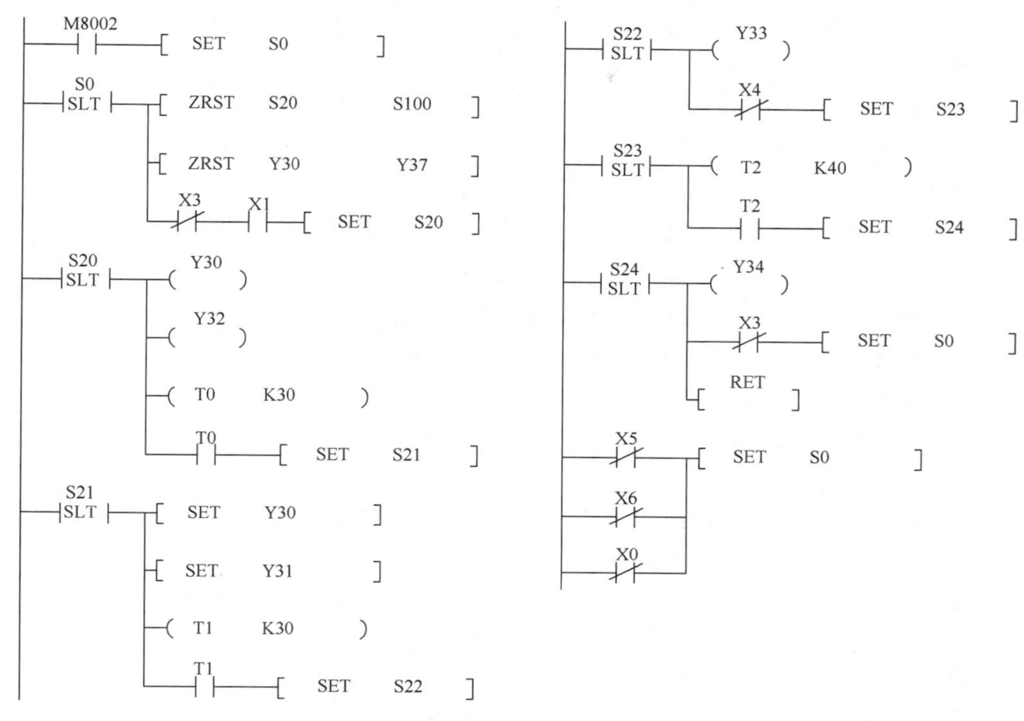

图 3-2-15　步进指令梯形图程序

三、PLC 控制电路的调试

控制电路的调试应包括线路检查、程序下载和通电试车的过程。

1. 线路检查

根据原理图对线路进行检查，首先检查连接线路是否达到工艺要求，是否有漏接线或导线连接错误，端子压接是否牢固。然后，用万用表检查线路，如图 3-2-16 所示。断电情况下进行检测：

（1）检测电路是否存在短路故障。

（a）检查电路通断情况

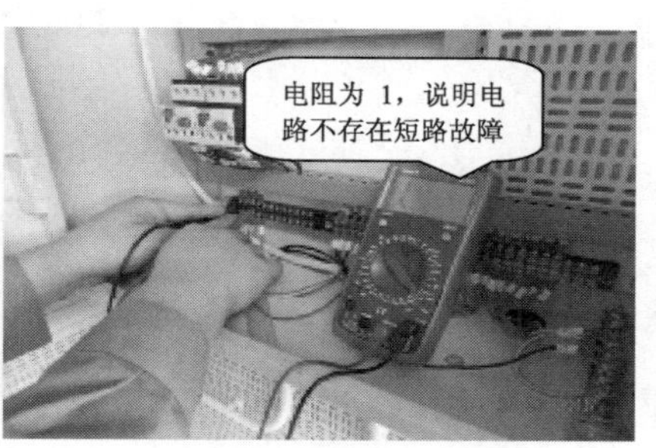

（b）电路短路检测

图 3-2-16　线路检查

（2）检测电路的基本连接是否正确。检测 PLC 输入输出端口的接线是否正确；检测电源引线是单相电源还是三相电源。

（3）必要时还要用兆欧表测量电动机绕组等带电体与金属支架之间的绝缘电阻。

2. 程序下载

接通电源总开关，连接电脑和 PLC 之间的通信线，下载 PLC 程序。

3. 通电试车

通电试车的操作方法和步骤如下：

（1）闭合电气控制箱内塑壳开关，接通控制板电源，观察 PLC 电源指示灯是否点亮。

（2）通电正常后，按控制说明书的要求操作电路。

① 按住行程开关 S4 的同时按下起动按钮 S2，接触器 K1、K3 均得电吸合，电动机 M1 星形起动；3s 后，接触器 K3 失电，K2 得电，电动机 M1 三角形运行。过 3s 后，接触器 K4 得电，电动机 M2 正转起动，带动工作台向 B 方向运行。

② 当设备到达 B 点（按下行程开关 S5）时，K4 失电，电动机 M2 停止；4s 后，接触器 K5 吸合，电动机 M2 反转带动工作台返回。

③ 当设备返回至 A 点（按下行程开关 S4）时，所有接触器失电，电动机 M1、M2 均停止转动。

④ 运行中，发生电动机过载（人为按下热继电器 B1、B2 触点）或故障需要按下急停按钮 S1 时，所有接触器失电，各电动机均停止转动。

通电试车中，应注意观察接触器的吸合情况，电动机的运行是否符合控制要求。

（3）通电试车成功后，断开塑壳开关，断开设备总电源。整理工具和清理施工现场卫生。

通电试车操作过程如图 3-2-17 所示。

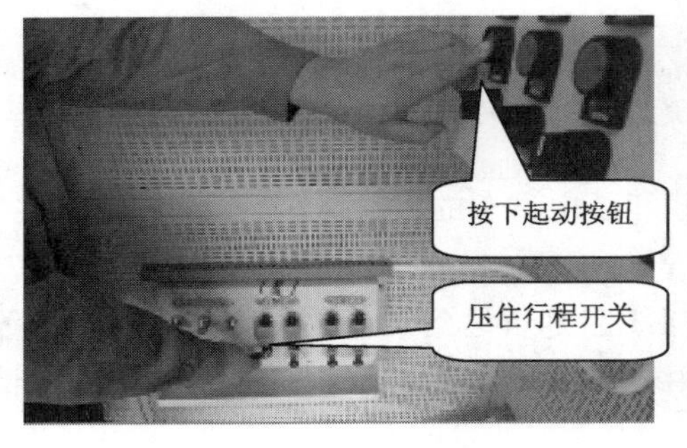

（a）起动设备

（b）设备到达 B 点

图 3-2-17 控制电路的调试

安全提示：

通电试车前要检查安全措施，通电试车时应有人监护，要遵守安全操作规程，出现故障时要停电检查，并挂警示牌。

【思考与练习】

1．请自己设计 PLC 控制电路安装与调试的工艺步骤。

2．在实际生产中，还有哪些电动机的控制是需要正反转控制的？

3．采用星—三角降压起动的目的是什么？这种减压起动方式适用什么场合？

4. 汇川 PLC 主模块 H_{2U}-1616MT、扩展模块 H_{2U}-0016ERN 中各符号的含义是什么？它们分别可以驱动什么类型的负载？

5. PLC 的工作方式与继电器工作方式有什么不同？PLC 一个扫描周期可分为哪几个阶段？

6. 通电试车时，发现需要正反转控制的电动机 M2 的转动方向总是沿一个方向，问题出现在哪里？如何解决？

7. 通电试车时，发现需要降压起动控制的电动机 M1 在星形起动时是正常的，切换到三角形时，接触器 K1、K2 均吸合，但电动机却停止转动，这是为什么？

8. 根据如图 3-2-1 所示的电气控制原理图，完成××加工设备两台三相异步电动机控制电路安装与调试工作任务，并根据控制要求编写 PLC 程序。控制要求如下：

设备在 A 点（S4 动作）按下起动按钮 S2，电动机 M1 星形起动，3s 后三角形运行。再过 4s，电动机 M2 拖动工作台在 A 点与 B 点之间来回移动（工作台在 A、B 点各停止 4s），当工作台第 3 次返回至 A 点时，电动机 M1、M2 均停止转动，加工过程结束。

加工过程中按下停止按钮，在工作台返回 A 点时，设备停止工作；当电动机过载或设备故障需要按下急停按钮时，设备立刻停止工作。

9. 请填写完成编写两台三相异步电动机联合控制 PLC 程序工作任务评价表 3-2-8。

表 3-2-8　编写两台三相异步电动机联合控制 PLC 程序工作任务评价表

序号	评价内容	配分	评价标准	自我评价	老师评价
1	器件选择与安装	10	（1）器件选择与图纸不相符，扣 1 分/个； （2）安装位置与图纸要求不相符，扣 1 分/个； （3）器件安装不牢固，扣 1 分/处； （4）器件方向安装错误，扣 1 分/个； （5）损坏器件，扣 2 分/个 （最多可扣 10 分）		
2	控制板接线工艺	40	（6）不按图纸要求接线，错接或漏接者，扣 1 分/处； （7）接线端露铜过长，或引出部分悬空过长，或排列不整齐，扣 1 分/处； （8）一个接线端接线超过 2 根，扣 1 分/处； （9）接线端未压接端针或冷压叉，或压接不牢固，扣 1 分/处； （10）主电路、控制电路的导线不按图纸线径要求配线和分色，扣 1 分/处； （11）端子不按图纸编码，或编码与图纸不符，扣 1 分/处； （12）导线有损伤或压皮现象，扣 2 分/处； （13）控制线路板上的连接导线不按要求入线槽走线，扣 2 分/处； （14）超过 2 根导线入线槽孔，扣 1 分/处 （最多可扣 40 分）		
3	引入与引出线	10	（15）面板指示灯按钮接线未接或漏接错接等，或未绑扎固定，扣 1 分/处； （16）电源引入线中的零线（或地线）进箱未直接接零线排（或接地线排），扣 1 分/处； （17）引入或引出线没有集中归边走线，不留余量或余量不合适，扣 1 分/个 （最多可扣 10 分）		

续表

序号	评价内容	配分	评价标准	自我评价	老师评价
4	电动机接线	5	（18）电动机接线外露部分没有用缠绕管缠绕，扣 1 分； （19）电动机模块安装不牢固，扣 2 分； （20）电动机没有接地保护，扣 2 分 （最多可扣 5 分）		
5	通电试车	25	（21）工作台在 A（或 B）处的停止时间、电动机 M1 从星形切换到三角形的延时时间的设定不按要求设定，扣 2 分/处； （22）电动机过载热继电器动作（人为操作常闭触点），或按下急停按钮电动机不能立即停止，扣 5 分/个； （23）运行中按下停止按钮，电动机不能停止，扣 5 分； （24）电动机 M1 星形起动后不能切换到三角形运行，或电动机 M2 转动方向不能改变，扣 5 分/个 （通电试车不成功，全扣，最多可扣 25 分）		
6	安全施工、文明生产	10	（25）违反安全操作规程，如不穿工作服、不戴安全帽或不穿绝缘鞋，扣 2 分/个； （26）工具、材料摆放不符合规范要求，扣 2 分/个； （27）完成任务后，不清理现场，或清理不干净，扣 5 分； （28）停电检测时，不挂安全标志牌，扣 1 分/次 （最多可扣 10 分）		
	合计	100			

任务三　电动机变频调速控制电路安装与调试

工作任务

一台不带离心开关三相异步电动机 M1 由变频器拖动实现多段速运行，采用 PLC 自动控制。控制要求如下：

按下起动按钮 S1，电动机 M1 以 10Hz 最低速度运行，当运行部件依次触及光电传感器 S3、电容式传感器 S4、电感式传感器 S5、行程开关 S6～S9 时，电动机的转速依次变为 20Hz、25Hz、30Hz、35Hz、40Hz、45Hz、50Hz。50Hz 时，电动机为反转，其他均为正转。

运行中按下停止按钮 S2 时，电动机立刻停止转动。

电气原理图如图 3-3-1 所示，控制箱内部电器元件布置图如图 3-3-2 所示，控制箱面板元器件布置图如图 3-3-3 所示。请根据以上要求，完成下列工作任务：

（1）根据电气原理图正确选择元器件，按电器元件布置图排列元器件并固定安装。

（2）按照电气原理图进行电路的连接，接线工艺符合规范要求。

（3）通电测试，实现控制要求的功能。

请注意下列事项：

① 在完成工作任务的全过程中，严格遵守电气安装和电气维修的安全操作规程。

② 电气安装中，线路安装参照《建筑电气工程施工质量验收规范（GB 50303－2002）》验收，低压电器的安装参照《电气装置安装工程低压电器施工及验收规范（GB 50254－96）》验收。

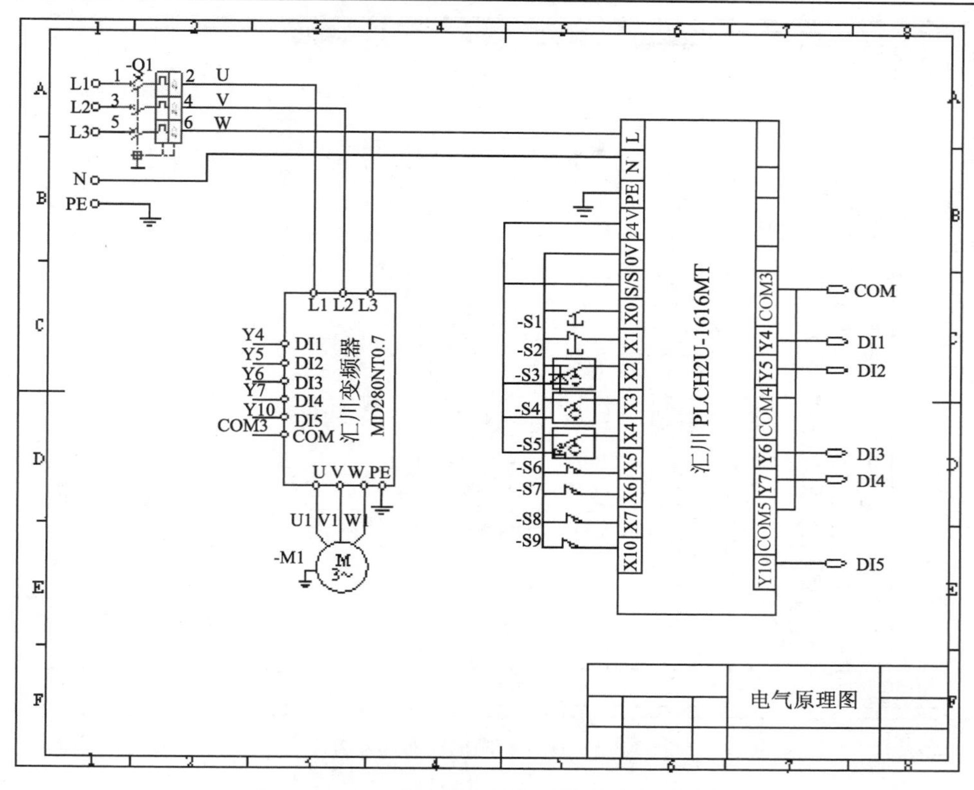

图 3-3-1　电动机变频调速控制电路电气原理图

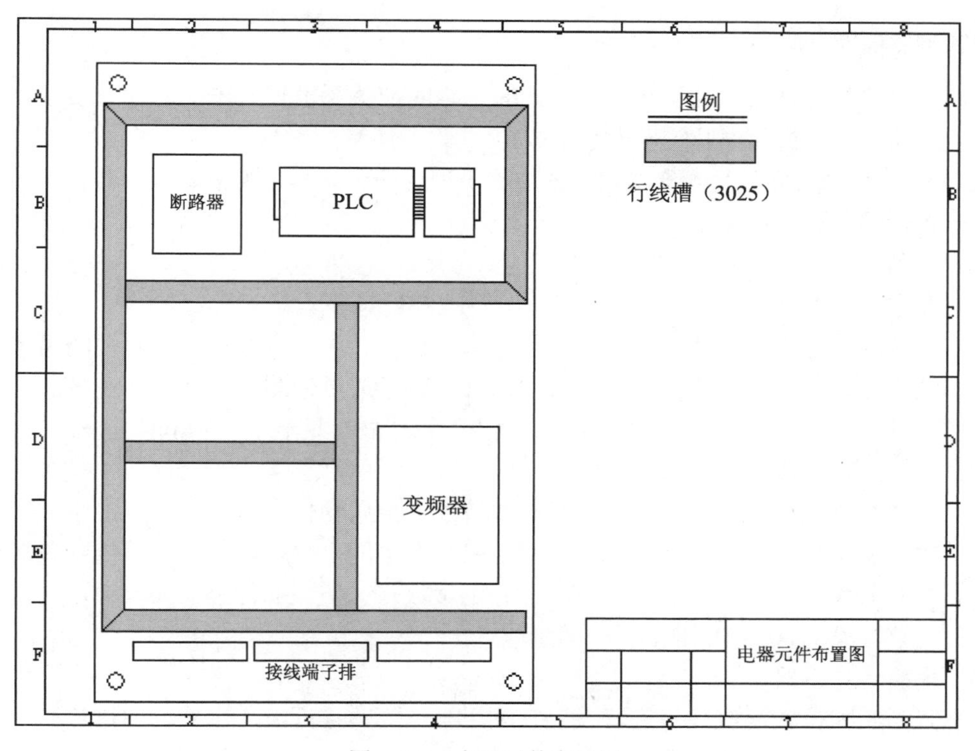

图 3-3-2　电器元件布置图

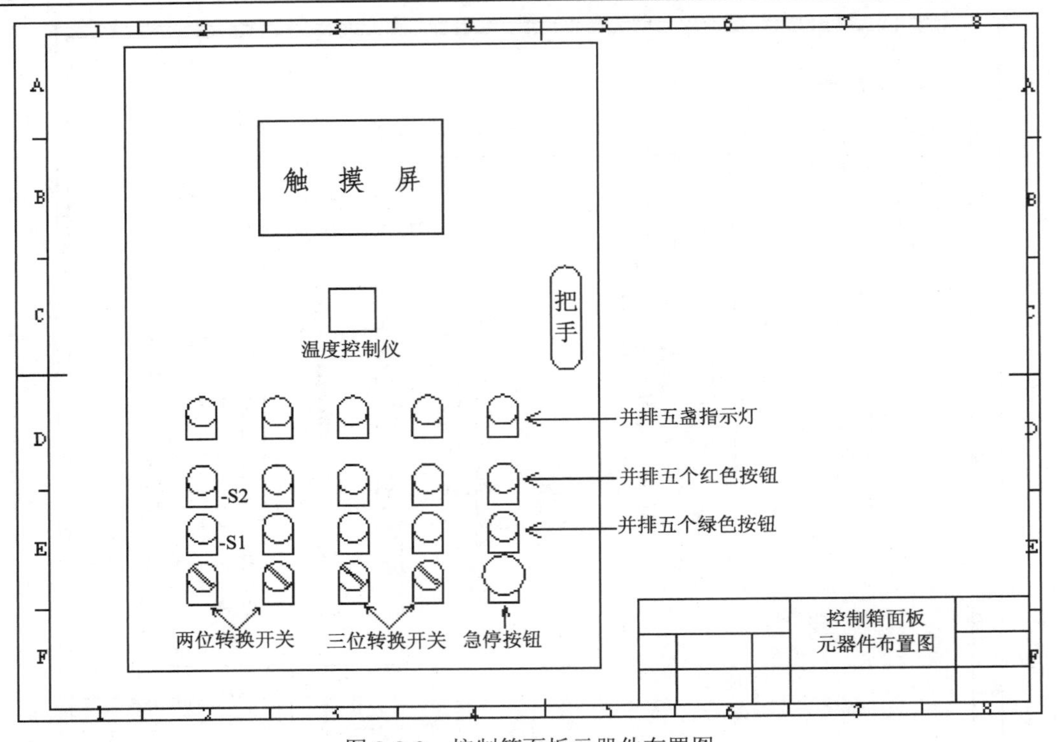

图 3-3-3　控制箱面板元器件布置图

知识链接

一、传感器

传感器是将被测非电量信号转换为与之有确定对应关系电量输出的器件或装置。传感器通常由敏感元件、转换元件及转换电路组成。

YL-156A 型电气安装与维修实训考核装置中使用的传感器是光电式传感器、电容式传感器及电感式传感器这三种类型。

1. 传感器的分类及其工作原理

（1）光电式传感器

光电式传感器是将发射器和接收器集于一体，根据光电效应原理，当有被测物体（反光面）时，接收器就能接收到物体反射回来的部分光线，通过检测电路产生开关量的电信号输出，这样便可检测到物体了。它的有效作用距离取决于物体的表面性质和颜色。

（2）电容式传感器

电容式传感器相当于一个电容器，当有金属或非金属物体靠近时，会使电容器的介电常数发生变化，从而使电容量发生变化，测量电路状态也随之变化，由此可控制开关的接通与断开。它的有效作用距离主要取决于材料的介电常数，大多数的传感器还可通过其内部的电位器进行调节，设定有效作用距离。

（3）电感式传感器

电感式传感器也称涡流式接近开关。它利用导电物体接近能产生磁场的接近开关时，使该导电物体内部产生涡流的原理：这个涡流反作用到接近开关，使开关内部电路参数发生变化，并转换为开关信号输出，从而识别出有无导电物体移近。这种传感器所能检测的物体必须是导电体。

2. 传感器的图形符号

部分传感器的图形符号如图 3-3-4 所示。

图 3-3-4　传感器的图形符号

3. 传感器与 PLC 的接线图

传感器又分为 NPN 型和 PNP 型两种，它们与 PLC 的连接如图 3-3-5 所示。

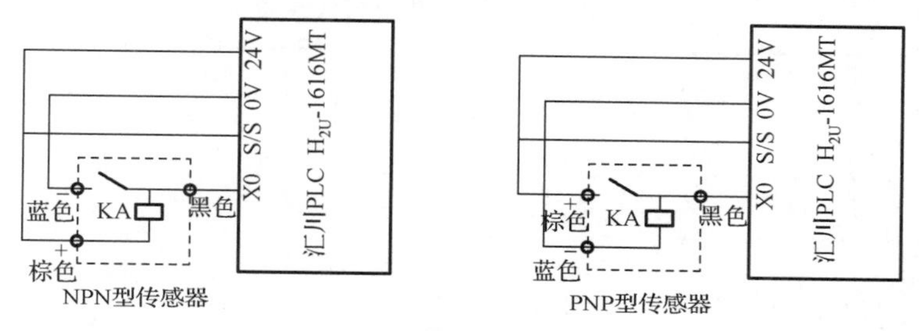

图 3-3-5　传感器与 PLC 的连接图

二、汇川变频器

变频器是一种利用电力半导体器件的开关作用将工频电源的频率变换为另一频率的电能控制器。通用变频器几乎全都是交-直-交型变频器，是一种电压频率变换器，将 50Hz 的交流电变换为直流电，再根据控制要求把直流电逆变为频率与电压成正比且连续可调的交流电。

在交流异步电动机的多种调速方法中，变频器调速方法的性能最好。它具有调速范围大、静态稳定性好、运行效率高等特点，在生产和生活中得到广泛应用。

YL-156A 型电气安装与维修实训装置选用的汇川变频器的外形如图 3-3-6 所示。

1. 汇川变频器型号

汇川变频器型号如图 3-3-7 所示。

图 3-3-6　汇川变频器外形

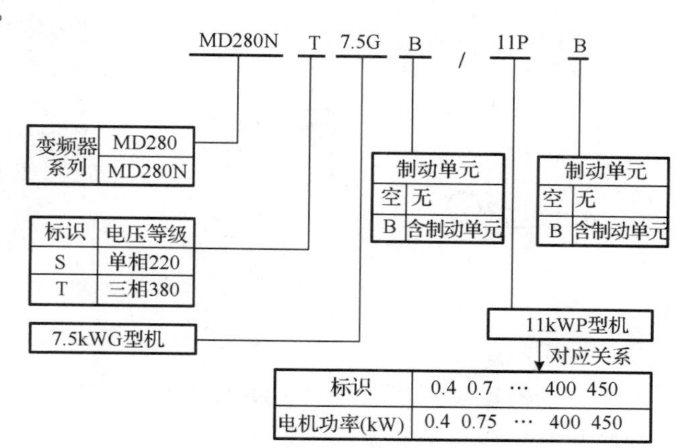

图 3-3-7　汇川变频器型号

其主要技术数据：

① 输入电压：三相 380V，范围–15%～20%

② 电源容量：1.5kVA ③ 输入电流：3.4A

④ 额定输出电流：2.1A ⑤ 适配电机：0.75kW

2. 汇川变频器的接线

（1）主电路接线

汇川变频器主电路接线端子的说明见表 3-3-1。汇川变频器主电路电源及电动机的接线原理图如图 3-3-8 所示。380V 三相电源必须接变频器 R、S、T 端子，位于变频器左侧；绝对不能接 U、V、W 端子，否则会损坏变频器。三相异步电动机接到变频器的 U、V、W 端子，位于变频器的右侧。

表 3-3-1 汇川变频器主电路接线端子说明

端子记号	端子名称	说明
R	三相电源输入端子	交流输入三相电源连接点
S		
T		
U	变频器输出端子	连接三相交流异步电动机
V		
W		
（+）	直流母线端子	共直流母线输入点（37G/45P 以上外置制动单元的连接点）
（−）		
（+）	制动电阻连接端子	37G/45P 以下制动电阻连接点
PB		
P	外置电抗器连接端子	外置电抗器连接点
（+）		
⏚	接地	变频器外壳接地用，必须接地

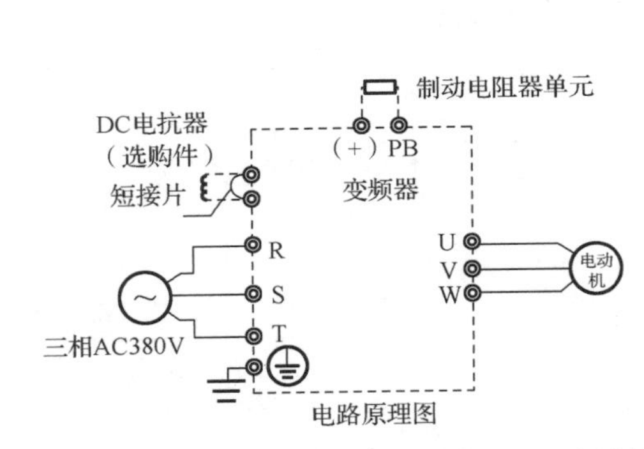

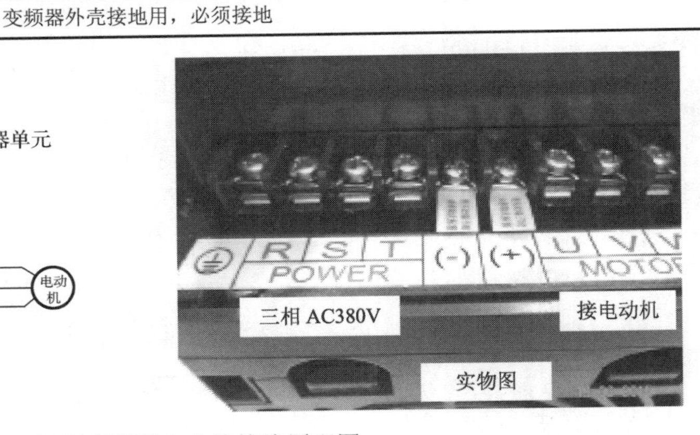

图 3-3-8 汇川变频器主电路接线原理图

（2）控制电路接线

汇川变频器控制回路接线端子图如图 3-3-9 所示。控制回路接线端子排列如图 3-3-10 所示。控制回路接线端子的说明见表 3-3-2。

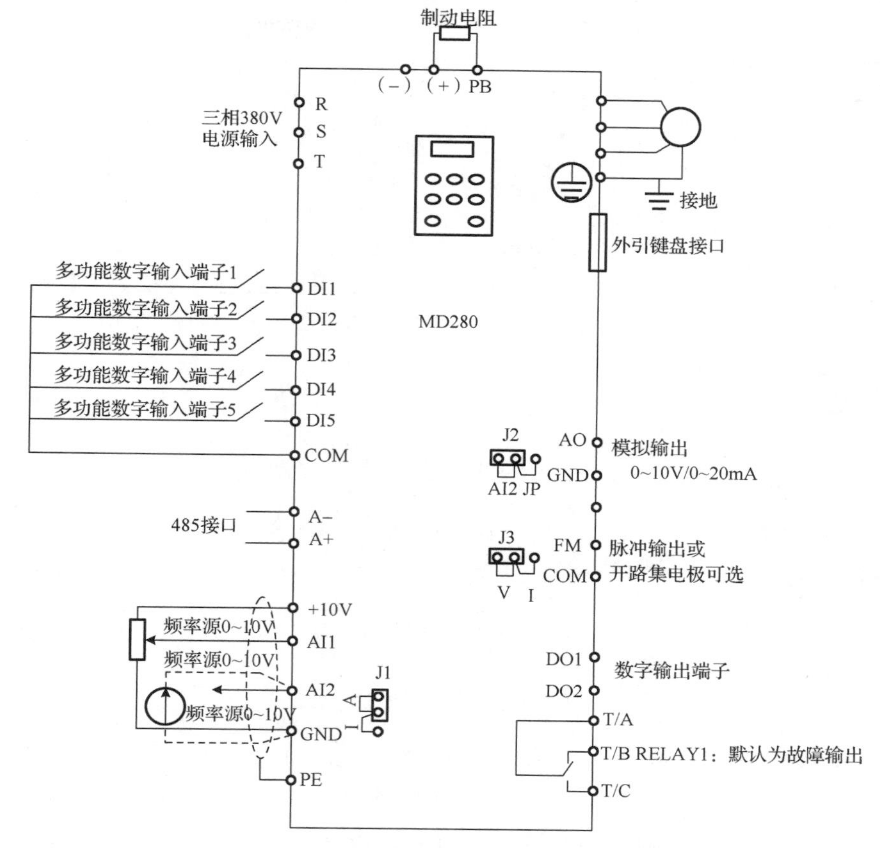

图 3-3-9　汇川变频器控制回路接线示意图

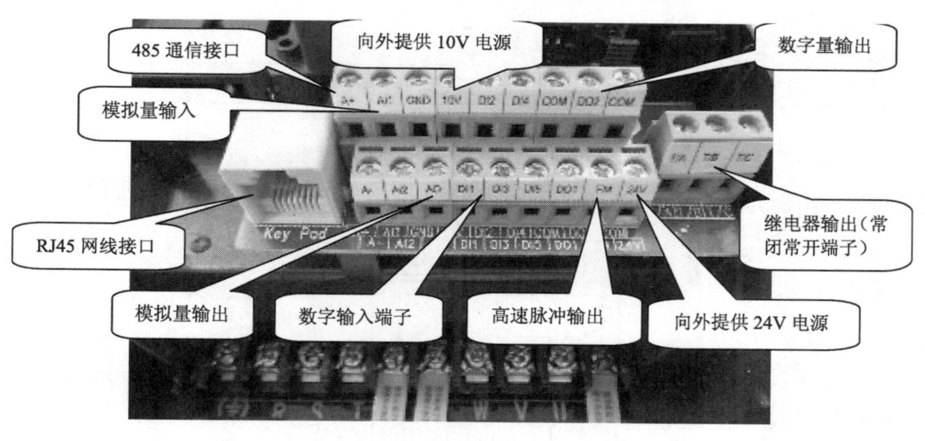

图 3-3-10　汇川变频器控制回路端子排列示意图

表 3-3-2　汇川变频器控制回路接线端子的说明

种类	端子符号	端子名称	端子说明
电源	+10V-GND	外接+10V 电源	向外提供+10V 电源，最大输出电流 10mA，一般用做外接电位器工作电源。电位器阻值范围：1kΩ～5kΩ
	+24V-COM	外接+24V 电源	向外提供+24V 电源，一般用做数字输入输出端子工作电源和外接传感器电源。最大输出电流：200mA

续表

种类	端子符号	端子名称	端子说明
模拟输入	AI1-GND	模拟量 输入端子 1	1．输入电压范围：DC0V～10V（可以非标定制为-10VDC～+10VDC） 2．输入阻抗：20kΩ
	AI2-GND	模拟量 输入端子 2	1．输入范围：DC0V～10V（可以非标定制为-10VDC～+10VDC）/0mA～20mA，由控制板上的 J1 跳线选拔决定 2．输入阻抗：电压输入时 20kΩ，电流输入时 500Ω 3．键盘电位器输入：通过 J2 跳线，可以在 AI2 和外接键盘电位器之间切换
数字输入	DI1-COM	数字输入 1	1．光耦隔离 2．输入阻抗：3.3kΩ
	DI2-COM	数字输入 2	
	DI3-COM	数字输入 3	
	DI4-COM	数字输入 4	
	DI5-COM	数字输入 5	除有 DI1～DI4 的特点外，还可作为高速脉冲输入通道。最高输入频率：50kHz
模拟输出	AO-GND	模拟输出 1	由控制板上的 J3 跳线选择决定电压或电流输出。 输出电压范围：0V～10V 输出电流范围：0mA～20mA
数字输出	DO1-COM DO2-COM	数字输出	光耦隔离，开路集电极输出 输出电压范围：0V～24V 输出电流范围：0mA～50mA
	FM-COM	高速脉冲输出	当作为高速脉冲输出，最高频率到 50kHz。 当作为集电极开路输出 DO3 功能使用时，与 DO1 规格一样。 注意：AO，FM，DO3 三功能共用通道，只能选择一种功能
继电器输出	T/A-T/B	常闭端子	触点驱动能力： AC250V，3A，cosφ=0.4 DC30V，1A
	T/A-T/C	常开端子	
辅助接口	A+/A-	485 通信接口	标准 485 接口
	Keypad	外引键盘接口	标准 RJ45 网线接口，给外引键盘提供信号

3．汇川变频器操作面板

汇川变频器操作面板如图 3-3-11 所示，操作面板上各键的含义见表 3-3-3。

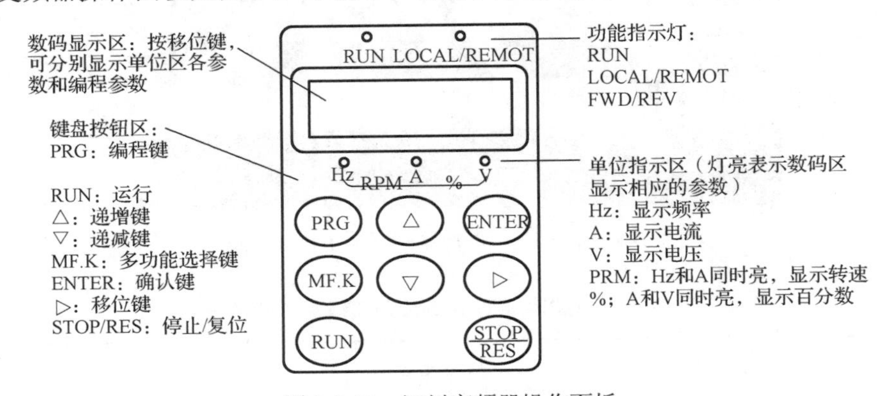

图 3-3-11　汇川变频器操作面板

通过操作面板，可对汇川变频器进行参数修改、变频器工作状态监控和运行/停止控制等操作。

表 3-3-3　变频器操作面板上各键的含义

指示灯/按键	名称	含义说明
		指示灯
数码显示区	显示窗口	5 位 LED 显示，可显示设定频率、输出频率，功能码和数据码、各种监视数据以及报警代码等，按移位键可分别显示单位区各参数
RUN	运行指示灯	灯灭表示停机状态，灯亮表示运转状态
LOCAL/REMOT	键盘操作、端子操作、远程操作（通信控制）指示灯	灯灭：键盘操作控制状态； 灯亮：端子操作控制状态； 灯闪烁：处于远程操作控制状态
Hz	频率指示灯	灯亮表示数码区显示为频率
V	电压指示灯	灯亮表示数码区显示为电压
RPM（Hz+A）	转速指示灯	Hz+A 灯同时亮表示数码区显示转速
%（A+V）	百分数指示灯	A+V 灯同时亮表示数码区显示为百分数
		按键
PRG	程序键	一级菜单进入或退出
ENTER	确认键	逐级进入菜单画面、设定参数确认
△	递增键	数据或功能码的递增
▽	递减键	数据或功能码的递减
▷	移位键	在停机显示界面和运行显示界面下，可循环选择显示参数；在修改参数时，可以选择参数的修改位
RUN	运行键	在键盘操作方式下，用于运行（起动）操作
STOP/RES	停止/复位	运行状态时，按此键可用于停止运行操作；故障报警状态时，可用来复位操作，该键的特性受功能码 F7-16 制约
MF.K	多功能选择键	根据 F7-15 作功能切换选择

（1）功能码查看、修改操作

MD280N 型汇川变频器的操作面板采用三级菜单结构进行参数设置等操作。

三级菜单分别为：功能参数组（一级菜单）→功能码（二级菜单）→功能码设定值（三级菜单）。操作流程如图 3-3-12 所示。

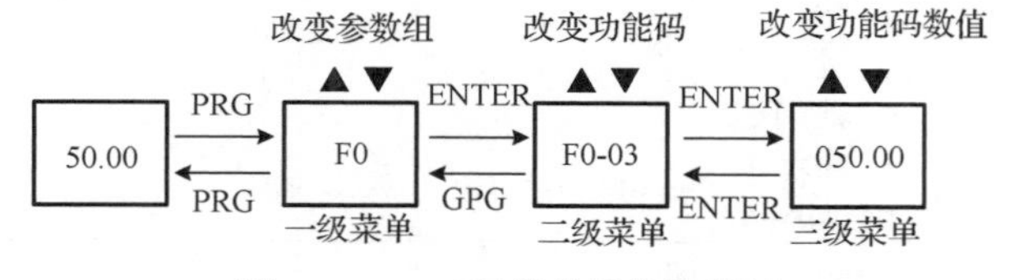

图 3-3-12　三级菜单操作流程图

在三级菜单操作时，可按 PRG 键或 ENTER 键返回二级菜单。两者的区别是：按 ENTER 键将设定参数保存后返回二级菜单，并自动转移到下一个功能码；而按 PRG 键则直接返回二级菜单，不存储参数，并返回到当前功能码。

例如，将功能码 F4-03 从 10.00Hz 更改设定为 15.00Hz 的面板操作过程如图 3-3-13 所示。

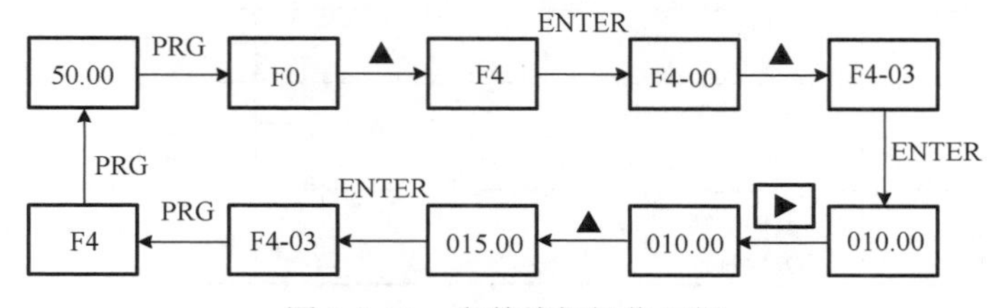

图 3-3-13　参数编辑操作示例

在第三级菜单状态下，若参数没有闪烁位，表示该功能码不能修改，可能原因有：

① 该功能码为不可修改参数，如实际检测参数、运行记录参数等；

② 该功能码在运行状态下不可修改，需停机后才能进行修改。

（2）面板直接运行/停止操作

由面板直接进行运行/停止控制的操作方法与步骤如下：

① 设定 FP–01=1，参数初始化使其恢复出厂值。此时，命令源选择操作面板 RUN/STOP 键；频率源选择 UP/DOWN 键设定。或直接设定 F0-00（命令源选择）=0、F0-01（频率源选择）=0 即可。

② 按住 UP/DOWN 键进行频率设定，设定好后按下 ENTER 键确定。

③ 按下 RUN 键，电机以设定值运行；按下 STOP 键，电机停止。

4. 变频器参数的设定

汇川变频器常用参数设定见表 3-3-4。

表 3-3-4 汇川变频器常用参数设定

功能码	名称	设定范围	最小单位	出厂值	更改
F0 组 基本功能组					
F0-00	命令源选择	0：操作面板命令通道（LED 灭） 1：端子命令通道（LED 亮） 2：串行口通信命令通道（LED 闪烁）	1	0	☆
F0-01	频率源选择	0：数字设定（UP、DOWN 调节） 1：AI1 2：AI2 3：PULSE 脉冲设定（DI5） 4：多段速 5：PLC 6：PID 7：AI1+AI2 8：通信设定 9：PID+AI1 10：PID+AI2	1	0	★
F0-04	最大频率	50.00Hz～630.00Hz	0.01Hz	50.00Hz	★
F0-05	上限频率源	0：数值设定（F0-06） 1：AI1 2：AI2 3：PULSE 脉冲设定（DI5）	1	0	★
F0-06	上限频率数值设定	下限频率（F0-07）～最大频率（F0-04）	0.01Hz	50.00Hz	☆
F0-07	下限频率数值设定	0.00Hz～上限频率（F0-06）	0.01Hz	0.00Hz	☆
F0-08	加减速时间的单位	0：s（秒） 1：m（分）	1	0	★
F0-09	加速时间 1	0.00s(m)～300.00s(m)	0.01s(m)	机型确定	☆
F0-10	减速时间 1	0.00s(m)～300.00s(m)	0.01s(m)	机型确定	☆
F0-12	运行方向	0：方向一致 1：方向相反	1	0	☆

续表

功能码	名称	设定范围	最小单位	出厂值	更改
F2 组 输入端子					
F2-00	DI1 端子功能选择	0：无功能 1：正转运行（FWD） 2：反转运行（REV） 3：三线式运行控制 4：正转点动（FJOG） 5：反转点动（RJOG） 6：端子 UP 7：端子 DOWN 8：自由停车 9：故障复位（RESET） 10：运行暂停 11：外部故障输入常开 12：外部故障输入常闭 13：多段速端子 1 14：多段速端子 2 15：多段速端子 3 16：加减速时间选择端子	1	1	★
F2-01	DI2 端子功能选择		1	2	★
F2-02	DI3 端子功能选择		1	4	★
F2-03	DI4 端子功能选择		1	8	★
F2-04	DI5 端子功能选择		1	0	★
F2-06	端子命令方式	0：两线式 1 1：两线式 2 2：三线式 1 3：三线式 2	1	0	★
F3 组 输出端子					
F3-00	多功能端子输出选择	0：FM（FMP 脉冲输出） 1：FM（DO3 数字输出） 2：AO（模拟量输出）	1	2	☆
F4 组 起动控制					
F4-00	起动方式	0：直接起动 1：转速跟踪起动	1	0	★
F4-03	起动频率	0.00Hz～最大频率（F0-04）	0.01Hz	0.00Hz	★
F4-07	加减速方式	0：直线加减速 1：S 曲线加减速 A 2：S 曲线加减速 B	1	0	★
F4-10	停机方式	0：减速停机 1：自由停机	1	0	☆
F5 组 辅助功能					
F5-04	加速时间 2	0.00s(m)～300.00s(m)	0.01s(m)	机型确定	☆
F5-05	减速时间 2	0.00s(m)～300.00s(m)	0.01s(m)	机型确定	☆
F5-09	反转控制	0：允许反转 1：禁止反转（对点动运行也有效）	1	0	☆
F8 组 多段速、PLC					
F8-00	多段速 0 给定方式	0：功能码 F8-01 给定 1：AI1 2：AI2 3：PULSE 脉冲给定 4：PID 5：预置频率（F0-03）给定， UP/DOWN 可修改	1	0	★

续表

功能码	名称	设定范围			最小单位	出厂值	更改
		多段速端子 3 F2-0□=15	多段速端子 2 F2-0□=14	多段速端子 1 F2-0□=13			
		-100.0%～100.0%(上限频率 F0-05)					
F8-01	多段速 0	0	0	0	0.1%	0.0%	☆
F8-02	多段速 1	0	0	1	0.1%	0.0%	☆
F8-03	多段速 2	0	1	0	0.1%	0.0%	☆
F8-04	多段速 3	0	1	1	0.1%	0.0%	☆
F8-05	多段速 4	1	0	0	0.1%	0.0%	☆
F8-06	多段速 5	1	0	1	0.1%	0.0%	☆
F8-07	多段速 6	1	1	0	0.1%	0.0%	☆
F8-08	多段速 7	1	1	1	0.1%	0.0%	☆
FP 组　参数初始化							
FP-01	参数初始化	0：无操作 1：恢复出厂值 2：清除记录信息			1	0	★
说明： “☆”：表示该参数的设定值在变频器处于停机、运行状态中，均可更改； “★”：表示该参数的设定值在变频器处于运行状态时，不可更改； “●”：表示该参数的数值是实际检测记录值，不能更改； “*”：表示该参数是“厂家参数”，仅限于制造厂家设置，禁止用户进行操作。							

三、故障诊断及对策

MD280 系列变频器有多项警示信息及保护功能，一旦发生异常故障，保护功能动作，变频器停止输出，变频器故障继电器接点动作，并在变频器显示面板上显示故障代码。一些常见故障名称、原因及对策见表 3-3-5。

表 3-3-5 常见故障名称、原因及对策

序号	显示	故障名称	原因	对策
1	Err02	加速过电流	• 变频器输出回路有接地或短路 • 加速时间太短 • 手动提升转矩或 V/F 曲线不合适 • 电压偏低 • 对正在旋转的电机进行起动 • 在加速过程有突加负载 • 变频器选型太小	• 排除外围故障 • 增大加速时间 • 调整手动提升转矩或 V/F 曲线 • 将电压调整至正常范围 • 选择转速跟踪再起动或等电机停止后再起动 • 取消突加负载 • 更换变频器
2	Err03	减速过电流	• 变频器输出回路有接地或短路 • 减速时间太短 • 电压偏低 • 在减速过程有突加负载 • 未加装制动单元和制动电阻	• 排除外围故障 • 增大减速时间 • 将电压调整至正常范围 • 取消突加负载 • 加装制动单元和制动电阻
3	Err04	恒速过电流	• 变频器输出回路有短路或漏电流 • 运行中有突加负载 • 变频器负载过重 • 变频器选型太小	• 排除外围故障，如果线路过长则加输出电抗器 • 取消突加负载 • 减轻负载 • 更换变频器

续表

序号	显示	故障名称	原因	对策
4	Err05	加速过电压	•输入电压偏高 •加速过程中有外力拖动电机运行 •加速时间太短 •未装制动单元及电阻	•将电压调至正常范围 •取消此外力或加装制动电阻 •增大加速时间 •加装制动单元及电阻
5	Err06	减速过电压	•输入电压偏高 •减速过程中有外力拖动电机运行 •减速时间太短 •未装制动单元及电阻	•将电压调至正常范围 •取消此外力或加装制动电阻 •增大减速时间 •加装制动单元及电阻
6	Err07	恒速过电压	•输入电压偏高 •运行过程中有外力拖动电机运行	•将电压调至正常范围 •取消此外力或加装制动电阻
7	Err08	缓冲电阻过载故障	•输入电压不在规范所规定的范围内	•将电压调至规范要求的范围内
8	Err09	欠压故障	•瞬时停电 •变频器输入端电压不正常	•变频器复位 •调整电源或排除外围供电回路故障
9	Err10	变频器过载	•负载过大或发生电机堵转 •变频器型号小	•减小负载并检查电机及机械情况 •更换变频器
10	Err11	电机过载	•电机保护参数设定不合适 •负载过大或发生电机堵转 •变频器型号小	•正确设定此参数 •减小负载并检查电机及机械情况 •更换变频器
11	Err12	输入侧缺相	•三相输入电源不正常	•检查并排除外围线路中存在问题，使进入变频器三相电正常
12	Err13	输出侧缺相	•变频器到电动机的引线不正常 •三相异步电动机绕组异常 •变频器三相输出不平衡	•排除外围故障 •检查电机三相绕组是否正常并排除故障 •更换驱动板或模块（技术支持）
13	Err14	模块过热	•环境温度过高 •风道堵塞 •风扇损坏 •模块损坏	•降低环境温度 •清理风道 •更换风扇 •更换模块（技术支持）
14	Err15	外部设备故障	•在非键盘操作模式下按 STOP 键停机 •通过多功能端子 DI 输入外部故障的信号 •失速情况下使用 STOP 停机	•复位运行 •检查并排除外部故障 •复位运行
15	Err23	对地短路故障	•电机对地短路 •变频器驱动板损坏	•更换电缆或电机 •更换驱动板（技术支持）
16	——	上电后无显示或乱码	•变频器输入电源异常 •驱动板与控制板连接的 8 芯和 16 芯排线接触不良 •变频器内部器件损坏	•检查输入电源 •重新拔插 8 芯和 16 芯排线 •更换变频器（或技术支持）
17	——	上电变频器显示正常，运行后显示“HC”并马上停机	•风扇损坏或堵转	•更换风扇

完成工作任务指导

一、控制电路的安装

1．准备工具、仪表及器材

（1）工具：测电笔、电动旋具、螺丝刀、尖嘴钳、剥线钳、压线钳等电工常用工具。

（2）仪表与设备：数字万用表、YL-156A 型实训考核装置。

（3）器材：行线槽、ϕ20PVC 管、1.5mm^2 红色和蓝色多股软导线、1.5mm 黄绿双色 BVR 导线、0.75mm^2 黑色和蓝色多股导线、冷压接头 SVϕ1.5-4、端针、缠绕带、捆扎带。其他所需的元器件见表 3-3-6。

表 3-3-6　元器件清单表

序号	名称	型号/规格	数量
1	三相异步电动机	YS5024(Y-△)	1 台
2	汇川 PLC 主模块	H_{2U}-1616MT	1 台
3	汇川 PLC 扩展模块	H_{2U}-0016ERN	1 台
4	PLC 通信线	RS-232	1 条
5	汇川变频器	MD280NT0.7	1 台
6	塑壳开关	NM1-63S/3300 20A	1 只
7	行程开关	YBLX-ME/8104	4 只
8	光电式传感器	GH3-N1810NA	1 只
9	电容式传感器	CSB4-18M60-EO-AM	1 只
10	电感式传感器	GH1-1204NA	1 只
11	接线端子排	TB-1512	3 条
12	安装导轨	C45	若干
13	按钮	LA68B-EA35/45	起动 1 只（绿）、停止 1 只（红）
14	电气控制箱箱体	720mm×280mm×850mm	1 只

2．固定安装元器件

（1）元器件的选择与检测

根据如图 3-3-1 所示的电气控制电路原理图，核对表 3-3-6 元器件清单表所列的元器件，对各元器件进行型号、外观、质量等方面的检测。

（2）元器件的安装

根据电器元件布置图在电气控制板上固定安装元器件，如图 3-3-14（a）所示。

3．连接线路

根据电气控制原理图和元器件布置图，按接线工艺规范要求完成：

（1）控制电路板上的主电路部分的接线，如图 3-3-14（b）所示；

（2）控制电路板上的控制电路部分的接线，如图 3-3-14（c）所示；

（3）面板上器件的接线、箱内进出线的接线，如图 3-3-14（d）、图 3-3-14（e）所示；

（4）连接三相异步电动机，如图 3-3-14（f）所示。

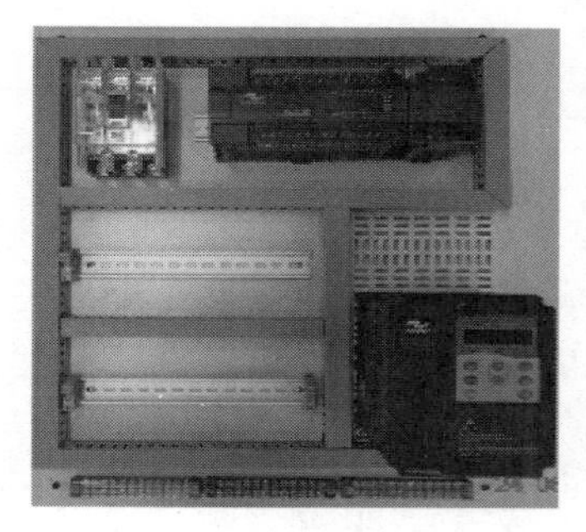

（a）元器件安装固定

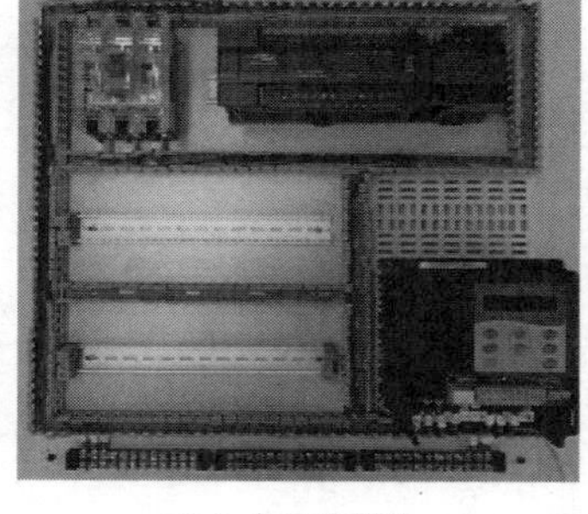

（b）主电路接线

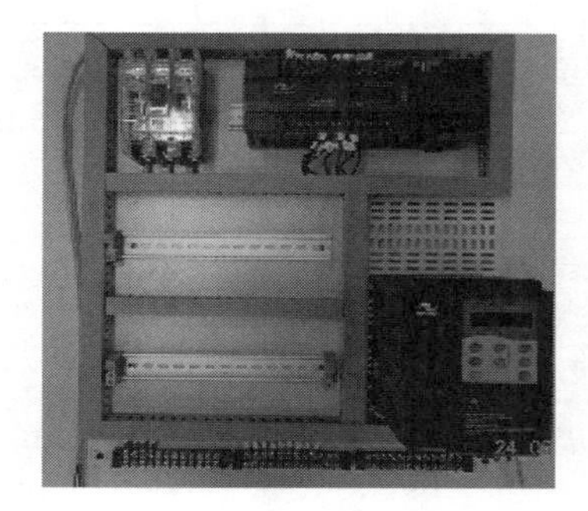

（c）控制电路接线

（d）面板器件接线

（e）箱内进出线接线

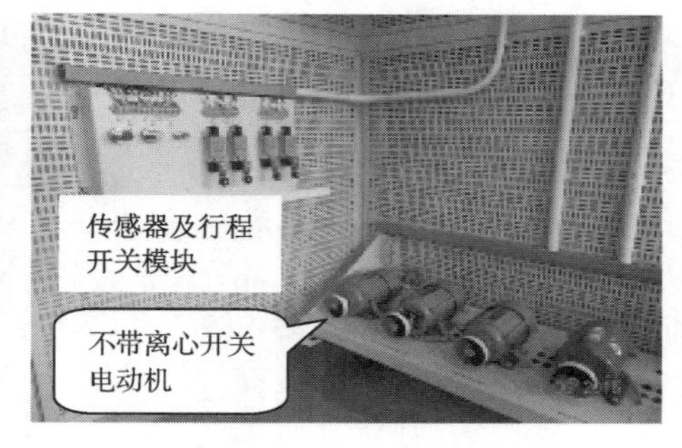

（f）电动机接线

图 3-3-14　电气控制电路安装过程

二、变频器参数设置

根据任务要求，电动机能以 10Hz、20Hz、25Hz、30Hz、35Hz、40Hz、45Hz、50Hz 八种频率运行，电动机起动及停止时间均设定为 2.5s。需要设置的变频器参数及相应的设定值见表 3-3-7。

表 3-3-7　需要设置的变频器参数

序号	参数号	设定值	说明
1	FP-01	1	恢复出厂设置（初始化）
2	F0-00	1	命令源选择
3	F0-01	4	频率源选择
4	F0-04	100	最大频率
5	F0-06	100	上限频率数值设定

续表

序号	参数号	设定值	说明
6	F0-09	2.5	加速时间 1
7	F0-10	2.5	减速时间 1
8	F2-00	1	DI1 端子功能（正转） 出厂值
9	F2-01	2	DI2 端子功能（反转） 出厂值
10	F2-02	13	DI3 端子功能（多段速端子 1）
11	F2-03	14	DI4 端子功能（多段速端子 2）
12	F2-04	15	DI5 端子功能（多段速端子 3）
13	F8-01	10	多段速 0
14	F8-02	20	多段速 1
15	F8-03	25	多段速 2
16	F8-04	30	多段速 3
17	F8-05	35	多段速 4
18	F8-06	40	多段速 5
19	F8-07	45	多段速 6
20	F8-08	50	多段速 7

三、PLC 控制程序的编写

1. 分析控制要求，画出自动控制的工作流程图

分析控制要求，不难画出自动控制过程的工作流程图，如图 3-3-15 所示。

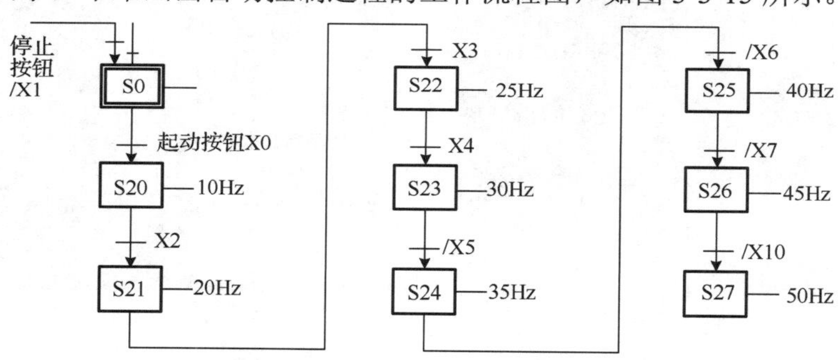

图 3-3-15 工作流程图

2. 编写 PLC 控制程序

根据所画出的工作流程图的特点，确定编程思路。本次任务要求的工作过程是按下起动按钮后开始运行（10Hz），各状态的转移条件依次为传感器和行程开关。根据这一特点，我们不难写出步进指令的梯形图程序，如图 3-3-16 所示。

四、PLC 控制电路的调试

控制电路的调试应包括线路检查、参数设置、程序下载和通电试车的过程。

1. 线路检查

根据原理图对线路进行检查，首先检查连接线路是否达到工艺要求，是否有漏接线或导线连接错误，端子压接是否牢固。然后，用万用表检查线路，如图 3-2-16 所示。断电情况下进行检测：

（1）检测电路是否存在短路故障。

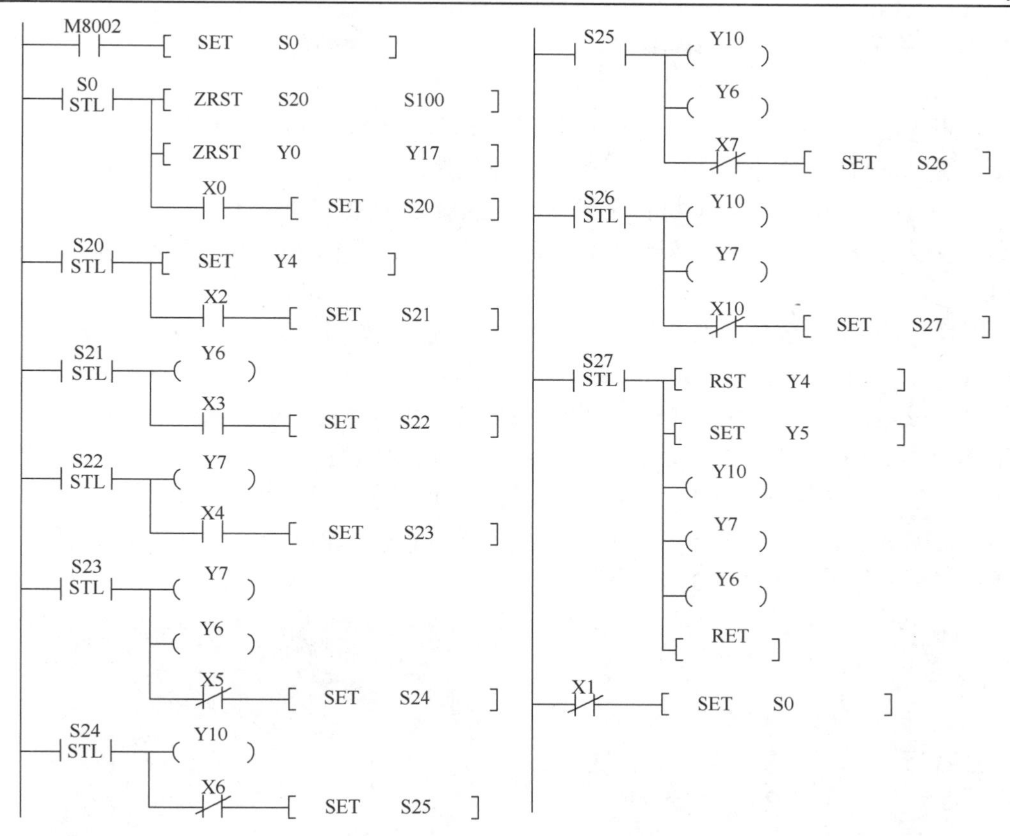

图 3-3-16　步进指令梯形图程序

（2）检测电路的基本连接是否正确。

（3）必要时还要用兆欧表测量电动机绕组等带电体与金属支架之间的绝缘电阻。

2. 程序下载

接通电源总开关，连接电脑和 PLC 之间的通信线，下载 PLC 程序，如图 3-3-17（a）所示。

3. 变频器参数设置

根据表 3-3-7 所示的变频器参数设定值进行设定，如图 3-3-17（b）所示。

（a）PLC 程序下载

（b）变频器参数设置

图 3-3-17　程序下载和参数设置

4. 通电试车

通电试车的操作方法和步骤如下：

（1）闭合电气控制箱内塑壳开关，接通控制板电源，观察 PLC 电源指示灯是否点亮。

（2）通电正常后，按控制说明书的要求操作电路：

① 按下起动按钮 S1，电动机正转运行，变频器 LED 窗口显示 10Hz。

② 电动机起动运行后，触及光电式传感器（S3），电动机转速提升，变频器 LED 窗口显示 20Hz。

以同样方法，触及各传感器、按下各行程开关，电动机转速逐步提升，依次为 25Hz、30Hz、35Hz、40Hz、45Hz。

③ 按下最后一个行程开关（S9），电动机反转，且转速提升至最高的 50Hz。

④ 运行中，按下停止按钮（S2），电动机立即停止转动。

通电试车中，应注意观察变频器工作情况、电动机的运行是否符合控制要求。

（3）通电试车成功后，断开塑壳开关，断开设备总电源。整理工具和清理施工现场卫生。

通电试车操作过程如图 3-3-18 所示。

（a）按下起动按钮

（b）电动机以 10Hz 运行

（c）按下行程开关

（d）电动机以 35Hz 运行

图 3-3-18 控制电路的调试

安全提示：

通电试车前要检查安全措施，通电试车时应有人监护，要遵守安全操作规程，出现故障时要停电检查，并挂警示牌。

【思考与练习】

1. 在实际生产中还有哪些电动机的控制是需要变频调速的？

2．使用变频器实现交流电动机调速和双速电动机的调速有什么不同？

3．说一说交流电动机采用变频器调速控制有什么优缺点。

4．回答与工作任务相关的理论问题：

（1）传感器也称无触点的接近开关，156A 装置中配置__________式、__________式和________式三种传感器。________传感器只能用于检测金属材料。

（2）传感器按其输出形式，可分为________型和________型两种。

（3）变频器实现电机调速时，既改变了输出________，又改变了输出________。

5．PLC 控制电路如图 3-3-1 所示，根据控制要求编写 PLC 控制程序。控制要求：按下起动按钮 S1，电动机以 10Hz 正转起动；传感器及行程开关分别对应 20Hz、25Hz、30Hz、35Hz、40Hz、45Hz、50Hz 七种频率。当触及其中一个传感器或按下一个行程开关时，电动机将以相应的频率运行，与开关动作顺序无关。50Hz 时电动机反转，其他频率时电动机正转。运行中按下停止按钮 S2，电动机立即停止。

6．请填写完成电动机变频调速控制电路安装与调试工作任务评价表 3-3-8。

表 3-3-8　电动机变频调速控制电路安装与调试工作任务评价表

序号	评价内容	配分	评价标准	自我评价	老师评价
1	器件选择与安装	10	（1）器件选择与图纸不相符，扣 1 分/个； （2）安装位置与图纸要求不相符，扣 1 分/个； （3）器件安装不牢固，扣 1 分/处 （最多可扣 10 分）		
2	控制板接线工艺	30	（4）不按图纸要求接线，错接或漏接者，扣 1 分/处； （5）接线端有露铜过长、压皮或压接不牢现象，扣 1 分/处； （6）一个接线端接线超过 2 根，扣 1 分/处； （7）控制线路板上的连接导线不按要求入线槽走线，扣 2 分/处 （最多可扣 30 分）		
3	引入与引出线	10	（8）引入或引出线没有集中归边走线，不留余量或余量不合适，扣 1 分/个 （最多可扣 10 分）		
4	传感器行程开关模块及电动机接线	10	（9）传感器行程开关模块安装及接线不符合规范要求，扣 1 分/处； （10）电动机安装及接线不符合规范要求，扣 1 分/处 （最多可扣 10 分）		
5	通电试车	30	（11）变频器参数设定不正确，扣 1 分/个； （12）按下起动按钮，电动机无法起动，扣 25 分； （13）电动机转速不能按控制要求的顺序运行，扣 4 分/个； （14）运行中按下停止按钮，电动机不能停止，扣 10 分 （最多可扣 30 分）		
6	安全施工、文明生产	10	（15）遵守安全操作规程，违者扣 2 分/次； （16）材料摆放不整齐，扣 3 分； （17）完成任务，没有清理现场，扣 5 分 （最多可扣 10 分）		
	合计	100			

任务四　电动机控制线路安装与调试

工作任务

××设备由一台型号为 YS5024 的带离心开关三相异步电动机 M1，一台型号为 YS5024 的不带离心开关的三相异步电动机 M2 拖动和一台型号为 42BYGH5403 步进电机 M3 组成。

设备的控制要求：

1. 设备状态

设备有停止、单次和循环三种状态，三种状态由电气控制箱面板上的三位转换开关 SA1 来选择。在左位时为单次工作状态，在中间位置时为停止状态，在右位时为循环工作状态。在停止状态时，设备不能起动工作；设备的启停控制均可由触摸屏和控制箱面板按钮进行控制。在设备工作过程中不能进行工作状态的转换，只有设备停止工作后进行的工作状态的转换才能生效。

2. 正常运行和停止

当三位转换开关 SA1 位于右或左位置，按下起动按钮 S2 或按下触摸屏上的“起动”按钮，设备正常起动。K1 与 K2 吸合，M1 传送带接成Y形连接低速起动，当低速起动 3s 后，K1 与 K3 吸合，M1 接成△形连接进行高速运转。当工件运送到位 A 时（S5 动作），M1 停止运转，M2 电动机以高速 50Hz 正转进行加工，5s 后，M2 以低速 15Hz 反转进行加工，加工完成到达 B 点（S6 动作）后，M2 停止。M3 进行精确组装，M3 以 0.25r/s 正向旋转 180°，组装到位后，M3 以 0.25r/s 反向旋转 180°归位，组装完成到达 C 点（S7 动作）后，M1 低速起动带动工件归库，4s 后 M1 停止，一次完整加工过程完成。

在整个加工和组装过程当中，按下停止按钮 S3 或者按下触摸屏中的“停止”按钮，整个加工工序完成后停止。

3. 保护停止和报警

在设备运行过程中，若电感式传感器 S1 检测到工件掉落或 M1 的热继电器动作时，设备立刻停止运行，触摸屏上对应的报警指示灯亮。当出现紧急情况时，需要按下急停按钮 S8，切断 PLC 电源，面板指示灯 HL1 亮，指示设备故障。检修结束后，复位急停按钮 S8，指示灯 HL1 熄灭，同时触摸屏上的报警指示灯熄灭，此时设备才能再次起动工作。

触摸屏控制说明：

另外，该设备还安装了触摸屏，对设备进行运行监视和控制，触摸屏界面如图 3-4-1 所示。

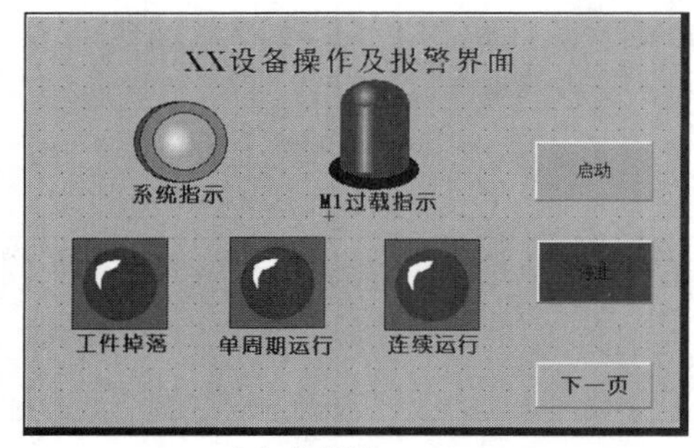

（a）主界面

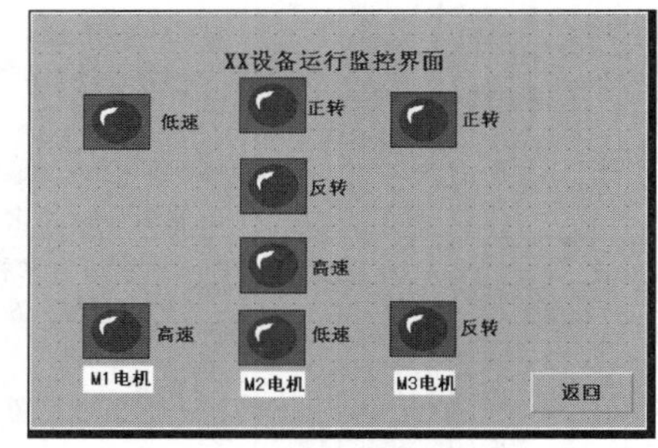

（b）监控界面

图 3-4-1　触摸屏界面

触摸屏的第一页设置了设备的“起动”、“停止”操作按钮，有设备运行、M1 过载、设备的单次运行和连续运行状态指示。按“下一页”转到触摸屏的第二页画面，该画面有 M1、M2、M3 电动机的运行状态监控。按“返回”可以返回到第一页主界面。

电气原理图如图 3-4-2 所示，控制箱内部电器元件布置图如图 3-4-3 所示，控制箱面板元器件布置图如图 3-4-4 所示。请根据以上要求，完成下列工作任务：

（1）根据电气原理图正确选择元器件，按元器件布置图排列元器件并固定安装。

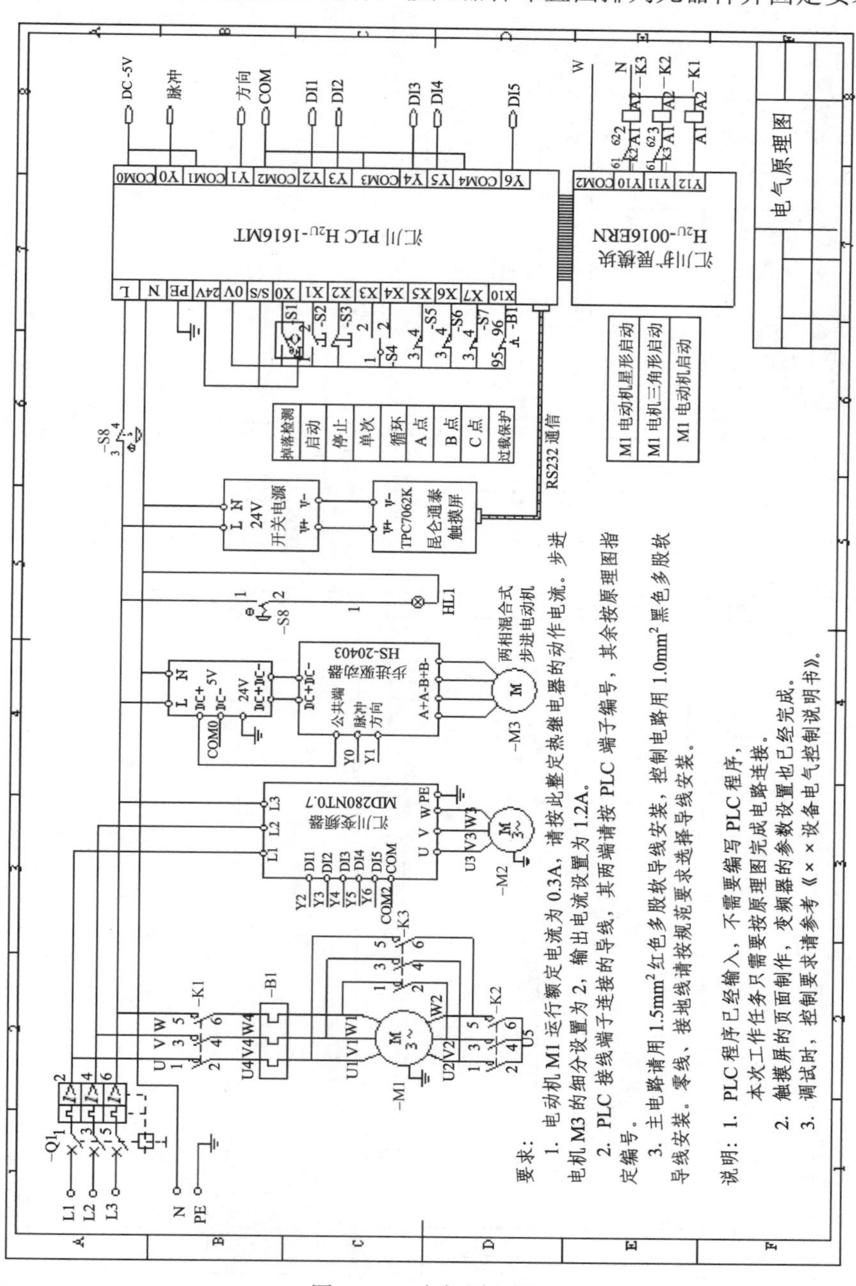

图 3-4-2　电气原理图

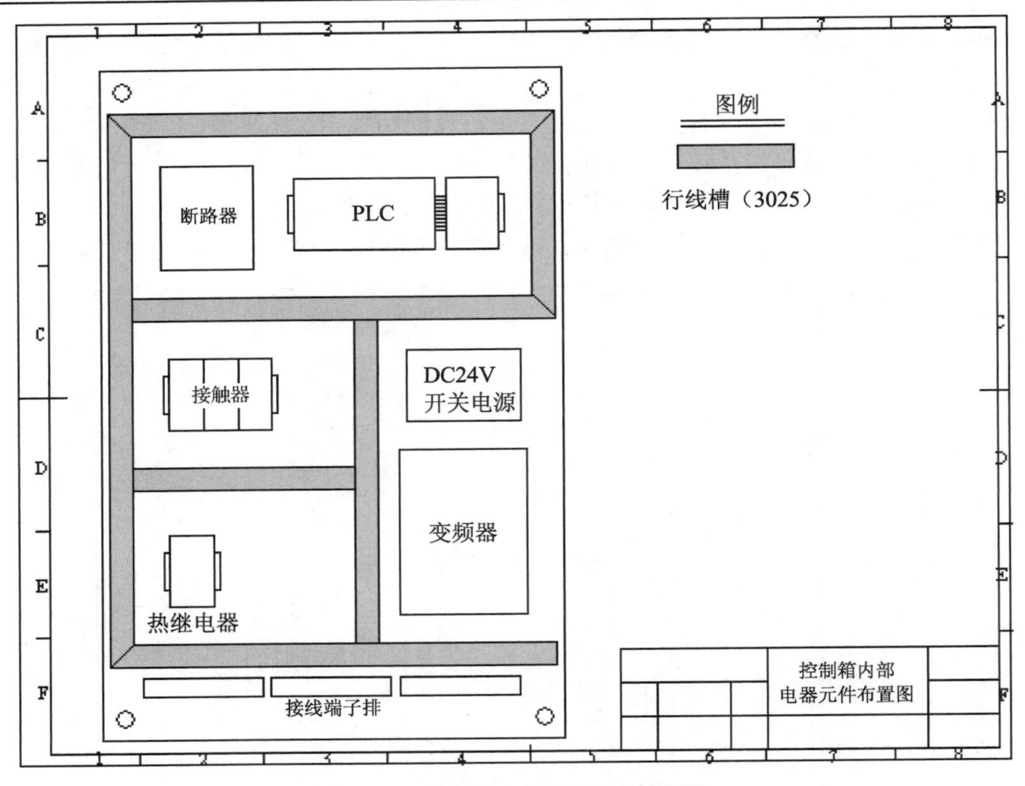

图 3-4-3　控制箱内部电器元件布置图

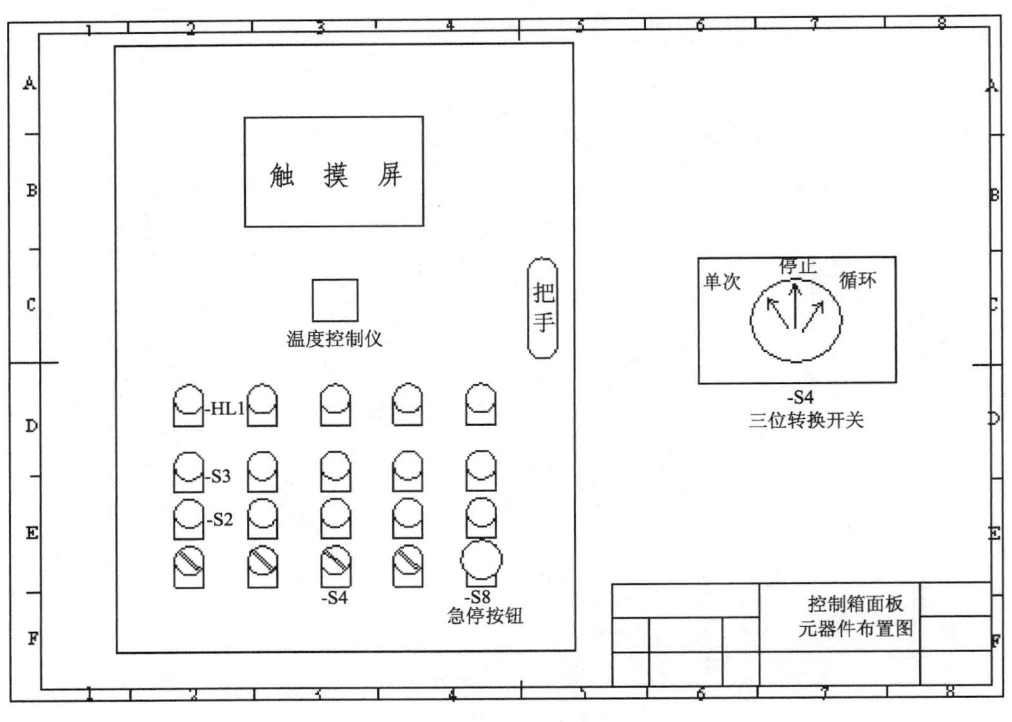

图 3-4-4　控制箱面板元器件布置图

（2）根据电气原理图，按接线工艺规范要求连接好电路。

（3）设置变频器参数、步进驱动器参数。

（4）根据控制要求编写 PLC 程序、触摸屏程序。

（5）通电试车，下载程序，调试设备实现控制要求的功能。

请注意下列事项：

① 在完成工作任务的全过程中，严格遵守电气安装和电气维修的安全操作规程。

② 电气安装中，线路安装参照《建筑电气工程施工质量验收规范（GB 50303－2002）》验收，低压电器的安装参照《电气装置安装工程低压电器施工及验收规范（GB 50254－96）》验收。

知识链接

一、步进电动机

步进电动机是将输入的电脉冲信号转换为角位移的特殊同步电动机。它的特点是每输入一个电脉冲，电动机转子便转一步，转一步的角度称为步距角，步距角越小，表明电动机控制的精度越高。转子的角位移与输入的电脉冲个数成正比，转子的转速与电脉冲频率成正比。因此，改变通电频率，即可改变转速，改动电动机各相绕组通电的顺序（相序）即可改变电动机的转向。步进电动机还具有自锁能力。

从理论上讲，步进电动机的步距误差不会产生积累，因此步进电动机主要用于开环控制系统的进给驱动。但是，步进电动机的主要缺点是在大负载和高转速情况下会产生失步，同时输出功率也不够大。

步进电动机按工作分类，可分为永磁式、反应式和混合式（兼有永磁和反式式）三种；按绕组相数又可分为两、三、四、五等不同的相数。

1. 步进电动机型号

两相混合式步进电动机型号 42BYGH5403 的含义是：

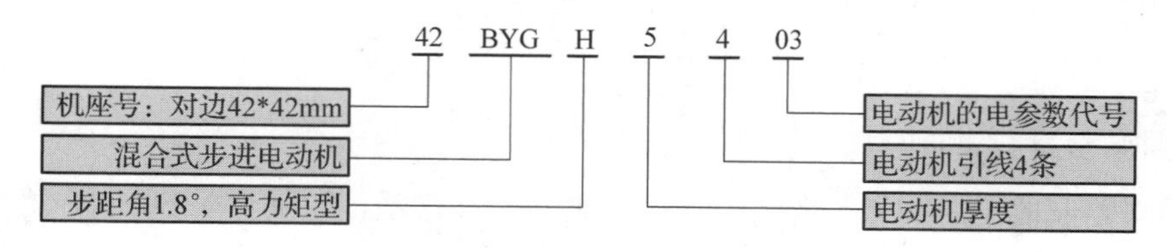

2. 主要技术参数

YL-156A 型实训装置采用的步进电动机为两相混合式步进电动机，电压为 10～40V，其型号为 42BYGH5403。其技术参数见表 3-4-1。

表 3-4-1　步进电动机技术参数

相数	步距角(°)	电流(A)	静力矩(kg·cm)	定位力矩(g·cm)	转动惯量(g·cm^2)	引线数	重量(g)
2	1.8	1.8	5.0	260	68	4	340
引线颜色	A 相绕组：A+——红色、A-——蓝色；　B 相绕组：B+——绿色、B-——黑色						

二、步进驱动器

1. 步进驱动器型号及特点

（1）步进驱动器型号

森创 SH-20403 型步进驱动器外型及型号如图 3-4-5 所示。

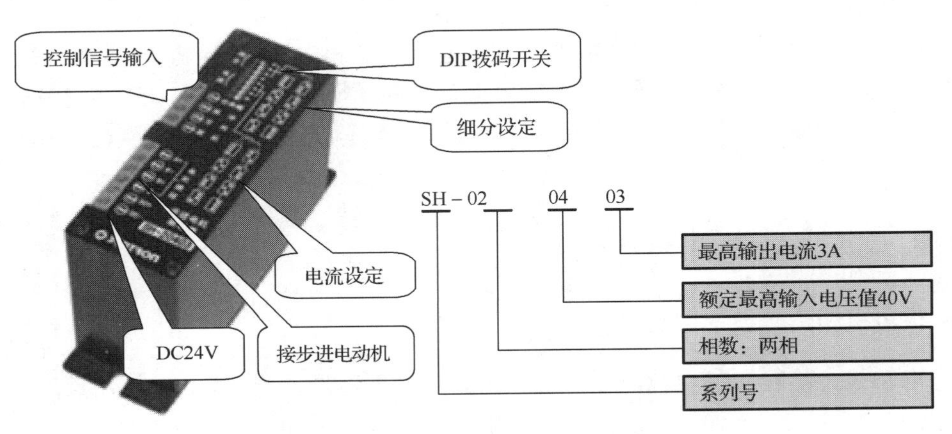

图 3-4-5 步进驱动器外型及型号

（2）步进驱动器的特点

◇ 10V～40V 直流供电；

◇ H 桥双极恒相流驱动；

◇ 最大 3A 的八种输出电流可选；

◇ 最大 64 细分的七种细分模式可选；

◇ 输入信号光电隔离；

◇ 标准共阳单脉冲接口；

◇ 脱机保持功能；

◇ 半密闭式机壳可适应更严苛环境；

◇ 提供节能的自动半电流锁定功能；

◇ 通过 CE 认证。

2. 驱动器与控制器连接图

驱动器与控制器（如 PLC）之间的连接采用共阳极接法，如图 3-4-6 所示。驱动器与控制器 PLC 连接图说明如下：

① 电源 DC5V 的正极接至驱动器的“公共端”，这样，脉冲信号、方向信号及脱机信号的低电平均视为有效信号。

② 方向信号为高电平时，电动机反转；低电平时为正转。

③ 脉冲信号下降沿被驱动器解释为一个有效脉冲，并驱动电动机转一步。但过低的频率会使转子颤动，过高的频率会使转子失步。

④ 脱机信号为高电平或悬空时，转子处于锁定状态；低电平时电动机相电流被切断，转子处于脱机自由状态。

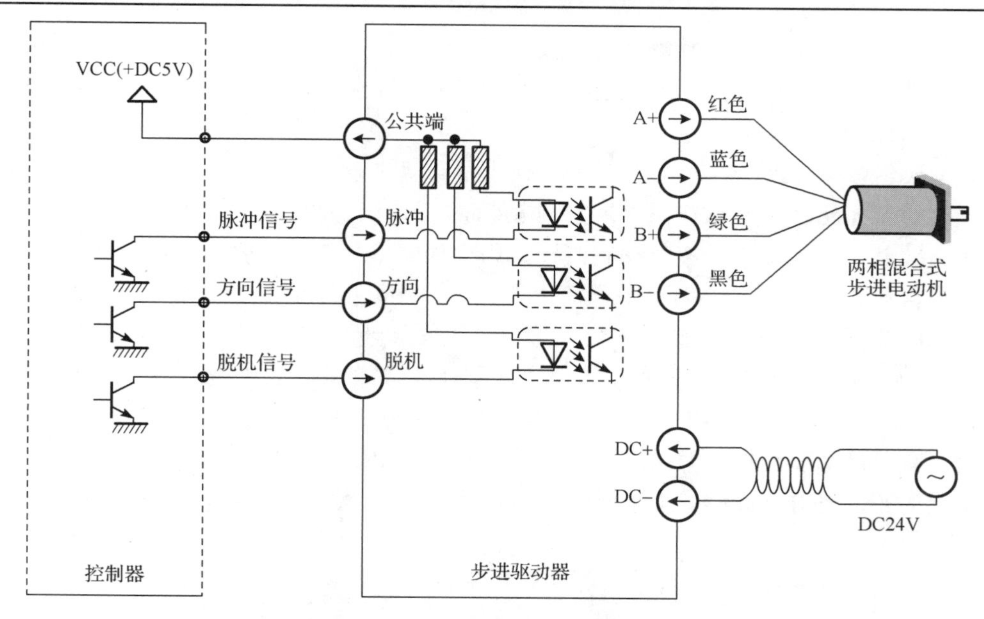

图 3-4-6　驱动器与控制器连接图

3. DIP 拨码开关

（1）细分设定

本驱动器可提供整步、改善半步、4、8、16、32、64、128 细分共八种运行模式，由驱动器面板上 8 位拨码开关中的 DIP1～DIP3 组合而成。当细分为整步时，驱动器每接收到一个脉冲，带动电动机转动 1.8°；细分为半步（2 细分）时，驱动器每接收到一个脉冲，带动电动机转动 0.9°；其余细分，以此类推。细分设定方法见表 3-4-2。

表 3-4-2　细分设定

细分	整步	半步	4 细分	8 细分	16 细分	32 细分	64 细分	128 细分
DIP1 DIP2 DIP3								

（2）输出电流设定

输出电流通过驱动器面板上的 DIP5～DIP7 开关组合来设定，设定方法见表 3-4-3。

表 3-4-3　输出电流设定

电流（A）	0.9	1.2	1.5	1.8	2.1	2.4	2.7	3.0
DIP5 DIP6 DIP7								

注：在更改拨码开关的设定之前，请先断开电源。

三、触摸屏

触摸屏（Touch panel）又称触控面板，是感应式液晶显示装置。当接触屏上的图形按钮时，屏幕上的触觉反馈系统可根据预先编好的程序驱动各种连接装置，并借由液晶显示装置制造出生动的影音动画效果。触摸屏具有操作简单、便捷、人性化、功能强大等优点，因此，它将作为一种新型的人机界面广泛应用于工业生产和日常生活中。

（一）昆仑通泰触摸屏

昆仑通泰触摸屏 TPC7062K，采用了 7 英寸高亮度的液晶显示屏，色彩亮丽、功能强大，可以独立运行 Windows CE 操作系统，它与 MCGS 工控组态软件结合，可以为工业自动化设备实现组态控制、远程操作、实时动态监控、历史报警信息查询等强大功能。

昆仑通泰触摸屏使用+24V/15W 直流电源供电，用 USB 数据线与个人计算机连接，用 MCGS 全中文组态软件来读出或写入触摸屏设置页面和参数。注意：数据线一端为扁平口，插到计算机的 USB 口，另一端为微型接口，插到 TPC 端的 USB2 口上；用 RS232 或 RS485 通信线把 TPC 的 COM 口和相应的 PLC 端口连接起来进行通信，如图 3-4-7 所示。系列参数设置好后，就可以像操作指令开关一样用触摸屏来操作 PLC；同时 PLC 的很多信息又可以在触摸屏上实时形象地显示出来，如指示灯、报警信息等；触摸屏还可以保存重要信息，以便查询。

图 3-4-7　通信连接示意图

（二）触摸屏编程软件的使用

MCGS（Monitor and Control Generated System）是一套基于 Windows 平台的，用于快速构造和生成上位机监控系统，实时多任务嵌入式的，可运行于 Windows CE 操作系统的组态软件系统。

MCGS 组态软件由“MCGS 组态环境”和“MCGS 运行环境”两个系统组成。

通过创建“MCGS”工程学习触摸屏编程软件的使用方法和操作步骤。

1. 打开编程软件界面

触摸屏组态软件安装后，在电脑桌面出现图标。双击图标即可打开触摸屏编程软件，编程软件界面如图 3-4-8 所示。

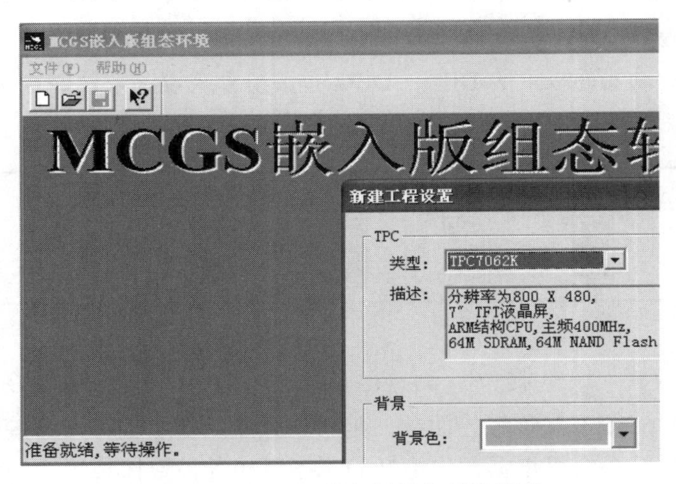

图 3-4-8　MCGS 嵌入版组态环境界面

2. 创建一个新工程

单击“文件”里的“新建工程”，弹出如图 3-4-8 所示的 TPC 类型选择对话框。选中对话框中“TPC7062K”，按“确定”按钮，弹出如图 3-4-9 所示的工作台界面。所创建的工程由主控窗口、设备窗口、用户窗口、实时数据库和运行策略五个部分组成。

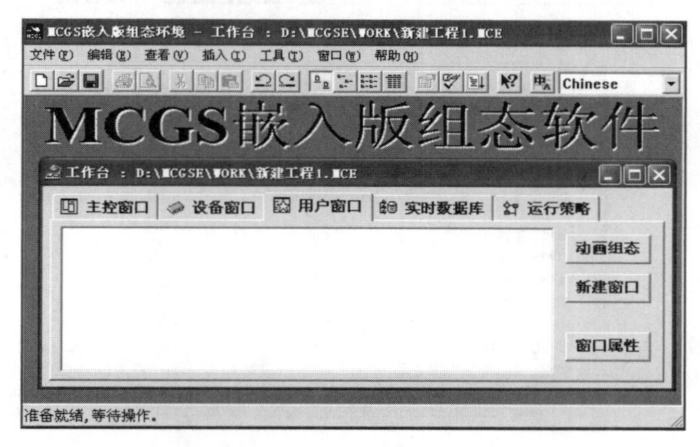

图 3-4-9　MCGS 嵌入版工作台界面

每一个部分分别进行组态操作，完成不同的工作，具有不同的特性。说明如下：

① 主控窗口：是工程的主窗口或主框架。在主控窗口中可以放置一个设备窗口和多个用户窗口，负责调度和管理这些窗口的打开或关闭。主要的组态操作包括：定义工程的名称，编制工作菜单，设计封面图形，确定自动起动的窗口，设定动画刷新周期，指定数据库存盘文件名及存盘时间等。

② 设备窗口：是连接和驱动外部设备的工作环境。在本窗口内配置数据采集与控制输出设备，注册设备驱动程序，定义连接与驱动设备用的数据变量。

③ 用户窗口：主要用于设置工程中人机交互的界面。诸如，生成各种动画显示画面、报警输出、数据与曲线图表等。

④ 实时数据库：是工程各个部分的数据交换与处理中心，它将 MCGS 工作的各个部分连接成有机的整体。在本窗口内定义不同类型和名称的变量，作为数据采集、处理、输出控制、动画连接及设备驱动的对象。

⑤ 运行策略：主要完成工作运行流程的控制，包括编写控制程序（if…then 脚本程序），选用各种功能构件，如数据提取、定时器、配方操作、多媒体输出等。

3. 组态设置

（1）设备组态

在工作台界面中单击“设备窗口”菜单→双击“设备窗口”图标进入，单击工具条中的“工具箱”图标，打开“设备工具箱”。在可选设备列表中，双击“通用串口父设备”，再双击“三菱_FX 系列编程口”（与汇川 PLC 通用），界面会出现“通用串口父设备”、“三菱_FX 系列编程口”的设备组态窗口，如图 3-4-10 所示。

① 通用串口父设备属性设置。

双击“通用串口父设备”，进入通用串口父设备属性编辑，设置项目如图 3-4-11 所示。

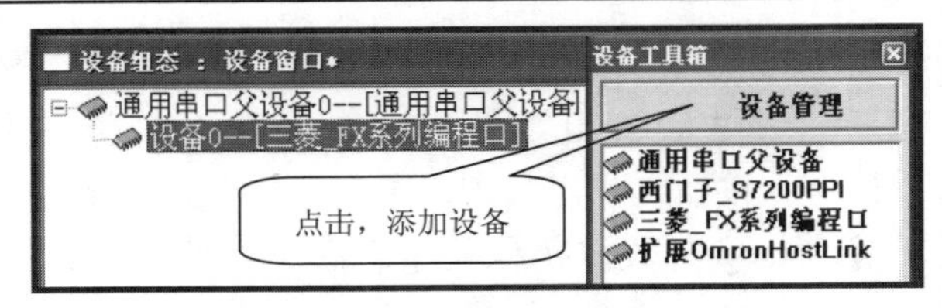

图 3-4-10　设备窗口

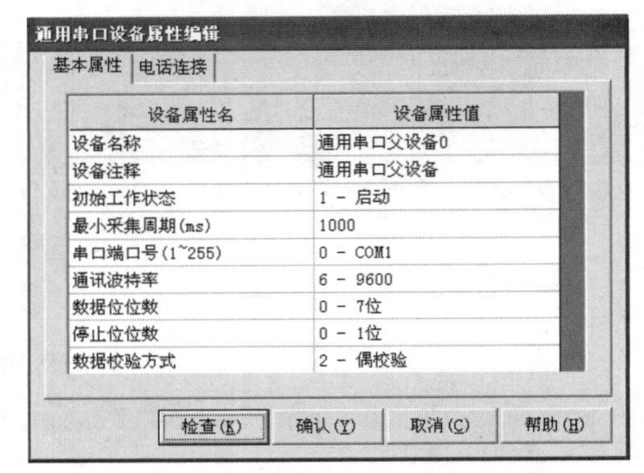

设备属性名	设备属性值
设备名称	通用串口父设备0
设备注释	通用串口父设备
初始工作状态	1 - 启动
最小采集周期(ms)	1000
串口端口号(1~255)	0 - COM1
通讯波特率	6 - 9600
数据位位数	0 - 7位
停止位位数	0 - 1位
数据校验方式	2 - 偶校验

图 3-4-11　通用串口父设备属性编辑

② 设备属性值设置。

双击“三菱_FX 系列编程口”，进入设备编辑窗口，设备属性值如图 3-4-12 所示。

设备编辑窗口

设备属性名	设备属性值
[内部属性]	设置设备内部属性
采集优化	1-优化
设备名称	设备0
设备注释	三菱_FX系列编程口
初始工作状态	1 - 启动
最小采集周期(ms)	100
设备地址	0
通讯等待时间	200
快速采集次数	0
CPU类型	2 - FX2NCPU

图 3-4-12　设备属性值设置

③ 增加设备通道，设置基本属性。

单击“增加设备通道”按钮，弹出如图 3-4-13 所示的对话框。基本属性设置的内容包括：通道类型、通道地址、通道个数及读写方式等，设置完成后按“确认”按钮。

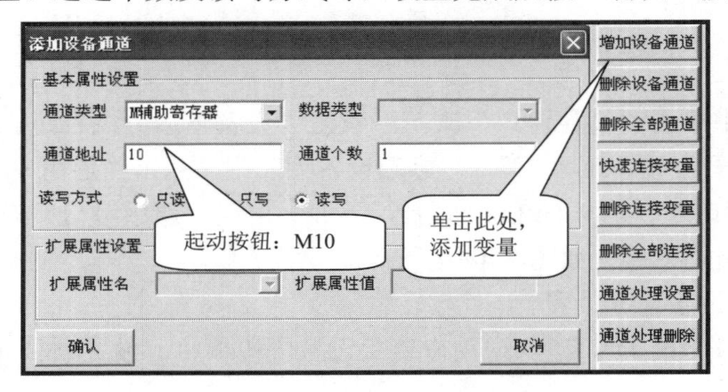

图 3-4-13　增加设备通道

④ 连接变量的命名。

确认通道名称后，双击通道名称对应的“连接变量”，弹出“变量选择方式”对话框，在选择变量里输入“起动按钮”，按下“确认”按钮后，回到“添加设备通道”界面，如图 3-4-14 所示。

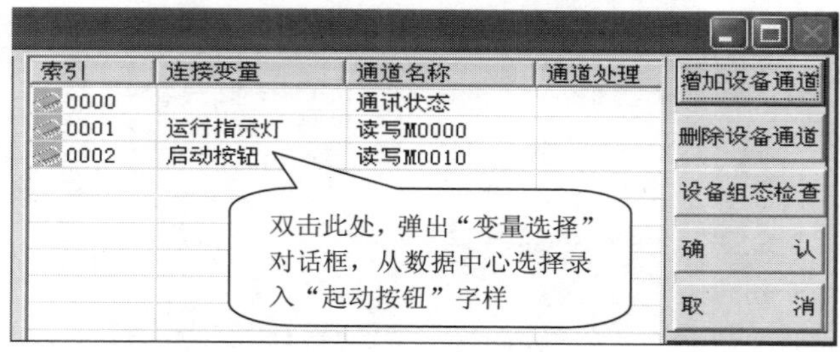

图 3-4-14　连接变量的命名

重复以上两个步骤，完成所有通道名称与连接变量命名的设置后，按“设备组态检查”按钮，再进一步按“确认”按钮，完成设置任务。

其实，通道名称及连接变量的组态设置也可以直接双击“起动按钮”，在“变量选择”对话框中选中“根据采集信息生成”，出现如图 3-4-15 所示画面。设定后按“确认”按钮，“通道名称”及“连接变量”的命名同时完成。

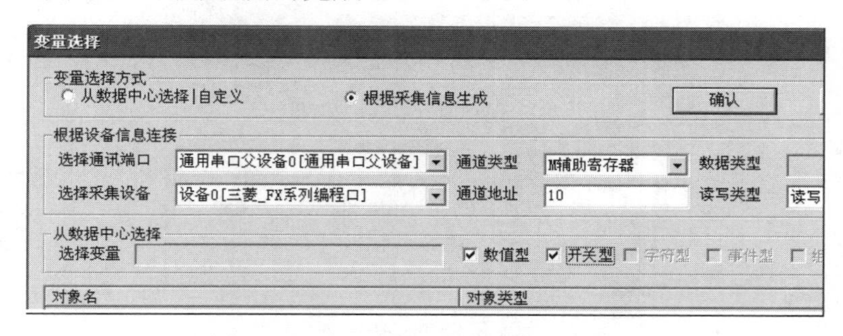

图 3-4-15　通道名称与连接变量的命名

（2）动画组态

在工作台界面中单击“用户窗口”菜单→单击右侧“新建窗口”按钮，弹出“窗口 0”图标。双击“窗口 0”图标，弹出动画组态窗口 0 的编辑界面，如图 3-4-16 所示。在此界面即可完成按钮、指示灯等的组态设置。

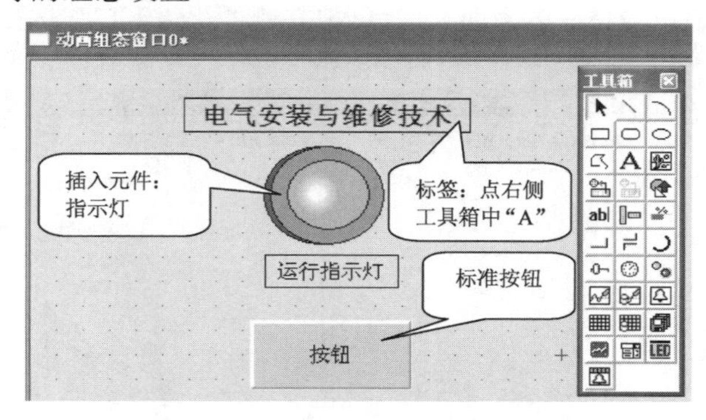

图 3-4-16　动画组态窗口 0 的编辑界面

4. 工程保存与下载

（1）工程保存

完成动画组态设置后，单击菜单栏中“文件”→“保存工程”或“工程另存为”，确定存盘位置及新工程的名称后，单击“保存”按钮即可，如图 3-4-17 所示。

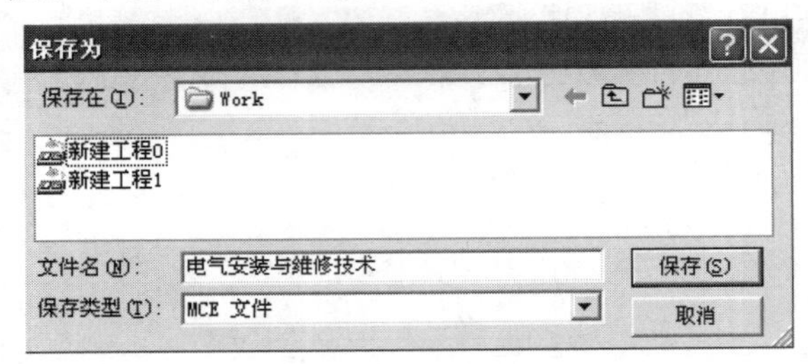

图 3-4-17 工程保存

（2）工程下载

触摸屏程序编写完成后，只要单击菜单栏“工具”→“下载配置”，选择“连机运行”，并单击“工程下载”按钮即可开始下载程序，如图 3-4-18 所示。如果工程项目需要在电脑上模拟测试时，则选择“模拟运行”。

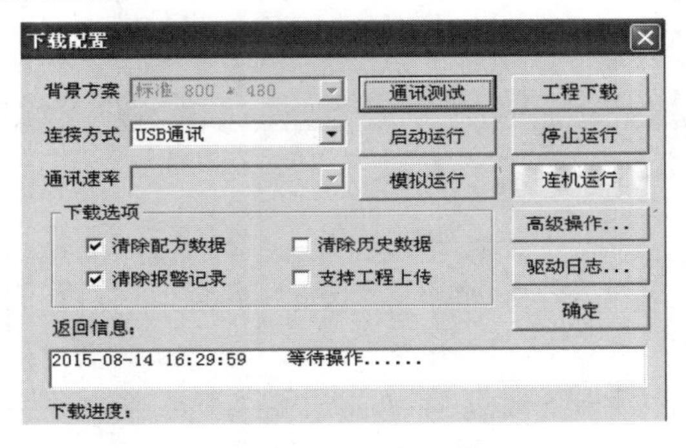

图 3-4-18 工程下载

（三）触摸屏画面制作基础

打开编程软件界面：双击电脑桌面图标→“新建”菜单→弹出“新建工程设置”－TPC 类型：选择 TPC7062K→按下“确定”按钮→弹出“工作台”编程软件界面。

单击工作台界面中“用户窗口”菜单→单击右侧“新建窗口”按钮→弹出“窗口 0”图标，若需要创建多个用户窗口（多画面），就单击右侧“新建窗口”按钮若干次，如图 3-4-19 所示。

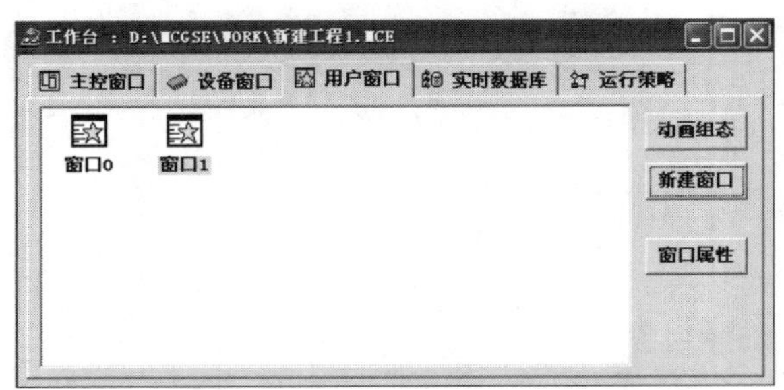

图 3-4-19 工作台界面

选中“窗口 0”图标，再单击右侧“动画组态”按钮，或直接双击“窗口 0”图标，弹出“动画组态窗口 0”编辑界面→单击“菜单”→“绘图工具箱”，弹出如图 3-4-20 所示的绘图工具箱。有了它，就可以进行触摸屏画面的制作。

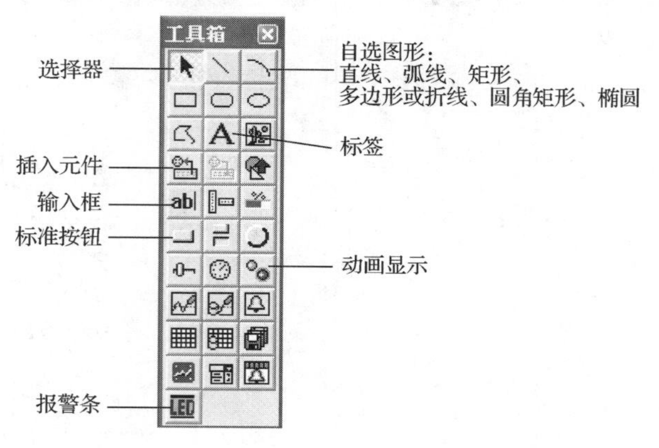

图 3-4-20　绘图工具箱

1. 标签

单击工具箱中标签 A 图标后，在窗口中拖出一个大小合适的矩形框。双击它，弹出“标签动画组态属性设置”对话框，如图 3-4-21 所示。此对话框包含有“属性设置”和“扩展属性”两个菜单，分别进行如下设置：

① 属性设置：填充颜色、边线颜色、字符颜色、边线线型等设置。

② 扩展属性：文本内容输入“电气安装与维修技术”。

属性设置好后，按“检查”按钮进行组态检查，组态正确后，单击“确认”按钮，完成标签的制作。

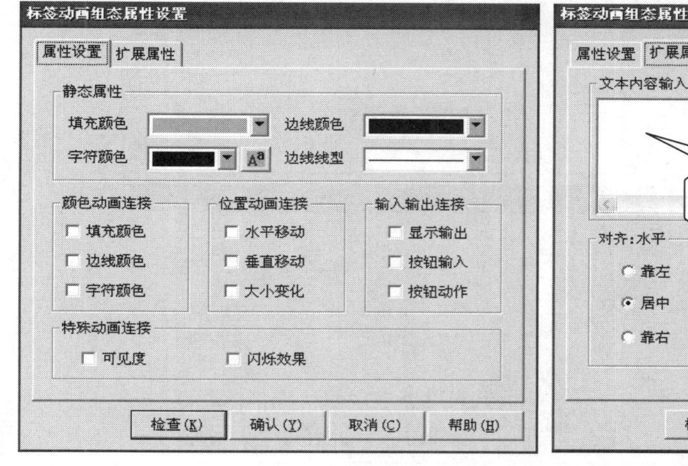

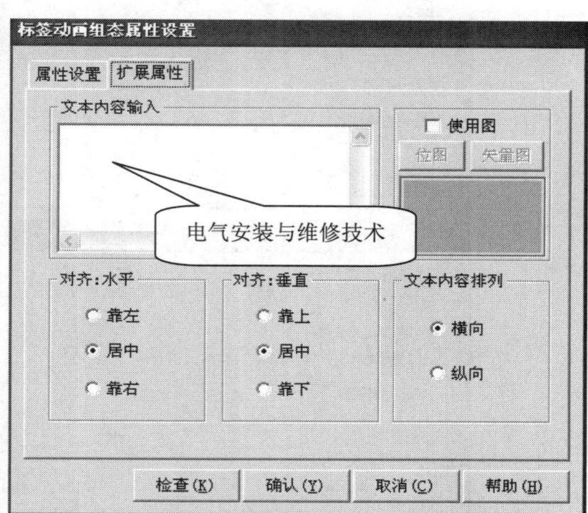

图 3-4-21　标签动画组态属性设置界面

2. 按钮

（1）作起动或停止用

单击工具箱中的“标准按钮”，在窗口中拖出一个大小合适的按钮。双击它，自动弹出“标准按钮构件属性设置”对话框，如图 3-4-22 所示。此对话框含有“基本属性”、“操作属性”、“脚本程序”、“可见度属性”四个选项卡，分别进行如下设置：

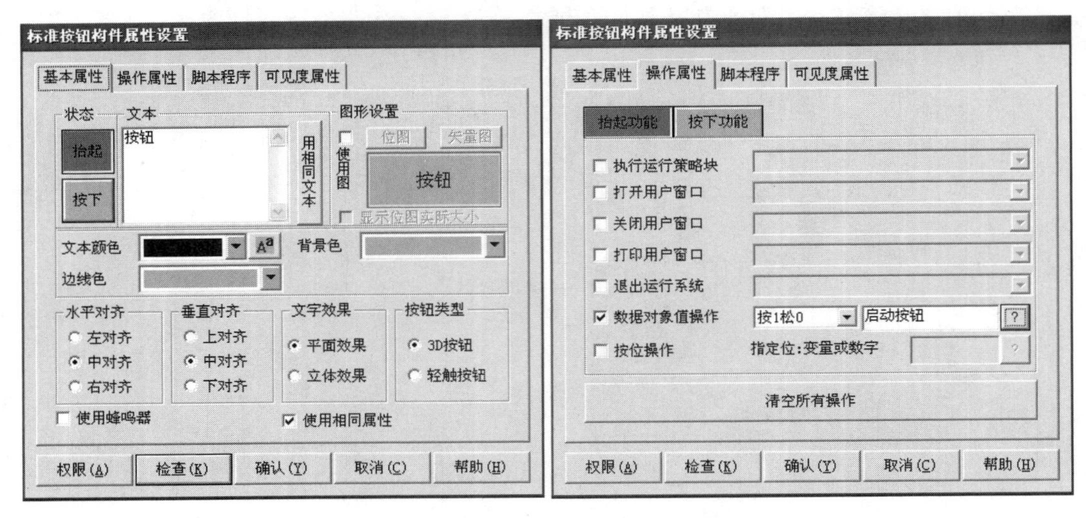

图 3-4-22 标准按钮构件属性设置界面

① 基本属性：无论是抬起还是按下状态，文本内容均设置为“按钮”。基本属性的设置还包括文本颜色、背景色、水平垂直对齐、文字效果、按钮类型等。

② 操作属性：选中“数据对象值操作”，选择多选项中的“按 1 松 0”；单击 ? 图标，弹出“变量选择”对话框，如图 3-4-23 所示。

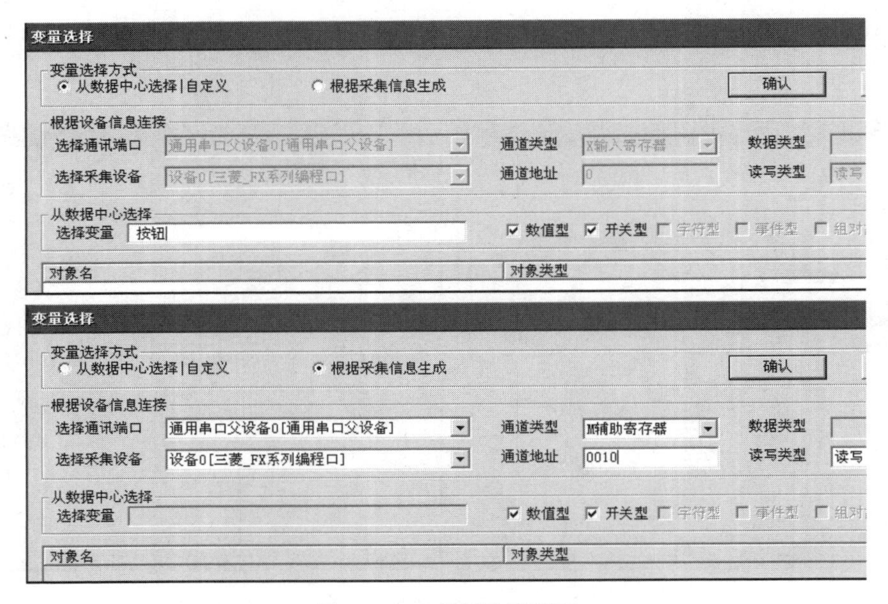

图 3-4-23 变量选择界面

变量选择方式可以采用“从数据中心选择 | 自定义”方式，或采用“根据采集信息生成”方式。

若选“从数据中心选择 | 定义”方式，连接变量名为“按钮”，通道名称为“M0010”。

若选“根据采集信息生成”方式，则通道类型选“M 辅助寄存器”；通道地址填“M0010”；读写类型选“读写”。组态检查后，按“确认”按钮，完成按钮的属性设置。此时连接变量名称自动生成为“设备 0_读写 M0010”。

其实，变量选择还可以在用户窗口建立之前，按以下步骤事先设置好：

单击“设备窗口”→“设备 0—[三菱系列编程口]”→弹出“设备编程窗口”，对变量连接和变量通道进行命名，如图 3-4-24 所示。

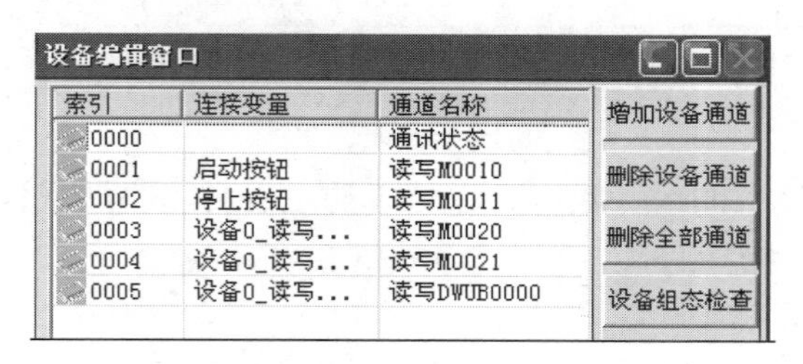

图 3-4-24　设备编辑窗口

（2）作切换画面用

作切换画面用的意思是：按下该“按钮”，触摸屏画面从该页面翻至指定的画面。制作方法和步骤与上文作起动停止用的按钮相似，不同之处是：

① 基本属性：无论是抬起还是按下状态，文本内容都设置为“下一页”。基本属性的设置还包括文本颜色、背景色、水平垂直对齐、文字效果、按钮类型等。

② 操作属性：选中“打开用户窗口”，选“窗口 1；选中“关闭用户窗口”，选“窗口 0”。组态检查正确后，按“确认”按钮，完成属性设置，如图 3-4-25 所示。

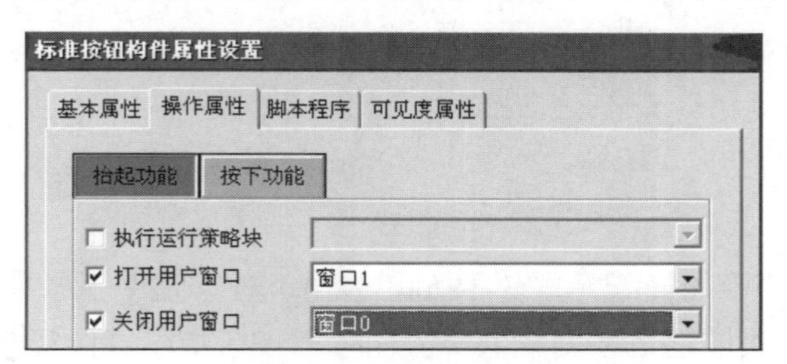

图 3-4-25　作切换画面用按钮属性设置

3. 转换开关

转换开关常用于设备的运行模式的选择。制作方法与步骤如下：

① 单击绘图工具箱中的插入元件图标，弹出“对象元件管理”对话框，选择所要类型的切换开关，按“确认”按钮后，在用户窗口界面上出现了开关图形。

② 双击“开关”图形，弹出“单元属性设置”对话框，如图 3-4-26 所示。

③ 单击对话框中的“数据对象”选项卡，先单击“按钮输入”右侧的?按钮，弹出“变量选择”对话框，进行变量连接设置；返回界面后，再次单击“可见度”右侧的?按钮，同样弹出“变量选择”对话框，进行变量连接设置。

④ 完成组态检查后，按“确认”按钮，完成转换开关的制作。

运行时，按下“转换开关”，M20=1；再按下“转换开关”，开关复位，M20=0。

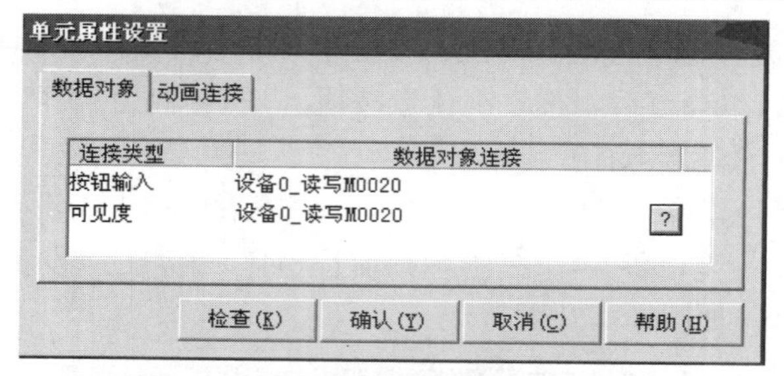

图 3-4-26　转换开关单元属性设置界面

4. 指示灯的制作

指示灯常用于指示设备的运行状态、电动机的正反转、高速或低速运行、星形起动或三角形起动，还有故障报警指示等。

（1）可见度类型

① 单击绘图工具箱中的插入元件图标，弹出“对象元件管理”对话框，选择所要类型的指示灯，按“确认”按钮后，在用户窗口界面上出现了指示灯图形。

② 双击“指示灯”，弹出“单元属性设置”对话框。

③ 单击对话框中的“数据对象”选项卡，再单击右侧的?按钮，弹出“变量选择”对话框，进行变量连接设置，如图 3-4-27 所示。

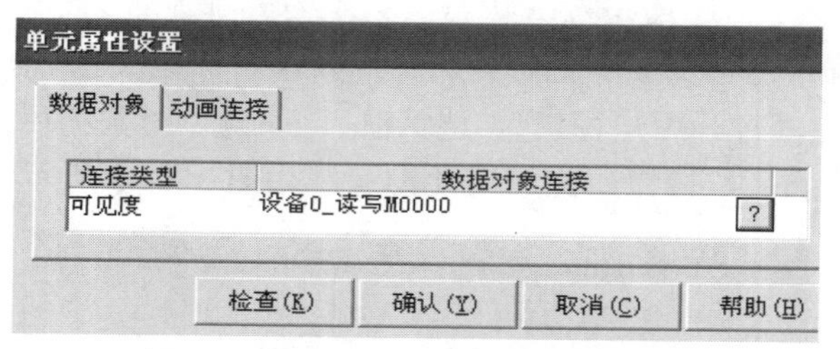

图 3-4-27　指示灯单元属性设置界面

（2）填充颜色类型

① 单击绘图工具箱中的插入元件图标，弹出“对象元件管理”对话框，选择所要类型的指示灯，按“确认”按钮后，在用户窗口界面上出现了指示灯图形。

② 双击“指示灯”，弹出“单元属性设置”对话框。

③ 单击对话框中的“数据对象”选项卡，再单击右侧的?按钮，弹出“变量选择”对话框，进行变量连接设置，如图 3-4-28 所示。

④ 返回界面，单击对话框中的“动画连接”按钮，再单击右侧的>按钮，弹出“动画组态设置”对话框，进行填充颜色设置。组态检查正确后，按“确认”按钮即可。

运行时，M7=0 时，指示灯为红色；M7=1 时，指示灯为绿色。

5. 输入框的制作

输入框常用于设备加工次数、加工深度、加工时间、加工周期等参数的设定。制作方法与步骤如下：

① 单击绘图工具箱中的输入框abl图标，在窗口中拖出一个大小合适的“输入框”图形。双击该图形，自动弹出“输入框构件属性设置”对话框，此对话框包括“基本属性”、“操作属性”、“可见度属性”3 个选项卡，如图 3-4-29 所示。

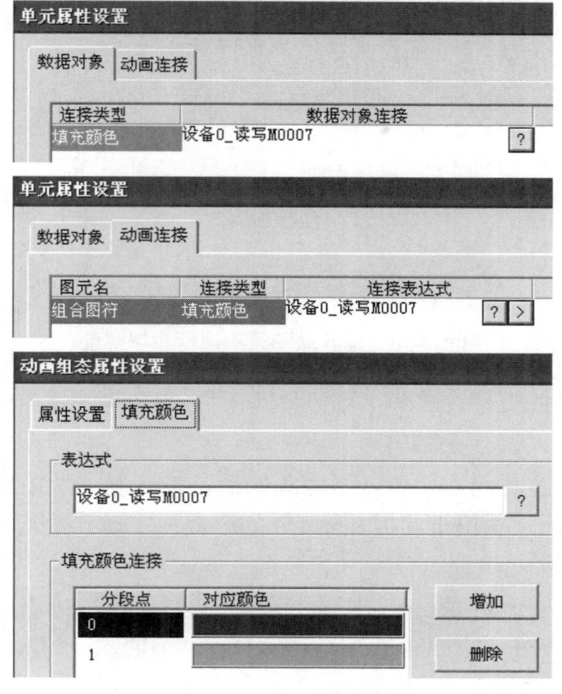

图 3-4-28　指示灯单元属性设置界面

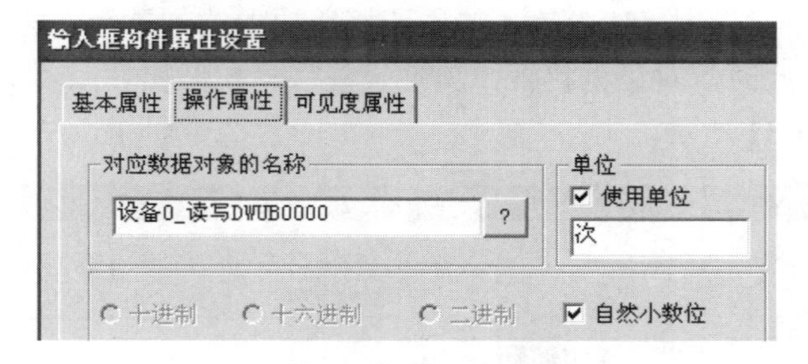

图 3-4-29　输入框构件属性设置界面

② 基本属性：设置输入框的背景颜色、字符颜色等。

③ 操作属性：单击对话框中的“操作属性”选项卡，再单击对应数据对象的名称右侧的?按钮，弹出“变量选择”对话框，设定对应数据对象的名称：设备 0_读写 DWUB0000。

④ 组态检查后，按“确认”按钮，完成输入框的制作。

6. 输出框的制作

输出框常用于实时显示设备加工过程的情况，用文字或数值表达信息。

（1）用标签 A 作输出框

单击工具箱中标签A图标后，在窗口中拖出一个大小合适的矩形框。双击它，弹出“标签动画组态属性设置”对话框，选中输入输出连接选项中的“显示输出”，此时对话框包含“属性设置”、“扩展属性”和“显示输出”三个选项卡，如图 3-4-30 所示。设置以下几项内容：

① 属性设置：填充颜色、边线颜色、字符颜色、边线线型等。

② 扩展属性：此项一般不需要设置。

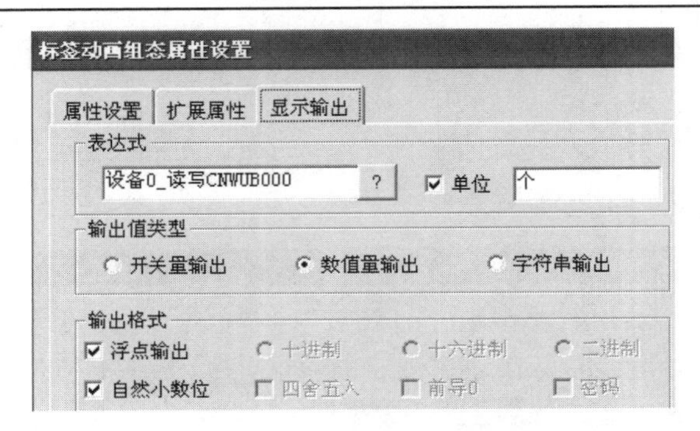

图 3-4-30 标签动画组态属性设置界面

③ 显示输出：输出值类型设定为“数值量输出”；单位为“次”；表达式为“设备 0_读写 CNWUB000”。

④ 按“检查”按钮进行组态检查，组态正确后，按“确认”按钮，完成输出框的制作。运行时，触摸屏画面上输出框实时显示 C0 的个数，实现计数功能。

（2）用多个标签 A 作输出框

用多个标签重叠而成的输出框可实时显示设备的运行状况，如用“停止”与“运行”，“无故障”与“故障保护”，“低速”、“中速”与“高速”，“10Hz”、“30Hz”、“50Hz”与“0Hz”等文字或数值表达信息。制作方法与步骤如下：

单击工具箱中标签图标后，在窗口中拖出一个大小合适的矩形框。双击它，弹出“标签动画组态属性设置”对话框，选中输入输出连接选项中的“显示输出”，选中特殊动画连接选项中的“可见度”。此时，对话框包含“属性设置”、“扩展属性”、“显示输出”、“可见度”四个选项卡，如图 3-4-31 所示。

图 3-4-31 标签动画组态属性设置界面 2

① 基本属性：填充颜色、边线颜色、字符颜色、边线线型等设置；选中“显示输出”和“可见度”。

② 扩展属性：文本内容输入栏填入“低速”（对应变量为 M30）。

③ 显示输出：表达式选择“设备 0_读写 M0030”；输出值类型为“开关量输出”。

④ 可见度：表达式选择“设备 0_读写 M0030”；当表达式非零时，选“对应图符可见”。

⑤ 组态检查，正确后按“确认”按钮，完成“低速”输出框的制作。

用同样的方法继续完成“中速”、“高速”等状态（每一个状态对应一个变量）的输出框，然后把这些输出框重叠在一起，即完成输出框的制作过程。

运行时，M30=1 时，输出框显示“低速”；M30=0 时，输出框则不显示“低速”。

7. 滚动条的制作

在设备正常运行或发生故障时，触摸屏画面上将设备发生的状况以字幕滚动形式呈现在画面上，以提醒操作人员。制作的方法与步骤如下：

① 单击绘图工具箱中滚动条 LED 图标后，在窗口中拖出一个大小合适的矩形图形 报警滚动条 。双击它，弹出“走马灯报警属性设置”对话框，对话框中有“基本属性”选项卡，如图 3-4-32 所示。设置：显示报警对象选择“设备 0_读写 M0007”；字体、前景色、背景色以及滚动设置等。

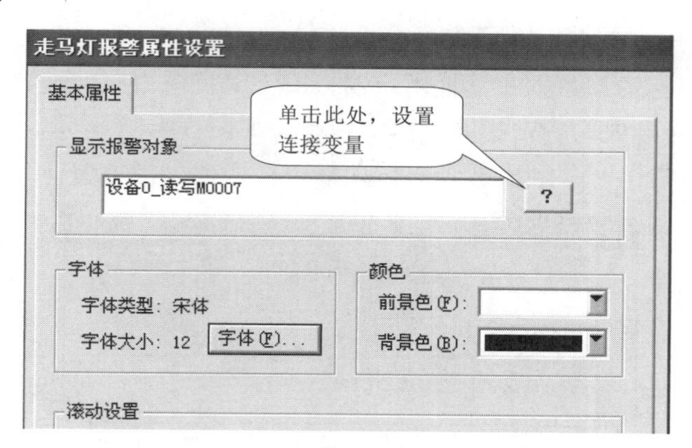

图 3-4-32　走马灯报警属性设置界面

② 回到工作台界面，单击“实时数据库”菜单，出现如图 3-4-33 所示的界面。

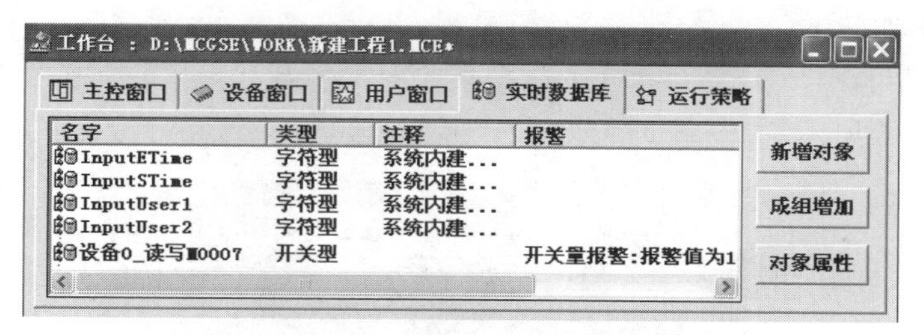

图 3-4-33　工作台实时数据库界面

③ 选中“设备 0_读写 M0007 开关型”这一行后，再单击右侧“对象属性”按钮，或右击该行内容选“属性”打开，或直接双击，均可弹出“数据对象属性设置”对话框，如图 3-4-34 所示。此对话框包含基本属性、存盘属性及报警属性三个选项卡。进行设置如下：

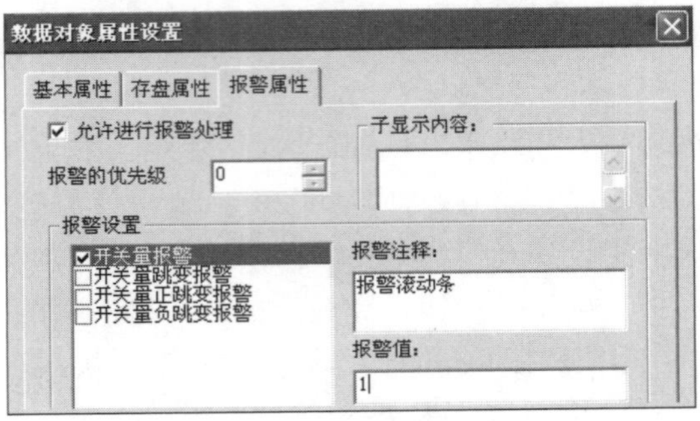

图 3-4-34　数据对象属性设置

基本属性：对象名称默认为“设备 0_读写 M0007”。

存盘属性：此项一般不需要设置。

报警属性：选中“允许进行报警处理”和报警设置中的“开关量报警”；报警注释栏中填写“报警滚动条”或其他内容（必须填写）；报警值填写“1”。

④ 组态检查正确后，按“确认”按钮，完成报警滚动条的设置。

运行时，当 M0007=1 时，“报警滚动条”字样开始滚动起来。

8. 画面自动翻页的制作

(1)“循环脚本”法

若“窗口 1”为目标窗口，则在其他用户窗口的“用户窗口属性设置”对话框中的“循环脚本”选项卡下的编辑框内均编辑相同的脚本程序，如图 3-4-35 所示。

运行时，当 M0007=1 时，触摸屏画面自动翻页，切换至指定窗口 1。

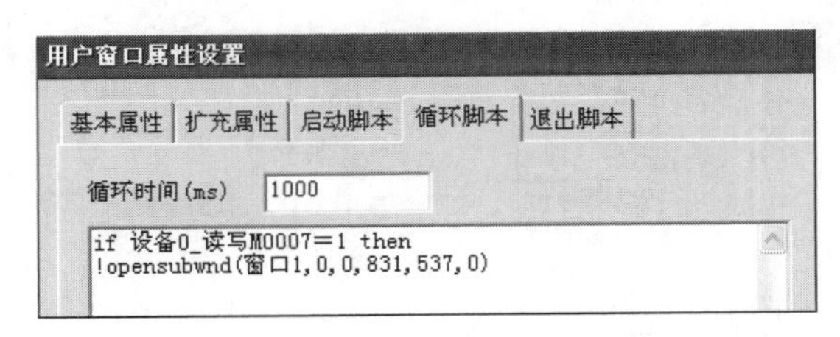

图 3-4-35　用户窗口属性设置循环脚本程序格式

(2)“事件策略”法

设置方法与步骤如下：

① 在工作台界面中，单击“运行策略”菜单→“新建策略”，弹出“选择策略的类型”对话框，如图 3-4-36 所示。

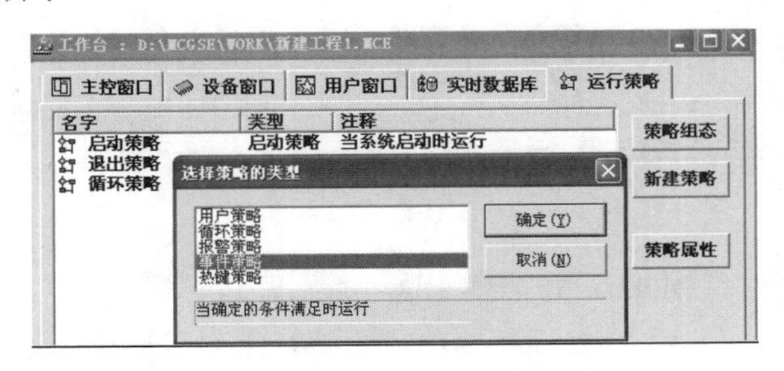

图 3-4-36　选择策略类型对话框

② 选中“事件策略”项，按“确定”按钮，返回工作台界面，如图 3-4-37 所示。

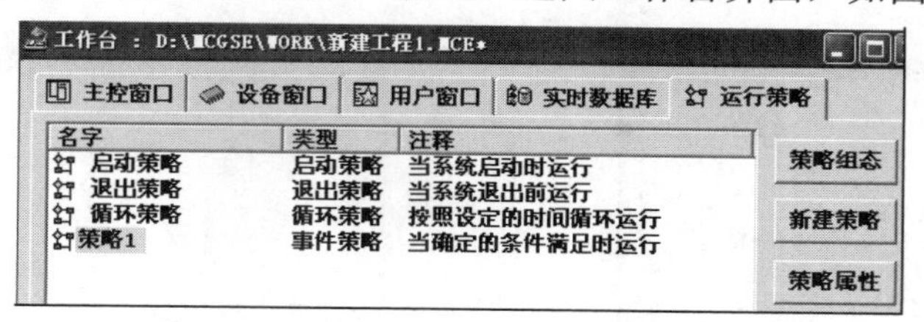

图 3-4-37　工作台运行策略界面

③ 单击“策略 1”→“策略组态”或直接双击“策略 1”，均可弹出如图 3-4-38 所示的对话框，进行策略组态的设置。

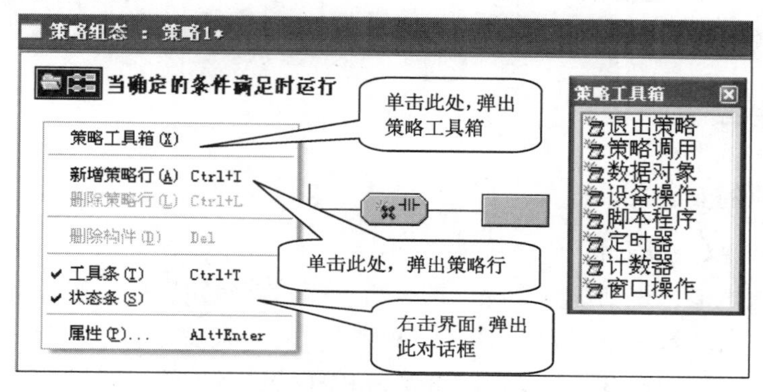

图 3-4-38　策略组态界面

④ 单击“策略 1”→“策略属性”，或右击图 3-4-38 中的“当确定的条件满足时运行”→单击“属性”，均可弹出“策略属性设置”对话框，如图 3-4-39 所示。

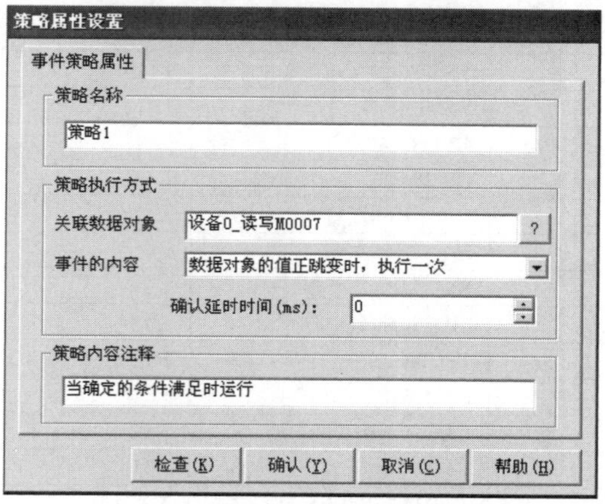

策略属性设置
事件策略属性
策略名称：策略1
策略执行方式
关联数据对象：设备0_读写M0007
事件的内容：数据对象的值正跳变时，执行一次
确认延时时间(ms)：0
策略内容注释：当确定的条件满足时运行
检查(K)　确认(Y)　取消(C)　帮助(H)

图 3-4-39　策略属性设置

⑤ 双击图标，弹出“表达式”对话框，如图 3-4-40 所示。设置表达式为“设备 0_读写 M0007”；条件设置为“表达式的值非 0 时条件成立”。

⑥ 选中图标，然后光标移至策略工具箱，双击“窗口操作”键，原图标变成新图标，双击，弹出“窗口操作”对话框，如图 3-4-41 所示。打开窗口选“窗口 1”（目标窗口）；关闭窗口选“窗口 0”。

运行时，当 M0007=1 时，触摸屏画面自动翻页，切换至窗口 1。

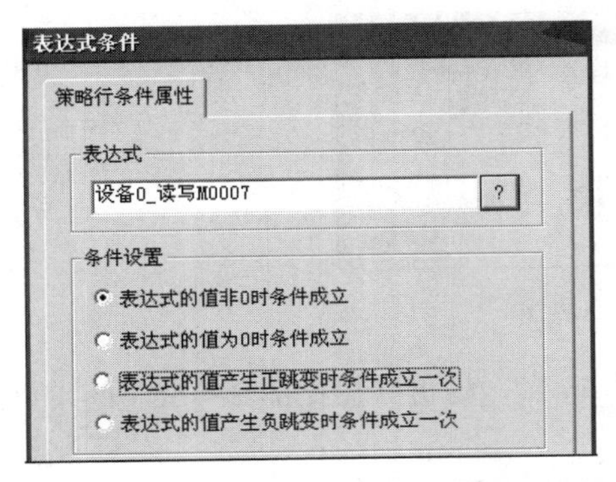

图 3-4-40　策略行条件属性设置

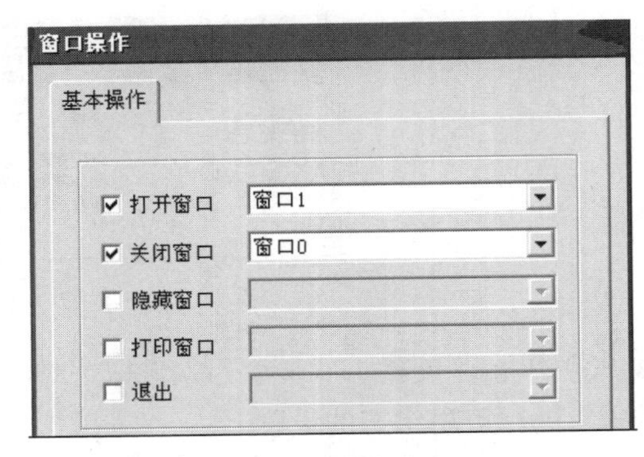

图 3-4-41　窗口操作设置

完成工作任务指导

一、控制电路的安装

1. 准备工具、仪表及器材

（1）工具：测电笔、电动旋具、螺丝刀、尖嘴钳、剥线钳、压线钳等电工常用工具。

（2）仪表与设备：数字万用表、YL-156A 型实训考核装置。

（3）器材：行线槽、ϕ20PVC 管、1.5mm^2 红色和蓝色多股软导线、1.5mm 黄绿双色 BVR 导线、0.75mm^2 黑色和蓝色多股导线、冷压接头 SVϕ1.5-4、端针、缠绕带、捆扎带。其他所需的元器件见表 3-4-4。

表 3-4-4　元器件清单表

序号	名称	型号/规格	数量
1	三相异步电动机	YS5024(Y-△)带离心开关	1 台
2	三相异步电动机	YS5024(Y-△)	1 台
3	两相混合式步进电机	42BYG5403	1 台
4	步进驱动器	HS-20403	1 台
5	汇川 PLC 主模块	H_{2U}-1616MT	1 台
6	汇川 PLC 扩展模块	H_{2U}-0016ERN	1 台
7	PLC 通信线	RS-232	1 条
8	汇川变频器	MD280NT0.7	1 台
9	昆仑通泰触摸屏	TPC7062K	1 只
10	塑壳开关	NM1-63S/3300 20A	1 只
11	接触器	CJX2-0910/220V	3 只
12	辅助触头	F4-22	2 只
13	热继电器	JRS1D-25F 0.4A	1 只
14	行程开关	YBLX-ME/8104	3 只
15	电感式传感器	GH1-1204NA	1 只
16	接线端子排	TB-1512	3 条
17	安装导轨	C45	若干
18	按钮	LA68B-EA35/45	起动 1 只（绿）、停止 1 只（红）、急停 1 只（红）
19	选择开关（3 挡）	SB2-ED33	1 只
20	指示灯	AD58B-22D 220V	1 只
21	电气控制箱箱体	720mm×280mm×850mm	1 只

2. 固定安装元器件

（1）元器件的选择与检测

根据如图 3-4-2 所示的电气原理图，核对表 3-4-4 中所列的元器件，对各元器件进行型号、外观、质量等方面的检测。

（2）元器件的安装

根据电器元件布置图在电气控制板上固定安装元器件，如图 3-4-42（a）所示。

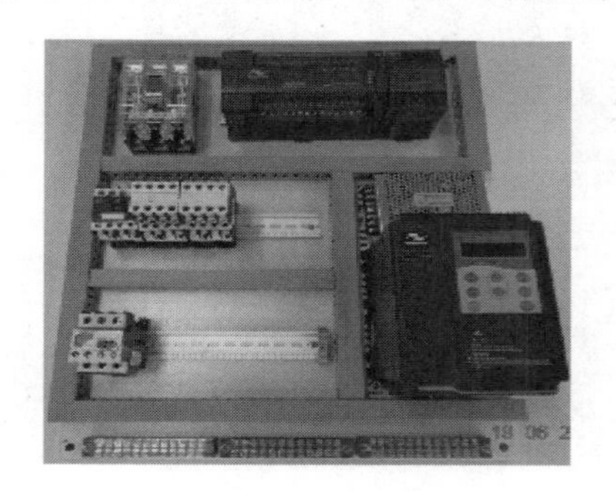

（a）安装固定元器件

（b）主电路接线

（c）控制电路接线

（d）面板器件接线

（e）箱内进出线接线

（f）电动机接线

图 3-4-42　电气控制电路安装过程

3. 连接线路

根据电气原理图和元器件布置图，按接线工艺规范要求完成：

（1）控制电路板上的主电路部分的接线，如图 3-4-42（b）所示；

（2）控制电路板上的控制电路部分的接线，如图 3-4-42（c）所示；

（3）面板上器件的接线、箱内进出线的接线，如图 3-4-42（d）、（e）所示；

（4）连接三相异步电动机，如图 3-4-42（f）所示。

在编写触摸屏、PLC 控制程序之前，先对接好的电路进行检测，操作方法如图 3-4-43 所示。

（a）控制板电路检测

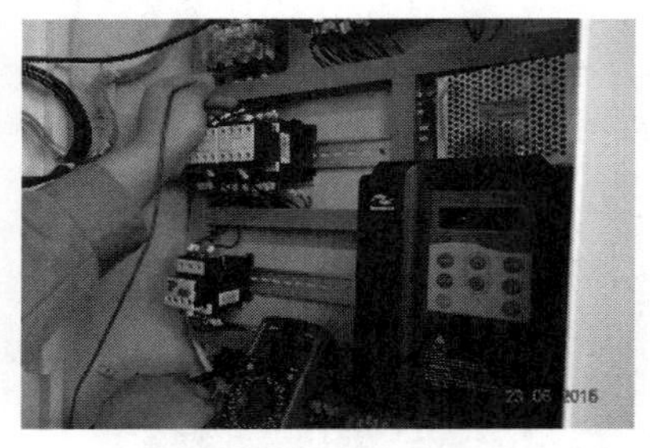
（b）整体电路检测

图 3-4-43　通电前进行电路的检测

二、触摸屏程序的编写

1. 定义变量名称

根据如图 3-4-1 所示的触摸屏控制画面，主界面和监控界面共有 4 个按钮、13 个指示灯及 18 个标签。根据控制要求，设置各个变量的名称见表 3-4-5。

表 3-4-5　定义变量名称

序号	名称	变量	触摸屏构件	序号	名称	变量	触摸屏构件
1	起动按钮	M10		10	低速（Y）	Y31	
2	停止按钮	M11		11	高速（△）	Y30	
3	下一页	--	下一页	12	正转（M2）	Y2	
4	返回	--	返回	13	反转（M2）	Y3	
5	系统指示	M0		14	高速（M2）	Y4	
6	M1 过载指示	M30		15	低速（M2）	Y5	
7	工件掉落	M20		16	正转（M3）	M21	
8	单周期运行	M1		17	反转（M3）	M22	
9	连续运行	M2		18	标签	--	XXX

2. 设备组态

在选择好 TPC 类型“TPC7062K”后，进行设备组态：

① 设置通用串口父设备属性，方法如图 3-4-11 所示。

② 设置设备属性值，方法如图 3-4-12 所示。

③ 增加设备通道，设置基本属性，方法如图 3-4-13 所示。

④ 连接变量的命名，方法如图 3-4-14 所示。

设备组态连接变量与通道名称见表 3-4-6。

表 3-4-6　连接变量与通道名称表

索引	连接变量	通道名称	通道处理
0000		通讯状态	
0001	正转	读写Y0002	
0002	反转	读写Y0003	
0003	高速	读写Y0004	
0004	低速	读写Y0005	
0005	三角	读写Y0030	
0006	星形	读写Y0031	
0007	运行指示	读写M0000	
0008	单周期	读写M0001	
0009	连续周期	读写M0002	
0010	启动	读写M0010	
0011	停止	读写M0011	
0012	工件掉落	读写M0020	
0013	正转M3	读写M0021	
0014	反转M3	读写M0022	
0015	过载	读写M0030	

增加设备通道　删除设备通道　删除全部通道　快速连接变量　删除连接变量　删除全部连接　通道处理设置　设备组态检查　确　认

3. 动画组态

设置组态主要包括常规、属性、动画、事件等内容。

（1）标签

以“××设备操作及报警界面”为例，标签制作的方法与步骤如下：

① 单击窗口 0→单击工具箱中标签 A 图标→在窗口中拖出一个大小合适的矩形框。双击，弹出“标签动画组态属性设置”对话框，如图 3-4-44 所示。

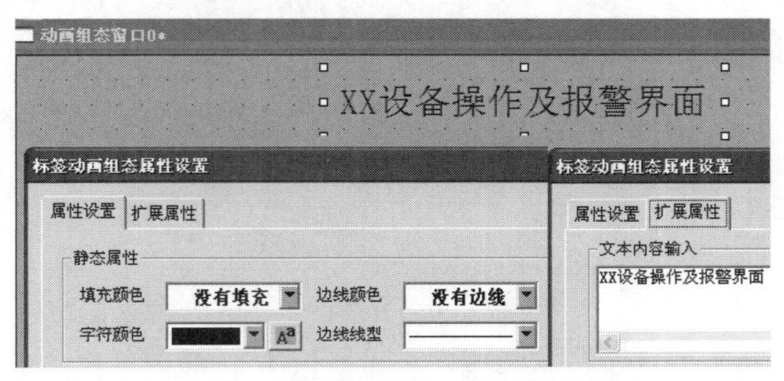

图 3-4-44　标签动画组态属性设置

② 单击“属性设置”选项卡，设置填充颜色、边线颜色、字符颜色、边线线型等内容。

③ 单击“扩展属性”选项卡，设置文本内容输入，即“××设备操作及报警界面”。

④ 按“检查”按钮进行组态检查，组态正确后，单击“确认”按钮，完成标签的制作。

“M1 过载指示”、“工件掉落”等其他标签，请读者自行完成设置。

（2）按钮

以“起动”按钮为例，按钮制作的方法与步骤如下：

① 单击窗口 0→单击工具箱中标准按钮图标→在窗口中拖出一个大小合适的矩形框。双击，弹出“标准按钮构件属性设置”对话框，如图 3-4-45 所示。

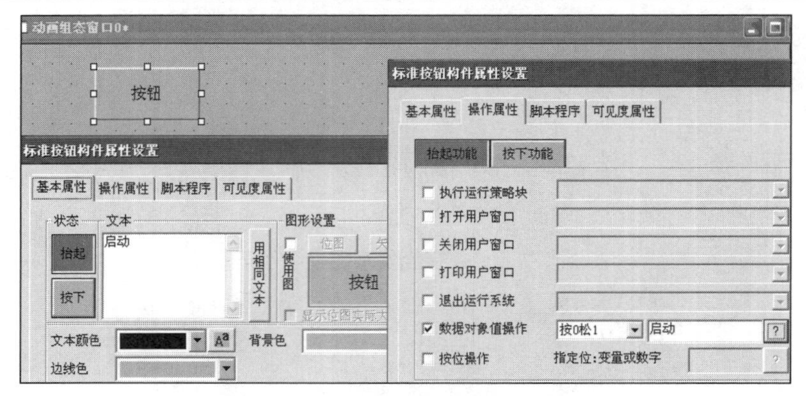

图 3-4-45 标准按钮构件属性设置界面

② 单击“基本属性”选项卡，设置文本、文本颜色、边线色、背景色等内容。

③ 单击“操作属性”选项卡，数据对象值操作选“按 1 松 0”、“起动”，变量选择方式采用“从数据中心选择 | 自定义”方式。

④ 按“检查”按钮进行组态检查，组态正确后，单击“确认”按钮，完成按钮的制作。

“停止”按钮的制作方法与“起动”按钮相同，只是文本及变量名称不同，请读者自行完成设置。

（3）指示灯

以“系统指示”灯为例，指示灯制作的方法与步骤如下：

① 单击绘图工具箱中的插入元件图标，弹出“对象元件管理”对话框，选择所要类型的指示灯，按“确认”按钮后，在用户窗口界面上出现了指示灯图形。

② 双击“指示灯”，弹出“单元属性设置”对话框，如图 3-4-46 所示。

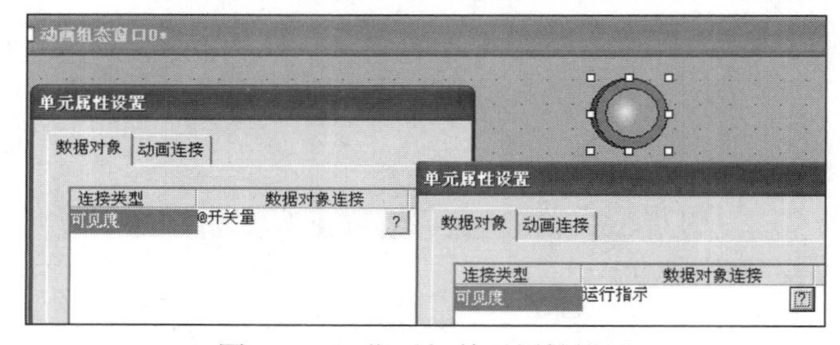

图 3-4-46 指示灯单元属性设置

③ 单击“数据对象”选项卡，再单击右侧的?按钮，弹出“变量选择”对话框，进行变量连接设置，采用“从数据中心选择 | 自定义”方式，按“确定”按钮后，回到如图 3-4-46 所示界面。

④ 按“检查”按钮进行组态检查，组态正确后，单击“确认”按钮，完成指示灯的制作。

其他指示灯，如“M1 过载指示”、“工件掉落”等，与“系统指示”灯的制作方法相同，只是数据对象连接变量不同而已，请读者自行完成设置。

（4）“下一页”按键

以“下一页”按钮为例，自动翻页切换画面按键制作的方法与步骤如下：

① 单击窗口 0→单击工具箱中标准按钮图标→在窗口中拖出一个大小合适的矩形框。双击，弹出“标准按钮构件属性设置”对话框，如图 3-4-47 所示。

② 单击“基本属性”选项卡，设置文本、文本颜色、边线色、背景色等内容。

③ 单击“操作属性”选项卡，选中“打开窗口”项，选“窗口 1”；选中“关闭窗口”项，选“窗口 0”。

④ 按“检查”按钮进行组态检查，组态正确后，单击“确认”按钮，完成按键的制作。“返回”键的制作方法与“下一页”键相同，请读者自行完成设置。

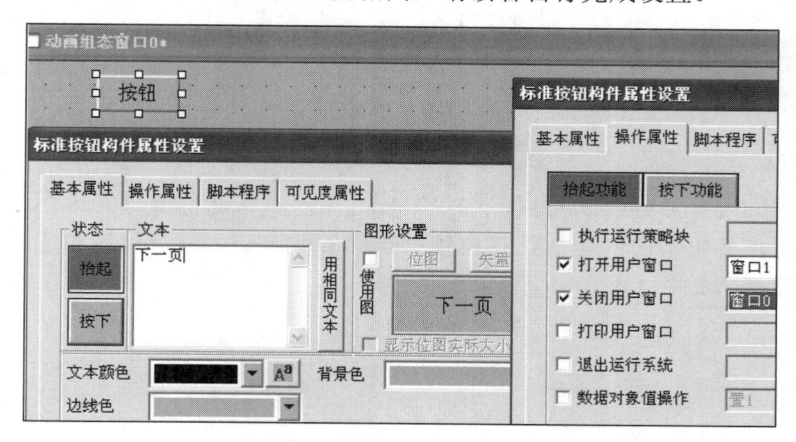

图 3-4-47　“下一页”标准按钮构件属性设置界面

三、参数设置

1. 变频器参数设置

根据任务要求，电动机能以 50Hz、15Hz 两种频率运行，电动机起动及停止时间均设定为 1.5s。需要设置的变频器参数及相应的设定值见表 3-4-7。

表 3-4-7　需要设置的变频器参数

序号	参数号	设定值	说明
1	FP-01	1	恢复出厂设置（初始化）
2	F0-00	1	命令源选择
3	F0-01	4	频率源选择
4	F0-04	100	最大频率
5	F0-06	100	上限频率数值设定
6	F0-09	1.5	加速时间 1
7	F0-10	1.5	减速时间 1
8	F2-02	13	DI3 端子功能（多段速端子 1）
9	F2-03	14	DI4 端子功能（多段速端子 2）
10	F2-04	15	DI5 端子功能（多段速端子 3）
11	F8-02	50	多段速 1
12	F8-03	15	多段速 2

2. 步进驱动器参数设置

步进驱动器输出电流设定为 1.2A；细分设定为 2 细分。

四、PLC 控制程序的编写

1. 分析控制要求，画出自动控制的工作流程图

分析控制要求，不难画出自动控制过程的工作流程图，如图 3-4-48 所示。

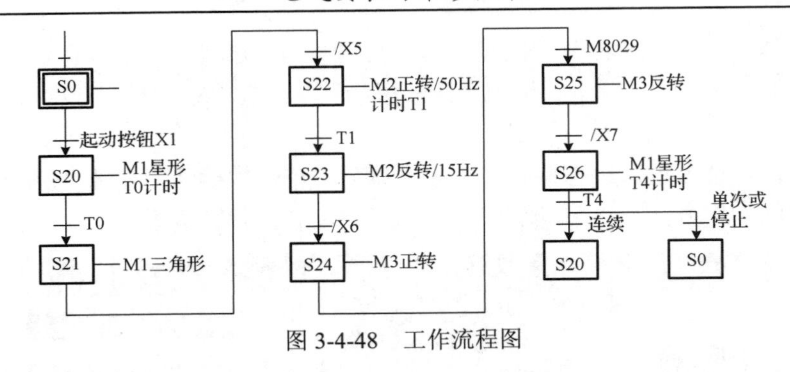

图 3-4-48 工作流程图

2. 编写 PLC 控制程序

根据所画出的工作流程图的特点，确定编程思路。本次任务要求的工作过程是按下起动按钮后开始运行，各电动机的运行状态由各个转移条件决定，分单周期和连续运行方式。步进指令的梯形图程序如图 3-4-49 所示。

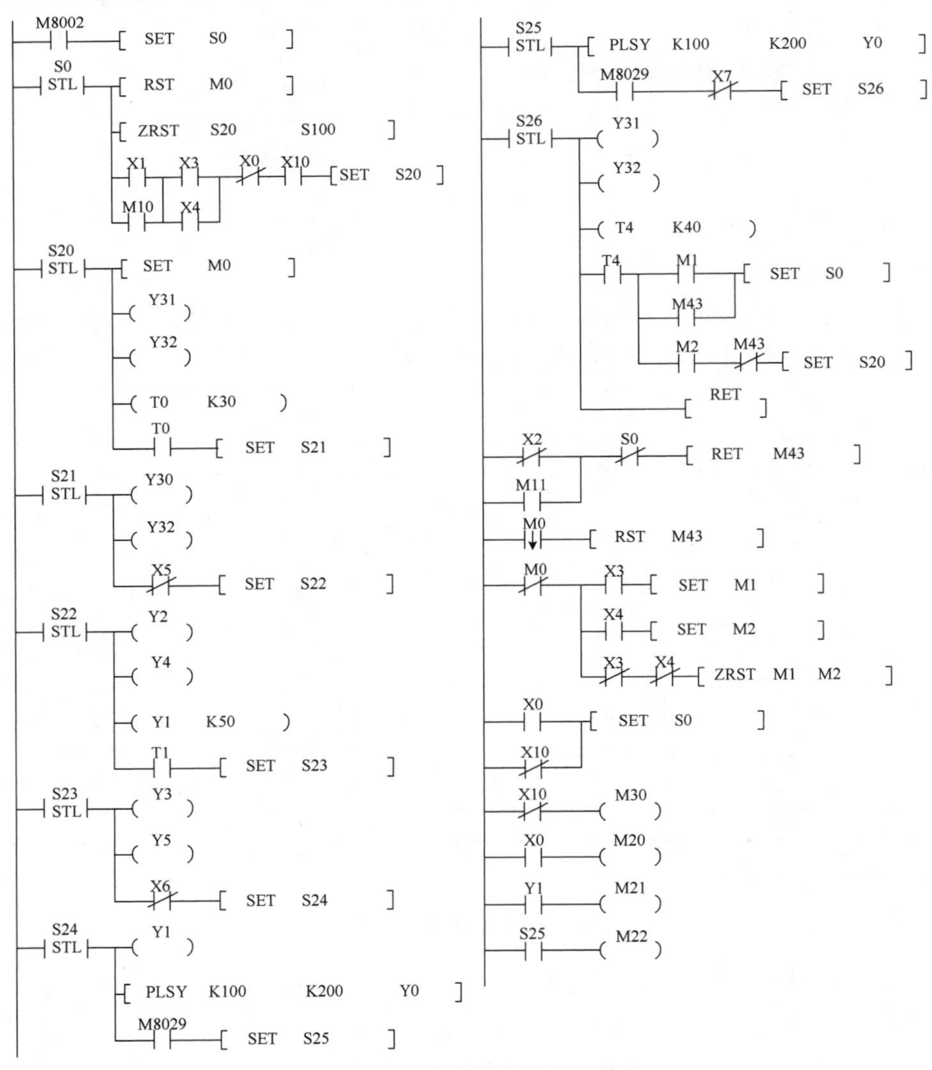

图 3-4-49 步进指令梯形图程序

五、控制电路的调试

控制电路的调试应包括线路检查、参数设置、程序下载和通电试车。

1. 线路检查

根据原理图对线路进行检查：首先检查连接线路是否达到工艺要求，是否有漏接线或导线连接错误，端子压接是否牢固；然后，用万用表检查线路，如图 3-4-43 所示。断电情况下进行检测：

（1）检测电路是否存在短路故障。

（2）检测电路的基本连接是否正确。

（3）必要时还要用兆欧表测量电动机绕组等带电体与金属支架之间的绝缘电阻。

2. 程序下载

接通电源总开关，连接电脑和触摸屏及 PLC 之间的通信线，下载程序。

3. 参数设置

（1）根据表 3-4-7 所示的变频器参数设定值进行设定，如图 3-4-50（a）所示。

（2）设定步进驱动器输出电流为 1.2A，细分为 2 细分，如图 3-4-50（b）所示。

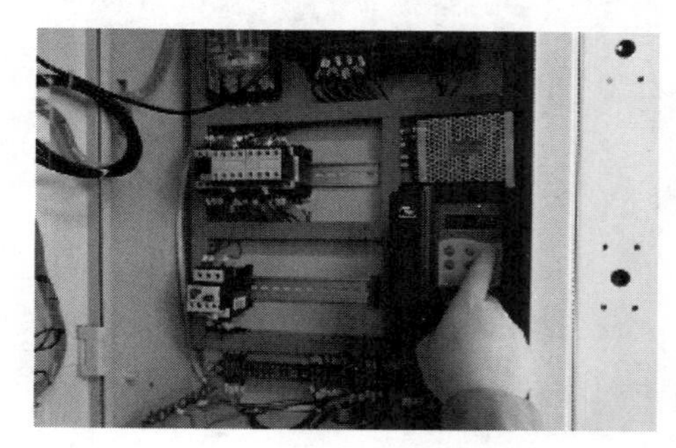

（a）变频器参数设置

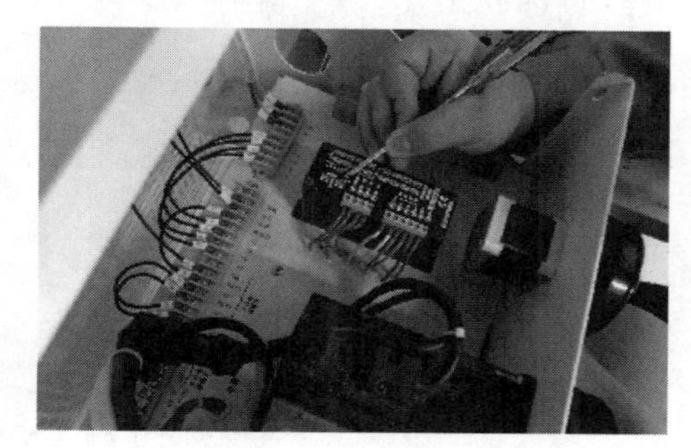

（b）断电后设置步进驱动器参数

图 3-4-50　变频器及步进驱动器参数设置

4. 通电试车

通电试车的操作方法和步骤如下：

（1）闭合电气控制箱内塑壳开关，接通控制板电源，再次确认设备是否正常。

（2）通电正常后，按控制说明书的要求操作电路。

① 将转换开关 S4 打到左边（单次），按下起动按钮 S2（或触摸屏“起动”），触摸屏运行指示灯点亮，电动机 M1 星形起动，3s 后，电动机 M1 自动切换为三角形运行。

② 按下行程开关 S5，电动机 M1 停止，电动机 M2 以 50Hz 高速正转起动，5s 后，M2 以 15Hz 低速反转。

③ 按下行程开关 S6，电动机 M2 停止，电动机 M3 正转半圈，再反转半圈，停止。

④ 按下行程开关 S7，电动机 M1 星形起动，4s 后，电动机 M1 停止。加工结束。

若转换开关 S4 打到右边（连续），4s 后，设备又开始下一周期的运行。

⑤ 运行中，按下停止按钮 S3（或触摸屏“停止”），电动机等待加工周期结束后停止。

⑥ 运行中，人为断开热继电器 B1 常闭触点，电动机立即停止。

⑦ 运行中，按下急停按钮 S8，PLC 电源被切断，电动机停止。同时，指示灯 HL1 点亮。

通电试车中，应注意观察 PLC、变频器、触摸屏、接触器吸合情况，各电动机的运行是否符合控制要求。

（3）通电试车成功后，断开塑壳开关，断开设备总电源。整理工具和清理施工现场卫生。

通电试车操作过程如图 3-4-51 所示。

（a）按下起动按钮

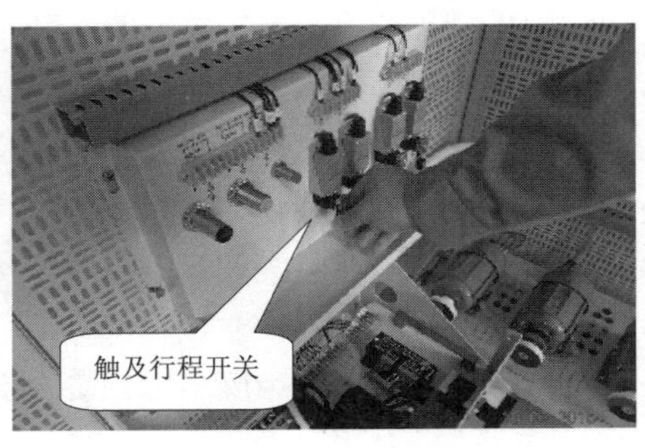

（b）触及行程开关

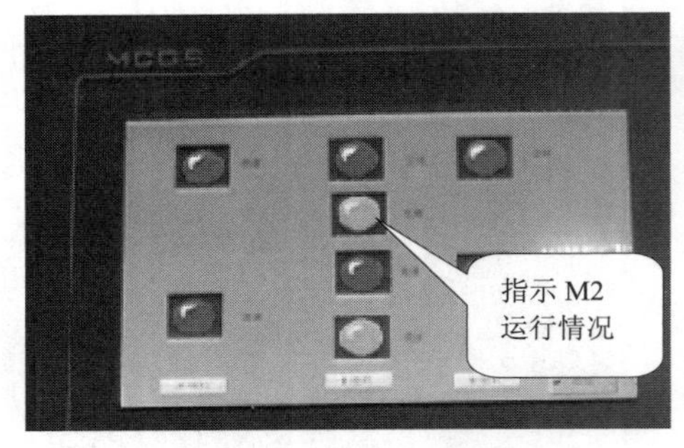

（c）触摸屏指示运行情况

（d）观察电动机运行情况

图 3-4-51　通电试车操作过程

安全提示：

通电试车前要检查安全措施，通电试车时应有人监护，要遵守安全操作规程。出现故障时要停电检查，并挂警示牌。

【思考与练习】

1．在图 3-4-2 所示的电气原理图中，PLC 输出端的 K2、K3 动断（常闭）触点可不可以不接？为什么？

2．你认为热继电器的动断触点是接在 PLC 的输入端口好，还是接在输出端口好？为什么？还有别的方法吗？

3．本次工作任务中，误将一台双速电动机当做 M1 电动机使用，通电试车时会发生什么现象？为什么？

4．本次工作任务中，通电试车时，发现电动机 M1、M2 的转动方向均与控制说明书要求的方向相反，怎样调整电路？

5．步进电动机的转速与脉冲频率的关系为“频率=200×细分×转速（r/s）”，试证明。

6．本次工作任务中，要求电动机 M3 的转速为 0.25r/s，步进驱动器设定为 2 细分。根据控制要求，试计算 PLC 程序中脉冲指令中的脉冲频率和脉冲数量。

7．请填写完成电动机控制线路安装与调试工作任务评价表 3-4-8。

表 3-4-8　电动机控制线路安装与调试工作任务评价表

序号	评价内容	配分	评价标准	自我评价	老师评价
1	器件选择与安装	10	（1）器件选择、安装位置与图纸不相符，扣 1 分/个； （2）器件安装不牢固，扣 1 分/处 （最多可扣 10 分）		
2	接线工艺	30	（3）控制板上的连接导线不按工艺规范要求接线，扣 1 分/处； （4）面板上按钮及指示灯接线不符合工艺规范要求的，扣 1 分/处； （5）引入与引出线不规范的，扣 1 分/处 （最多可扣 30 分）		
3	传感器行程开关模块及电动机模块接线	10	（6）传感器行程开关模块、电动机模块、步进电动机模块等的安装及接线不符合规范要求，扣 1 分/处 （最多可扣 10 分）		
4	通电试车	40	（7）步进驱动器、变频器参数设定不正确，扣 1 分/处； （8）按下起动按钮（或触摸屏上），电动机无法起动，扣 20 分； （9）各电动机运行状态与控制要求不相符，扣 3 分/处； （10）运行中按下停止按钮（或触摸屏上），电动机不能停止，扣 10 分； （11）电路保护功能不起作用的，扣 5 分/处 （最多可扣 30 分）		
5	安全施工、文明生产	10	（12）遵守安全操作规程，违者扣 2 分/次； （13）材料摆放规范、整齐，违者扣 3 分； （14）完成任务，清理现场，未完成好的扣 5 分 （最多可扣 10 分）		
	合计	100			

项目四　机床电气控制电路故障的排除

机床电气控制电路是机床的重要组成部分，它能起到控制电动机的运行、制动、反转、调速等作用，保证机床各运行部件的准确和协调动作，以满足生产工艺的要求。因此，为了保证机床电气设备的安全运行，必须做好机床控制电路的维护与保养。

本项目通过完成CA6140车床电气控制电路故障的排除、T68镗床电气控制电路故障的排除、M7120平面磨床电气控制电路故障的排除、X62W万能铣床电气控制电路故障的排除这四个工作任务，了解常用机床电气控制的工作原理，识读并理解常用机床电路原理图；学会分析机床电气控制电路故障的原因，掌握排除电路故障的一般方法。

任务一　CA6140车床电气控制电路故障的排除

工作任务

根据CA6140车床电气控制原理图，排除CA6140车床电气控制电路板上所设置的故障：

① 接通电源，通电指示灯HL不亮，控制回路均失效；

② 主轴电动机不能起动，但刀架快速移动电动机能起动；

③ 主轴电动机不能起动。

请根据以上故障现象完成以下工作任务：

① 排除电气控制电路的故障，使该电路能正常工作。

② 按要求填写维修工作票。

在完成工作任务的过程中，请严格遵守电气维修的安全操作规程。

知识链接

一、CA6140车床电气控制电路工作原理

1．CA6140车床的主要结构和运动形式

CA6140型车床是一种应用极其广泛的金属切削机床，它能车削内外圆、端面、螺纹，并可用钻头、绞刀、镗刀等刀具进行加工。

CA6140车床的主要结构及外形图如图4-1-1所示。车床主要有三种运行形式：

（1）主轴上的卡盘和顶尖带着工件的旋转运动，称为主运动。

（2）溜板带着刀架的直线运动，称为进给运动。

（3）刀架的快速直线运动，称为辅助运动。

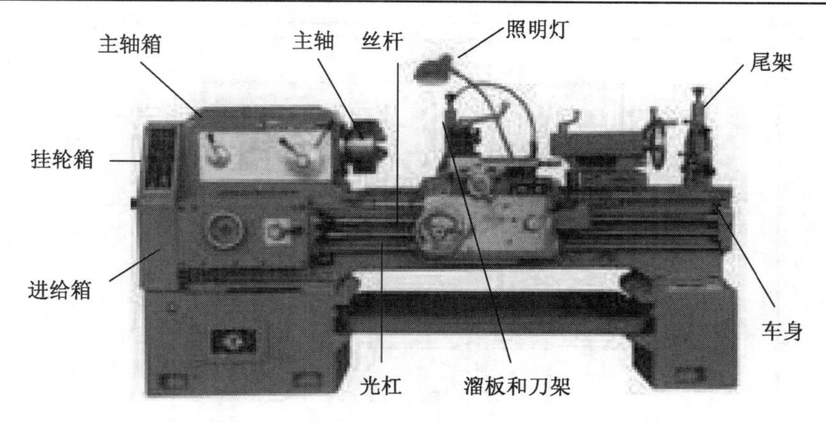

C—车床；A—结构特性代号；6—落地卧式车床组；1—卧式车床系；40—主参数折算值

图 4-1-1　CA6140 车床的外形图

2. 主电路分析

三相电源由电路模板上的接线端子引入，经过带漏电保护的空气开关 QS1 控制整个电路的电源。熔断器 FU1 起到整个电路的短路保护。主电路中有三台电动机。

（1）主轴电动机 M1

主轴电动机 M1 由交流接触器 KM1 控制起动和停止，热继电器 FR1 作为 M1 的过载保护。主轴电动机 M1 直接起动，单方向运转，用于带动主轴旋转及刀架作进给运动。

（2）冷却泵电动机 M2

冷却泵电动机 M2 由交流接触器 KM2 控制起动和停止，热继电器 FR2 作为它的过载保护。只有在主轴电动机 M1 起动后，冷却泵电动机 M2 才能起动。冷却泵电动机用于向刀具、工件输送冷却液，以防止刀具和工件的温升过高。

（3）刀架快速移动电动机 M3

刀架快速移动电动机 M3 通过交流接触器 KM3 接通三相电源，控制起动和停止。因快速移动电动机 M3 是短期工作，故可不设过载保护。

3. 控制电路分析

CA6140 车床电气控制原理图如图 4-1-2 所示。控制电路电源由控制变压器 TC 提供两组输出电压：一组为 127V，用于交流接触器线圈的控制电压；另一组为 36V，用于照明灯 HL 及指示灯 HL1、HL2、HL3 的工作电压。

（1）主轴电动机 M1 的控制

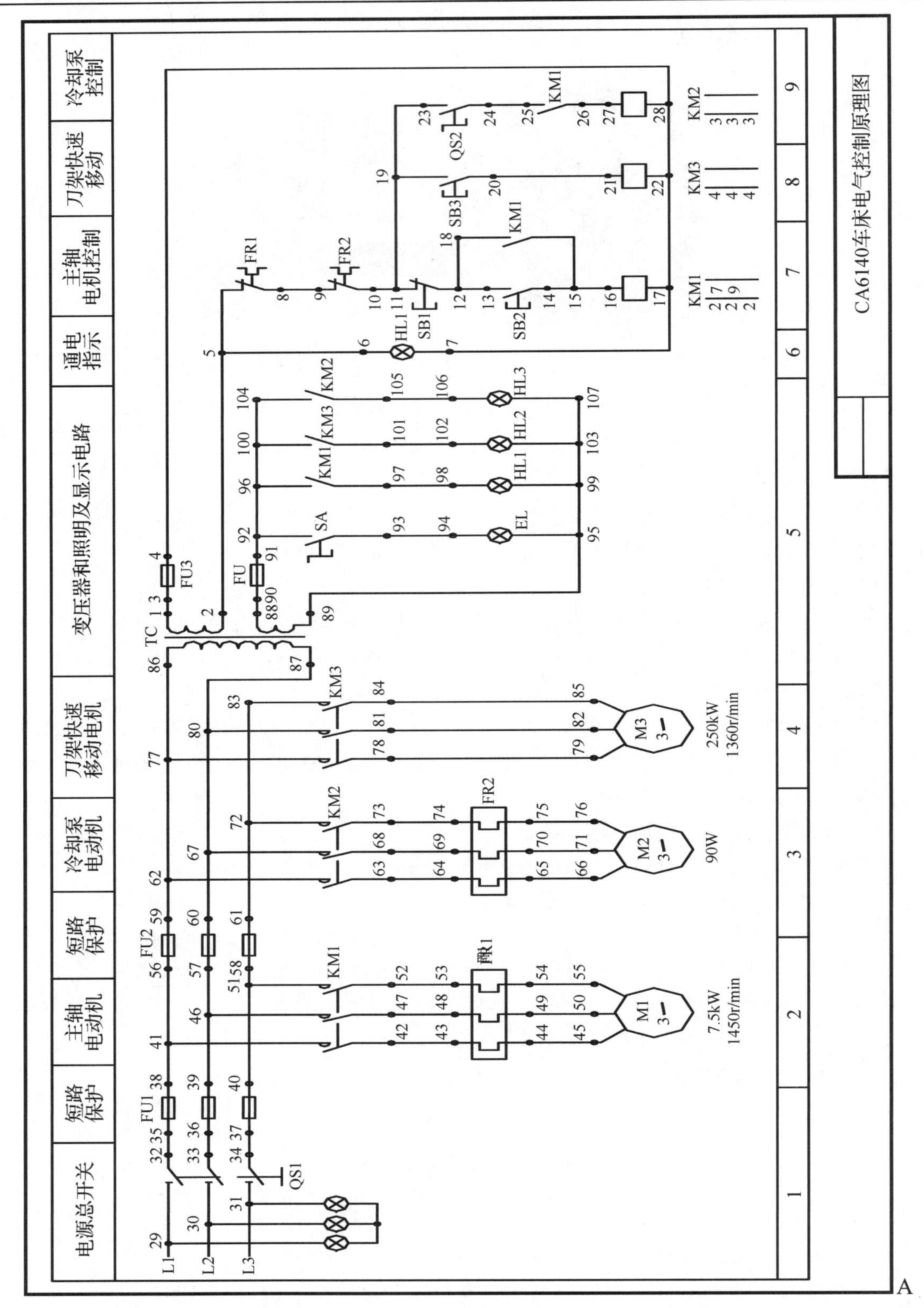

图 4-1-2 CA6140 车床电气控制原理图

（2）冷却泵电动机 M2 的控制

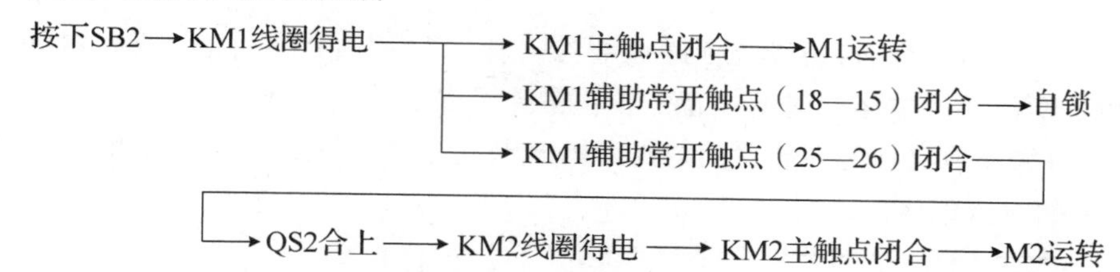

按下 SB1 或断开 QS2，冷却泵电动机 M2 停止运转。

（3）刀架快移电动机 M3 的控制

按钮 SB3 与交流接触器 KM3 组成点动控制环节，按下 SB3，交流接触器线圈 KM3 得电，KM3 主触点吸合，M3 运转，刀架快速移动；释放 SB3，KM3 线圈失电，KM3 主触点断开，M3 停止运转，即刀架停止移动。

4．照明和信号灯电路的控制

（1）照明与显示

控制变压器 TC 副边输出一组 36V 电压，为照明灯 EL 及电动机运行指示灯 HL1、HL2、HL3 提供电源，由开关 SA 控制；FU4 熔断器作短路保护。

（2）通电指示

控制变压器 TC 副边输出一组 127V 电压，为控制电路及通电指示灯 HL 提供电源，由 FU3 作短路保护。

二、CA6140 车床典型故障

YL-156A 实训装置中机床电路板所设置的典型故障，见表 4-1-1。

表 4-1-1　CA6140 所设置的典型故障

故障序号	故障点	故障描述
1	（038，041）	全部电动机均缺一相，所有控制回路失效
2	（049，050）	主轴电动机缺一相
3	（052，053）	主轴电动机缺一相
4	（060，067）	M2、M3 电动机缺一相，控制回路失效
5	（063，064）	冷却泵电动机缺一相
6	（075，076）	冷却泵电动机缺一相
7	（078，079）	刀架快速移动电动机缺一相
8	（084，085）	刀架快速移动电动机缺一相
9	（002，005）	除照明灯外，其他控制均失效
10	（004，028）	控制回路失效
11	（008，009）	指示灯亮，其他控制均失效
12	（015，016）	主轴电动机不能起动
13	（017，022）	除刀架快移动控制外其他控制失效
14	（020，021）	刀架快移电动机不起动，刀架快速移动失效
15	（022，028）	机床控制均失效
16	（026，027）	主轴电动机起动，冷却泵控制失效，QS2 不起作用

三、机床电气控制电路故障排除

在进行机床排故操作时，需要做到“眼看”、“耳听”：眼看指示灯的亮暗、电动机的运转；耳听电动机、交流接触器运行时的声音是否正常，可以帮助找到故障的部位。

结合 YL-156A 型实训考核装置的特点，机床电气控制电路排故的方法和操作步骤可按如图 4-1-3 所示的流程图执行。

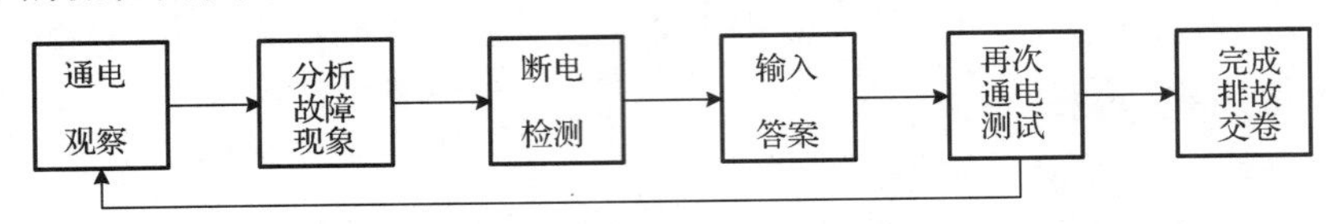

图 4-1-3　机床排故操作流程图

四、智能答题器的使用

1. 智能答题器

机床排故实训设备的故障点设置是由答题器上的单片机控制的，与智能答题器配套使用，只需要把故障点的正确答案输入到答题器即可把故障排除。

智能答题器的面板主要由数码管及按键组成，数码管显示题号和故障信息，按键用于输入答案等操作。智能答题器的面板如图 4-1-4 所示。

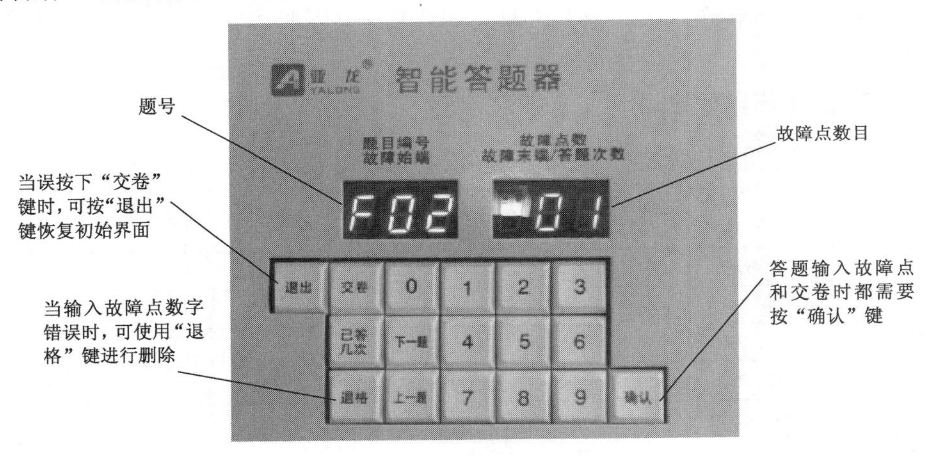

图 4-1-4　智能答题器的面板

2. 智能答题器的使用

智能答题器的使用方法和操作步骤如下：

① 将答题器的数据线与机床电路板数据接口连接，将答题器的工作电源与 5V 电源相连接。电源接通后，智能答题器面板显示“题号”和“点数”。

② 检测到电路故障位置后，将故障点“XXXXXX”输入答题器中，按“确认”键。当听到“嘀”的一声，则表示输入答案正确，故障被排除，同时点数自动减 1；当听到“嘀、嘀”两声，表示输入答案错误，智能答题器仍然显示初始界面，“点数”不变。此时需要重新查找故障点，继续作答完成本题所有的故障点，直至显示“00”。

③ 按“下一题”键，完成所有题目中的所有故障点，操作方法同上。

④ 按“交卷”键，显示“UP”；再按“确认”键，出现“END”，表示交卷成功。

答题器的使用方法和操作步骤如图 4-1-5 所示。

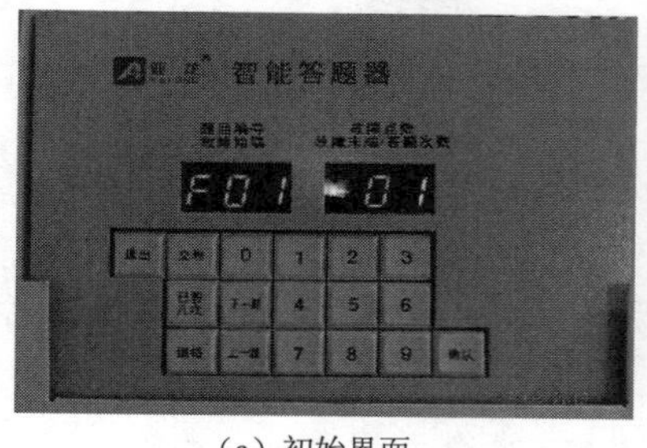

(a) 初始界面

(b) 输入答案

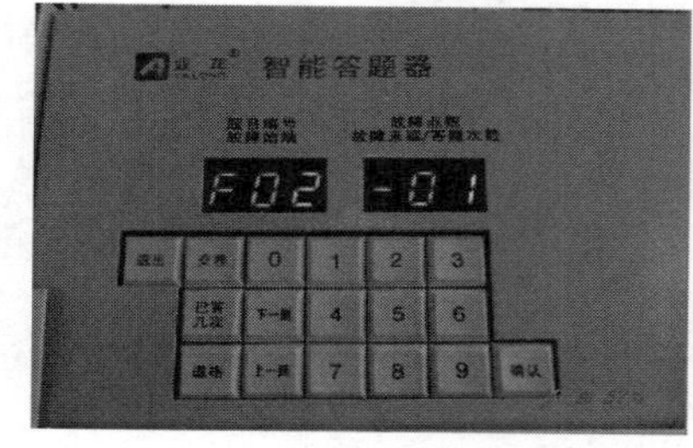

(c) 按“下一题”

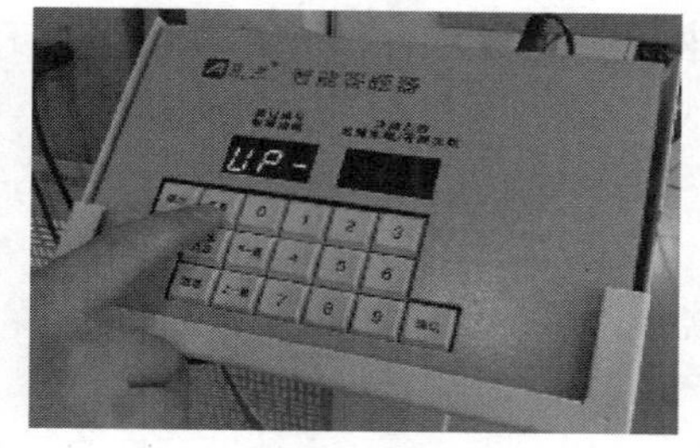
(d) 交卷确认

图 4-1-5 答题器的使用方法与步骤

完成工作任务指导

一、准备工作

1. 安全措施

穿好绝缘鞋、工作服，带好安全帽等劳动用品，安全措施到位。

2. 准备工具、仪表及器材

（1）工具：验电笔、答题笔。

（2）仪表及设备：万用表、YL-156A 型实训考核装置、智能答题器、CA6140 车床排故电路板、三相异步电动机模块。CA6140 车床排故电路板如图 4-1-6 所示。

（3）器材：安全插接导线若干。

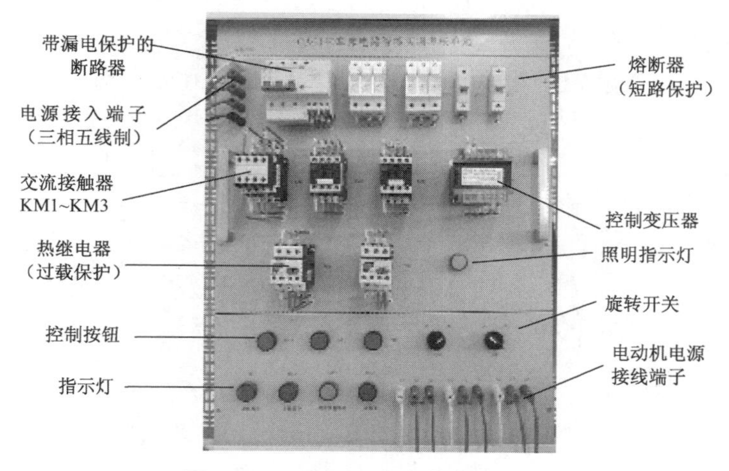

图 4-1-6 CA6140 车床排故电路板

二、机床排故

机床排故具体操作步骤如下：

1．排除第一个故障点

① 合上 QS1 电源开关，通电指示灯 HL 不亮；旋转 SA 开关，照明灯 EL 亮。说明控制变压器 TC 一组 127V 输出回路有故障。

② 按下 SB2、SB3，交流接触器 KM1、KM3 均不吸合。初步判断故障路径在“2－5”或“1－3－4－28－22”。

③ 旋转 QS2，人为按压 KM1，交流接触器 KM2 吸合，说明故障点在“22－28”之间。

④ 断开 QS1 电源开关，将数字万用表打到 1K 挡，红表笔接 KM3 上的 22 号接线端子，黑表笔接 KM2 上的 28 号端子，万用表显示“1”，表示开路，确定故障点在“22－28”。

⑤ 将“022028”答案输入智能答题器中，按下“确认”键，听到“嘀”一声，该故障已排除。

⑥ 再次合上 QS1 电源开关，重复以上操作步骤，设备正常工作。

2．排除第二个故障点

① 合上 QS1 电源开关，通电指示灯 HL 亮；按下 SB2，接触器 KM1 不吸合；再按下 SB3，KM3 能吸合，说明故障路径在 KM1 支路。

② 断开 QS1 电源开关，将数字万用表打到 1K 挡，红表笔接 KM1 上的 15 号接线端子，黑表笔接 KM1 上的 16 号端子，万用表显示“1”，表示开路，确定故障点在“15－16”。

③ 将“015016”答案输入智能答题器中，按下“确认”键，听到“嘀”一声，该故障已排除。

④ 再次合上 QS1 电源开关，重复以上操作步骤，设备正常工作。

3．排除第三个故障点

① 合上 QS1 电源开关，通电指示灯 HL 亮；旋转 SA 开关，照明灯 EL 亮。

② 按下 SB2、SB3，交流接触器 KM1、KM3 均吸合，但主轴电动机 M1 不运转。初步判断故障路径在主电路：“41－42－43－44－45”、“46－47－48－49－50”或“51－52－53－54－55”这三条支路。

③ 断开 QS1 电源开关，将数字万用表打到 1K 挡，红表笔接 KM1 上的 42 号接线端子，黑表笔接 FR1 上的 43 号端子，万用表显示“0”，表示通路。

④ 红表笔不动，移动黑表笔至 44、45 号接线端子，万用表均显示“0”，说明该支路正常。

⑤ 重复以上步骤，检测主电路的另两条支路，结果发现：检测“49－50”之间电阻时，万用表显示“1”，确定故障点在“49－50”。

⑥ 将“049050”答案输入智能答题器中，按下“确认”键，听到“嘀”一声，该故障已排除。

⑦ 再次合上 QS1 电源开关，重复以上操作步骤，设备正常工作。

三、填写维修工作票

根据对故障现象的观察、故障点的检测和排除过程，需要填写维修工作票。维修工作票的填写要求文字简练，意思表达明确即可。具体填写内容及格式见表 4-1-2。

表 4-1-2　CA6140 车床维修工作票

工位号	（学生填写）		
工作任务	根据机床电气控制原理图完成电气线路故障检测与排除		
工作时间	自××××年××月××日××时××分至××××年××月××日××时××分		
工作条件	检测及排故过程　**停电**；观察故障现象和排除故障后试机　**通电**。		
工作许可人签名	（指导教师填写）		
维修要求	1．在工作许可人签名后方可进行检查。 2．对电气线路进行检测，确定线路的故障点并排除。 3．严格遵守电工操作安全规程。 4．不得擅自改变原线路接线，不得更改电路和元件位置。 5．完成检修后能使该车床正常工作		
维修时的安全措施	1．检测及维修时停电操作并挂警示牌。 2．严格遵守电工操作安全规程穿工作服、戴安全帽及穿电工鞋。 3．执行谁断电，谁送电；注意一人操作，一人监护		
故障现象描述	通电指示灯 HL 不亮，控制回路均失效	KM1 不吸合，但刀架快速移动电动机 M3 正常运转	KM1 吸合，但主轴电动机 M1 不起动，其他电动机均能起动
故障检测和排除过程	根据故障现象可判断：故障路径为“2—5”或“4—28—22—17”。断开 QS1，用电阻挡 1K，依次检测“2—5”、“4—28—22—17”，发现“22—28”之间的电阻为“1”，说明故障断点在“22—28”。 消除“22—28”断点，故障排除	根据故障现象可判断：故障路径为“11—12—13—14—15—16—17”。断开 QS1，用电阻挡 1K，依次检测，发现“15—16”之间的电阻为“1”，说明故障断点在“15—16”。 消除“15—16”断点，故障排除	根据故障现象可判断：故障路径为“41—42—43—44—45”、“46—47—48—49—50”、“51—52—53—54—55”，电动机 M1 主回路。 断开 QS1，用电阻挡 1K，依次检测 M1 主电路这三条支路，发现：“49—50”之间的电阻为“1”，说明故障断点在“49—50”。 消除“49—50”断点，故障排除
故障点描述	“22—28”之间有断点故障	“15—16”之间有断点故障	“49—50”之间有断点故障

安全提示：

机床排故作业时要做好安全措施：检测及维修时停电操作并挂警示牌；严格遵守电工操作安全规程穿工作服、戴安全帽及穿电工鞋；执行谁断电，谁送电；注意一人操作，一人监督。

【思考与练习】

1．在图 4-1-2 所示的电气控制原理图中，热继电器 FR1、FR2 的电流整定值怎样计算？

2．刀架移动快速电动机 M3 为什么不需要热继电器作过载保护？

3．CA6140 型车床电气控制电路中同时存在三个断点故障，即“38—41”、“4—28”、“8—9”。请你根据电气控制原理图，描述断点故障的现象、排除故障的方法，填写相应的维修工作票。

4．请填写完成 CA6140 车床电气控制电路故障的排除工作任务评价表 4-1-3。

表 4-1-3　CA6140 车床电气控制电路故障的排除工作任务评价表

序号	评价内容	配分	评价标准	自我评价	老师评价
1	第一个故障点	20	（1）错误输入故障点，扣 2 分/次； （2）没有排除该故障点，扣 20 分 （最多可扣 20 分）		
2	第二个故障点	20	（3）错误输入故障点，扣 2 分/次； （4）没有排除该故障点，扣 20 分 （最多可扣 20 分）		

续表

序号	评价内容	配分	评价标准	自我评价	老师评价
3	第三个故障点	20	（5）错误输入故障点，扣2分/次； （6）没有排除该故障点，扣20分 （最多可扣20分）		
4	维修工作票填写	20	（7）维修时的安全措施描述不完整、错误或空缺，扣2分/处； （8）故障现象描述不完整、错误或空缺，扣2分/处； （9）故障排除过程描述不完整、错误或空缺，扣2分/处； （10）故障点描述错误或空缺，扣2分/处 （最多可扣20分）		
5	安全操作规范	20	（11）不穿绝缘鞋、不戴安全帽进入工作场地，扣2分/项；（不听劝者，终止作业） （12）使用万用表方法不当，或损坏万用表，扣2分/次； （13）未经允许带电进行检测，扣5分/次； （14）带电测试造成万用表损坏，或出现触电事故，扣20分，并立即予以终止作业		
	合计	100			

任务二　T68镗床电气控制电路故障的排除

工作任务

根据T68镗床电气控制原理图，排除T68镗床电气控制电路板上所设置的故障：

① 设备无法起动；

② 主轴电动机、快速移动电动机均不能起动；

③ 快速移动电动机不能起动。

请根据以上故障现象完成以下工作任务：

（1）排除电气控制电路的故障，使该电路能正常工作。

（2）按要求填写维修工作票。

在完成工作任务的过程中，请严格遵守电气维修的安全操作规程。

知识链接

一、T68镗床的主要结构、运动形式

T68 镗床是一种较精密的孔加工机床，主要用于加工较精确的孔和孔间距要求较为精确的零件。

T68镗床的主要结构及外形结构如图4-2-1所示。镗床主要有三种运行形式：

（1）主轴和花盘的旋转运动，称为主运动。

（2）主轴的轴向进给、花盘径向进给、主轴箱的垂直进给、工作台横向及纵向进给，称为进给运动。

（3）工作台的旋转运动、后立柱的水平移动、尾架的垂直移动及工件的夹紧和放松、尾架的纵向移动，称为辅助运动。

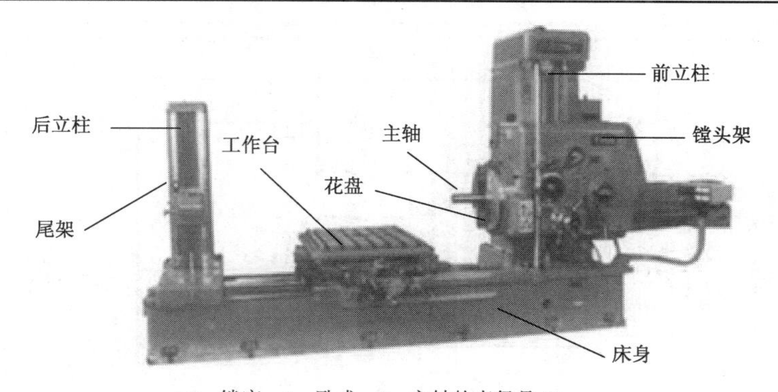

T—镗床；6—卧式；8—主轴的直径是 85mm

图 4-2-1　T68 镗床的主要结构及外形图

二、T68 镗床电气控制电路工作原理

1. 主电路分析

三相电源由电路模板上的接线端子引入，经过带漏电保护的空气开关 QS1 控制整个电路的电源，熔断器 FU1 起到整个电路的短路保护作用。主电路中有两台电动机。

（1）主轴电动机 M1

主轴电动机 M1 由双速电动机驱动，可点动、连续正反转控制、高低速运转、能耗制动停车。由交流接触器 KM1、KM2 分别控制正转和反转；由交流接触器 KM3 控制低速运转，KM4、KM5 控制高速运转；热继电器 FR 作为 M1 的过载保护。

主轴电动机 M1 通过传动机构带动主轴及花盘旋转作为进给的动力，同时带动润滑油泵。

（2）快速进给电动机 M2

快速进给电动机 M2 由交流接触器 KM6、KM7 分别控制正向和反向运转，用于主轴的快速轴向进给、主轴箱快速垂直进给、工作台的快速横向及纵向进给。因快速进给电动机 M2 是短期工作，故可不设过载保护。

2. 控制电路分析

T68 镗床电气控制原理图如图 4-2-2 所示。控制电路电源由控制变压器 TC 提供两组输出电压：一组为 127V，用于交流接触器线圈的控制电压；另一组为 36V，用于照明灯 HL 及指示灯 HL1、HL2、HL3 的工作电压。

（1）主轴电动机 M1 低速正转控制

合上电源总开关 QS，主轴电动机 M1 低速正转操作过程如下：

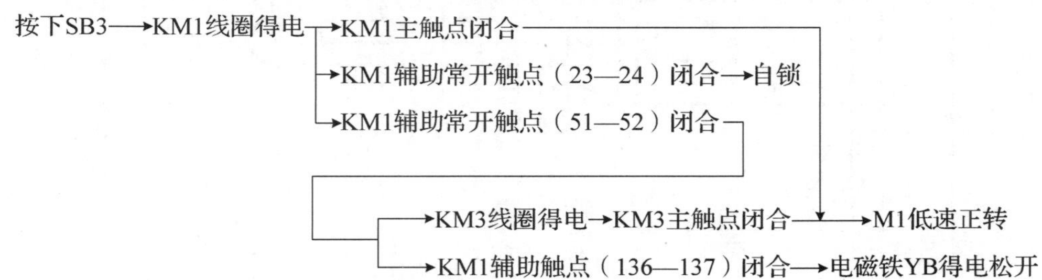

停止时，按下 SB1 停止按钮，KM1、KM3 线圈均失电，KM1、KM3 主触点断开，同时制动电磁铁 YB 因失电而制动，主轴电动机 M1 停止。

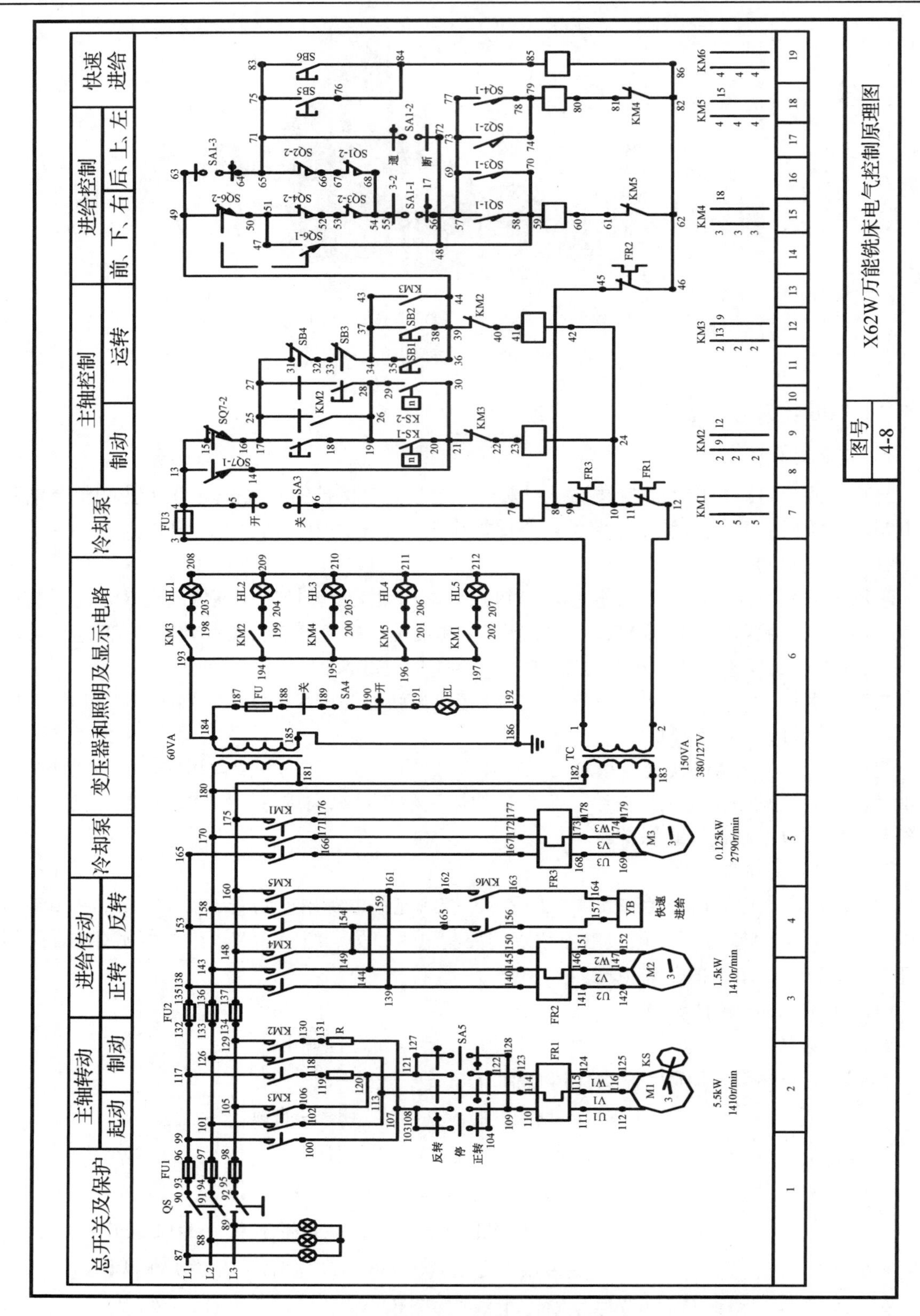

图 4-2-2 T68 镗床电气控制原理图

反转时，只需要按下 SB2 反转起动按钮，其动作原理同上，所不同的是交流接触器 KM2 得电吸合。

（2）主轴电动机 M1 高速正转控制

合上电源总开关 QS，通过变速手柄使变速开关 SQ1 压合接通（61－62）于高速位置，按下 SB3 正转起动按钮，具体操作过程如下：

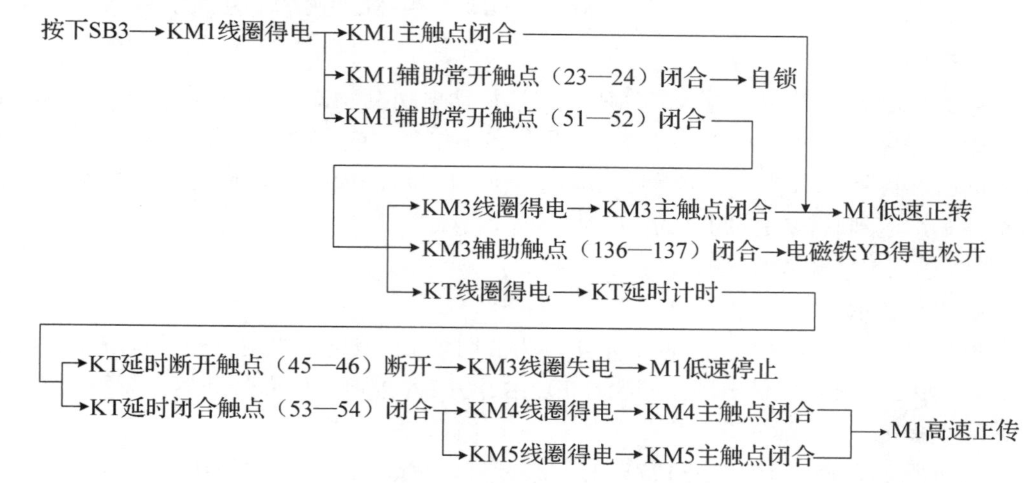

停止时，按下 SB1 停止按钮，KM1、KM4、KM5 线圈均失电，KM1、KM4、KM5 主触点断开，同时制动电磁铁 YB 因失电而制动，主轴电动机 M1 停止。

反转时，只需要按下 SB2 反转起动按钮，其动作原理同上，所不同的是交流接触器 KM2 得电吸合。

（3）主轴电动机 M1 点动正转控制

点动正转控制过程如下：

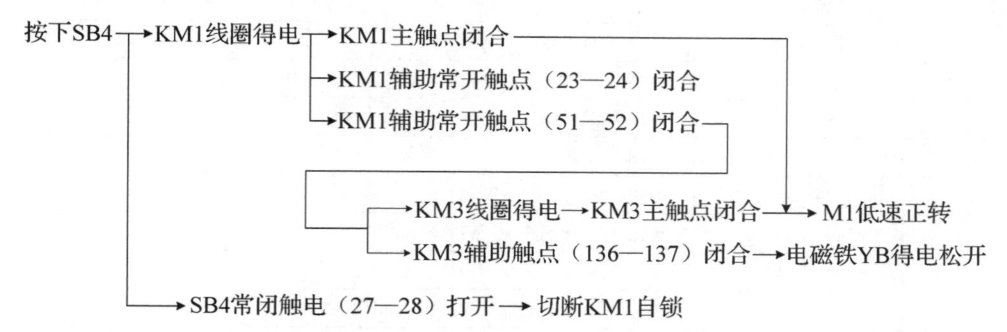

松开手时，释放 SB4 正转点动按钮，主轴电动机 M1 停止运转，实现点动功能。

需要点动反转控制时，只需按下 SB5 反转点动按钮，其动作原理同上，所不同的是交流接触器 KM2 得电吸合。

（4）快速移动电动机 M2 的控制

主轴的轴向进给、主轴箱的垂直进给、工作台的纵向和横向进给等快速移动均由快速移动电动机 M2 控制。

YL-156A 实训考核装置所配置的机床电气控制板是通过操纵转换开关 SQ5、SQ6 来模拟快速移动的动作的。

具体操作过程如下：

SQ3（或SQ4）闭合→操纵SQ5→SQ5常闭触点（69—70）断开→KM6线圈失电
→SQ5常开触点（76—77）闭合→KM7线圈得电→KM7主触点闭合→M2快速移动（反转）

（5）联锁保护

根据电气控制原理图，主轴电动机M1和快速移动电动机M2必须在行程开关SQ3和SQ4中有一个处于闭合状态时，才可以起动。因此，在工作台（或主轴箱）自动进给（此时SQ3断开）的同时，再将主轴进给手柄扳到自动进给位置（SQ4也断开），此时电动机M1和M2都将自动停车，达到联锁保护的目的。

3. 照明和信号灯电路的控制

（1）照明与显示

控制变压器TC副边输出一组36V电压，为照明灯EL及电动机运行指示灯HL1、HL2、HL3、HL4、HL5、HL6提供电源，照明灯EL由开关SA控制；FU4熔断器作短路保护。

（2）通电指示

控制变压器TC副边输出一组127V电压，为控制电路及通电指示灯HL提供电源，由FU3作短路保护。

三、T68镗床典型故障

YL-156A实训装置中，机床电路板所设置的典型故障见表4-2-1。

表4-2-1 T68所设置的故障

故障序号	故障点	故障描述
1	（085，090）	所有电动机缺相，控制回路失效
2	（096，111）	主轴电动机及工作台进给电动机，无论正反转均缺相，控制回路正常
3	（098，099）	主轴正转缺一相
4	（107，108）	主轴正、反转均缺一相
5	（137，143）	主轴电动机低速运转制动电磁铁YB不能动作
6	（146，151）	进给电动机快速移动正转时缺一相
7	（151，152）	进给电动机无论正反转均缺一相
8	（155，163）	控制变压器缺一相，控制回路及照明回路均没电
9	（018，019）	主轴电动机正转点动与起动均失效
10	（008，030）	控制回路全部失效
11	（029，042）	主轴电动机反转点动与起动均失效
12	（030，052）	主轴电动机的高低速运行及快速移动电动机的快速移动均不可起动
13	（048，049）	主轴电动机的低速不能起动，高速时，无低速的过渡
14	（054，055）	主轴电动机的高速运行失效
15	（066，073）	快速移动电动机，无论正反转均失效
16	（072，073）	快速移动电动机正转不能起动

完成工作任务指导

一、准备工作

1. 安全措施

穿好绝缘鞋、工作服，带好安全帽等劳动用品，安全措施到位。

2. 准备工具、仪表及器材

（1）工具：验电笔、答题笔。

（2）仪表及设备：万用表、YL-156A 型实训考核装置、智能答题器、T68 镗床排故电路板、三相异步电动机模块。T68 镗床排故电路板如图 4-2-3 所示。

（3）器材：安全插接导线若干。

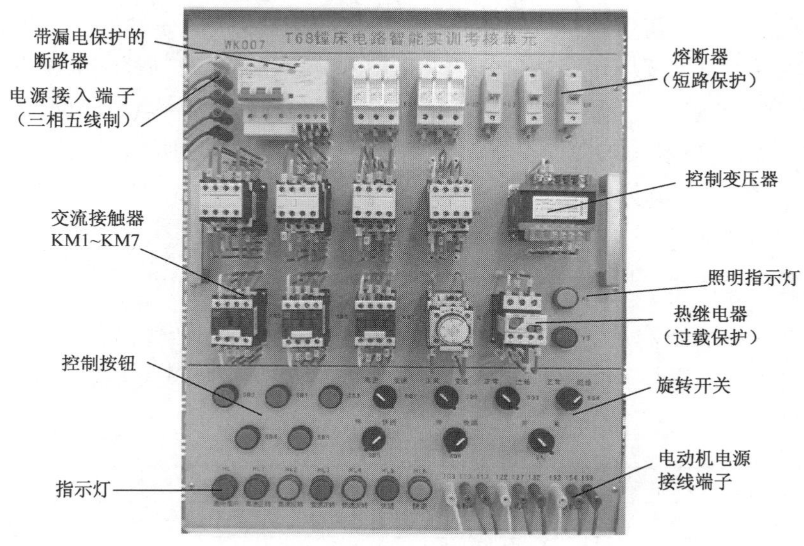

图 4-2-3　T68 镗床排故电路板

二、机床排故

机床排故具体操作步骤如下：

1. 排除第一个故障点

① 合上 QS 电源开关，通电指示灯 HL 不亮；旋转 SA 开关，照明灯 EL 也不亮。说明控制变压器 TC 输入回路有断点故障，即“84－89－94－97－118－133－139－145－155－163”、“85－90－95－104－123－134－140－147－159－164”。

② 断开 QS，将数字万用表打到 1K 挡，红表笔接 QS 上的 84 号接线端子，黑表笔接 FU1 上的 89 号端子，万用表显示“0”，表示通路。

③ 重复以上步骤，检测线路相邻两点间的电阻，发现：检测“85－90”，万用表显示“1”，说明故障点在“85－90”之间。

④ 将“085090”答案输入智能答题器中，按下“确认”键，听到“嘀”一声，该故障已排除。

⑤ 再次合上 QS，重复以上操作步骤，设备正常工作。

2. 排除第二个故障点

① 合上 QS 开关，通电指示灯 HL 亮；按下 SB3（或 SB2），接触器 KM1(或 KM2)吸合，但 M1 及 M2 均不能起动。说明故障路径在“11－43－67－75”、“30－52－66－73” 支路。

② 断开 QS 开关，将数字万用表打到 1K 挡，红表笔接 FR 上的 30 号接线端子，黑表笔接 KM1 上的 52 号端子，万用表显示“1”，表示开路，确定故障点在“30－52”。

③ 将“030052”答案输入智能答题器中，按下“确认”键，听到“嘀”一声，该故障已排除。

④ 再次合上 QS 开关，重复以上操作步骤，设备正常工作。

3. 排除第三个故障点

① 合上 QS 开关，通电指示灯 HL 亮；旋转 SA 开关，照明灯 EL 亮。

② 按下 SB2（SB3），主轴电动机 M1 正常运转，压下行程开关 SQ6 或 SQ7，快速移动电动机 M2 均无法起动。初步判断故障路径在：“43－67” 或 “66－73”。

③ 断开 QS 开关，将数字万用表打到 1K 挡，红表笔接 KM2 上的 66 号接线端子，黑表笔接 KM6 上的 73 号端子，万用表显示“1”，表示断路，确定故障点在“66－73”。

④ 将“066073”答案输入智能答题器中，按下“确认”键，听到“嘀”一声，该故障已排除。

⑤ 再次合上 QS 开关，重复以上操作步骤，设备正常工作。

三、填写维修工作票

根据对故障现象的观察、故障点的检测和排除过程，需要填写维修工作票。维修工作票的填写要求文字简练，意思表达明确即可。具体填写内容及格式见表 4-2-2。

表 4-2-2 T68 镗床维修工作票

工位号	（学生填写）		
工作任务	根据机床电气控制原理图完成电气线路故障检测与排除		
工作时间	自 XXXX 年 XX 月 XX 日 XX 时 XX 分至 XXXX 年 XX 月 XX 日 XX 时 XX 分		
工作条件	检测及排故过程 **停电**；观察故障现象和排除故障后试机 **通电**。		
工作许可人签名	（指导教师填写）		
维修要求	1．在工作许可人签名后方可进行检查。 2．对电气线路进行检测，确定线路的故障点并排除。 3．严格遵守电工操作安全规程。 4．不得擅自改变原线路接线，不得更改电路和元件位置。 5．完成检修后能使该镗床正常工作		
维修时的安全措施	1. 检测及维修时，停电操作并挂警示牌。 2. 严格遵守电工操作安全规程，穿工作服、带安全帽及电工鞋。 3. 执行谁断电，谁送电；注意一人操作，一人监护		
故障现象描述	通电指示灯 HL、照明亮也不亮，设备无法起动	KM1、KM2 能吸合，但电动机 M1、M2 均无法起动	快速移动电动机 M2 无法起动
故障检测和排除过程	根据故障现象可判断：故障路径为控制变压器输入回路。 断开 QS，用电阻挡 1K，依次检测从“84”至“163”、从“85－164”，发现“85－90”之间万用表显示电阻值为“1”，说明故障断点在“85－90”。 消除“85－90”断点，故障排除	根据故障现象可判断：故障路径为“11－43－67－75”、“30－52－66－73”。 断开 QS，用电阻挡 1K，依次检测，发现“30－52”之间的电阻万用表显示为“1”，说明故障断点在“30－52”。 消除“30－52”断点，故障排除	根据故障现象可判断：故障路径为“43－67”、“66－73”。 断开 QS，用电阻挡 1K，依次检测发现：“66－73”之间的电阻万用表显示为“1”，说明故障断点在“66－73”。 消除“66－73”断点，故障排除
故障点描述	“85－90”之间有断点故障	“30－52”之间有断点故障	“66－73”之间有断点故障

安全提示：

机床排故作业时要做好安全措施：检测及维修时停电操作并挂警示牌；严格遵守电工操作安全规程，穿工作服、带安全帽及电工鞋；执行谁断电，谁送电；注意一人操作，一人监督。

【思考与练习】

1．在图4-2-2所示的电气控制原理图中，主轴电动机M1采用什么方式停车？

2．主轴电动机M1高速正转起动的延时时间如何设定？

3．T68型镗床电气控制电路中同时存在三个断点故障，即“137－143”、“8－30”、“54－55”。请根据电气控制原理图，描述断点故障的现象、排除故障的方法，填写相应的维修工作票。

4．请填写完成T68镗床电气控制电路故障的排除工作任务评价表4-2-3。

表4-2-3　T68镗床电气控制电路故障的排除工作任务评价表

序号	评价内容	配分	评价标准	自我评价	老师评价
1	第一个故障点	20	（1）错误输入故障点，扣2分/次； （2）没有排除该故障点，扣20分 （最多可扣20分）		
2	第二个故障点	20	（3）错误输入故障点，扣2分/次； （4）没有排除该故障点，扣20分 （最多可扣20分）		
3	第三个故障点	20	（5）错误输入故障点，扣2分/次； （6）没有排除该故障点，扣20分 （最多可扣20分）		
4	维修工作票填写	20	（7）维修时的安全措施描述不完整、错误或空缺，扣2分/处； （8）故障现象描述不完整、错误或空缺，扣2分/处； （9）故障排除过程描述不完整、错误或空缺，扣2分/处； （10）故障点描述错误或空缺，扣2分/处 （最多可扣20分）		
5	安全操作规范	20	（11）不穿绝缘鞋、不戴安全帽进入工作场地，扣2分/项；（不听劝阻者，终止作业） （12）使用万用表方法不当，或损坏万用表，扣2分/次； （13）未经允许带电进行检测，扣5分/次； （14）带电测试造成万用表损坏，或出现触电事故，扣20分，并立即予以终止作业		
	合计	100			

任务三　M7120平面磨床电气控制电路故障的排除

工作任务

根据M7120平面磨床电气控制原理图，排除M7120平面磨床电气控制电路板上所设置的故障：

① 砂轮电动机 M2、冷却泵电动机 M3 均缺相；

② 砂轮升降电动机 M4 上升失效；

③ 失磁保护及电磁吸盘均无法工作。

请根据以上故障现象完成以下工作任务：

① 排除电气控制电路的故障，使该电路能正常工作。

② 按要求填写维修工作票。

在完成工作任务的过程中，请严格遵守电气维修的安全操作规程。

知识链接

一、M7120 平面磨床的主要结构、运动形式

M7120 平面磨床是机械加工中使用较为普遍的一种平面磨床，主要用砂轮磨削加工各种零件的平面，具有操作方便、磨削精度和光洁度都比较高的特点。

M7120 平面磨床的主要结构及外形如图 4-3-1 所示。平面磨床有三种运动形式：

（1）砂轮的高速旋转运动，称为主运动。

（2）工作台的纵向往复运动、砂轮架的横向和垂直进给，称为进给运动。

（3）工件的夹紧、放松和冷却、工作台的快速进给，称为辅助运动。

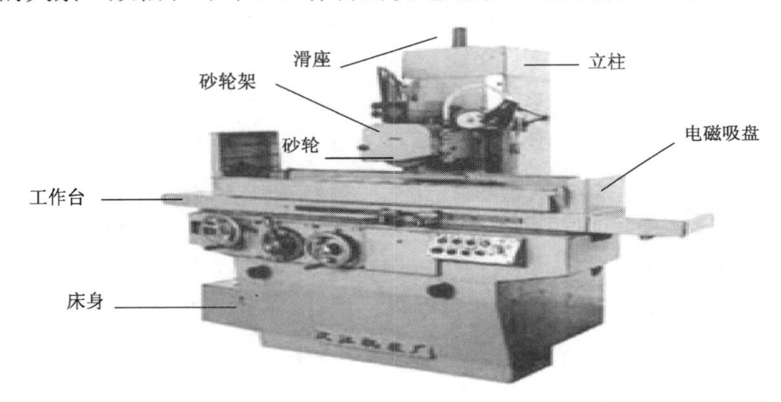

M—磨床类；7—平面磨床；1—矩形工作台；20—矩形工作台宽度（规格 200mm）

图 4-3-1 M7120 平面磨床的主要结构及外形图

二、M7120 平面磨床电气控制电路工作原理

1. 主电路分析

三相电源由电路模板上的接线端子引入，经过带漏电保护的空气开关 QS1，控制整个电路的电源。熔断器 FU1 起到整个电路的短路保护作用。主电路中有四台电动机。

（1）液压泵电动机 M1

液压泵电动机 M1 由交流接触器 KM1 控制起动和停止，热继电器 FR1 作为 M1 的过载保护，用于实现工作台的往复运动。

（2）砂轮电动机 M2

砂轮电动机 M2 由交流接触器 KM2 控制起动和停止，热继电器 FR2 作为 M2 的过载保护。砂轮电动机 M2 带动砂轮转动来磨削加工工件。

（3）冷却泵电动机 M3

冷却泵电动机 M3 也是由交流接触器 KM2 控制起动和停止的，热继电器 FR3 作为 M3 的过载保护。它只有在砂轮电动机 M2 运转后才能运转。

（4）砂轮升降电动机 M4

砂轮升降电动机 M4 由交流接触器 KM3、KM4 控制正反转起动和停止，用于在磨削过程中调整砂轮和工件之间的位置。因短时工作，故可不设过载保护。

2. 控制电路分析

M7120 平面磨床电气控制原理图如图 4-3-2 所示。控制电路电源由控制变压器 TC 三组输出电压：一组为 127V，用于交流接触器线圈的控制电压；一组为 36V，用于照明灯 HL 及指示灯 HL1～HL7 的工作电压；还有一组为 130V，用于整流电源装置。

（1）液压泵电动机 M1 的控制

先合上总开关 QS1 后，电压继电器 KA 从整流装置得到直流电压，KA 辅助常开触点（89－90）闭合。此时可以控制 M1 的起动与停止：

按下SB3 → KM1线圈得电 → KM1辅助常开触点（102—103）闭合 → 自锁
　　　　　　　　　　　　└→ KM1主触点闭合 → M1起动

按下 SB2（或 SB1）停止按钮，接触器 KM1 线圈断电释放，电动机 M1 停止运转。

（2）砂轮电动机 M2 及冷却泵电机 M3 的控制

砂轮电动机 M2 及冷却泵电动机 M3 的控制过程如下：

按下SB5 → KM2线圈得电 → KM2辅助常开触点（115—116）断合 → 自锁
　　　　　　　　　　　　└→ KM2主触点闭合 → M2、M3起动

按下 SB4（或 SB1）停止按钮，接触器 KM2 线圈断电释放，电动机 M2、M3 停止运转。

（3）砂轮升降电动机 M4 的控制

砂轮升降电动机 M4 的上升控制过程如下：

按下SB6 → KM3线圈得电 → KM3辅助常闭触点（125—126）断合 → 互锁
　　　　　　　　　　　　└→ KM3主触点闭合 → M4起动（砂轮上升）

砂轮升降电动机 M4 的下降控制过程如下：

按下SB7 → KM4线圈得电 → KM4辅助常闭触点（135—136）断合 → 互锁
　　　　　　　　　　　　└→ KM4主触点闭合 → M4起动（砂轮下降）

松开点动按钮 SB6（SB7），交流接触器 KM3（或 KM4）线圈断电释放，砂轮升降电动机 M4 停止运转。

（4）电磁吸盘控制电路分析

电磁吸盘是一种夹具，它是利用通电导体在铁芯中产生磁场的原理，吸牢铁磁材料的工件，以便加工。它具有夹紧迅速，不损伤工件，一次能吸牢若干个小工件，以及工件发热可以自由伸缩等优点，因而在平面磨床上应用十分广泛。

电磁吸盘的控制电路包括整流装置、控制装置和保护装置三个部分。

① 整流装置：由变压器 TC 和单相桥式全波整流器 VC 组成，供给 120V 直流电源。

② 控制装置：由按钮 SB8、SB9、SB10 和接触器 KM5、KM6 等组成。

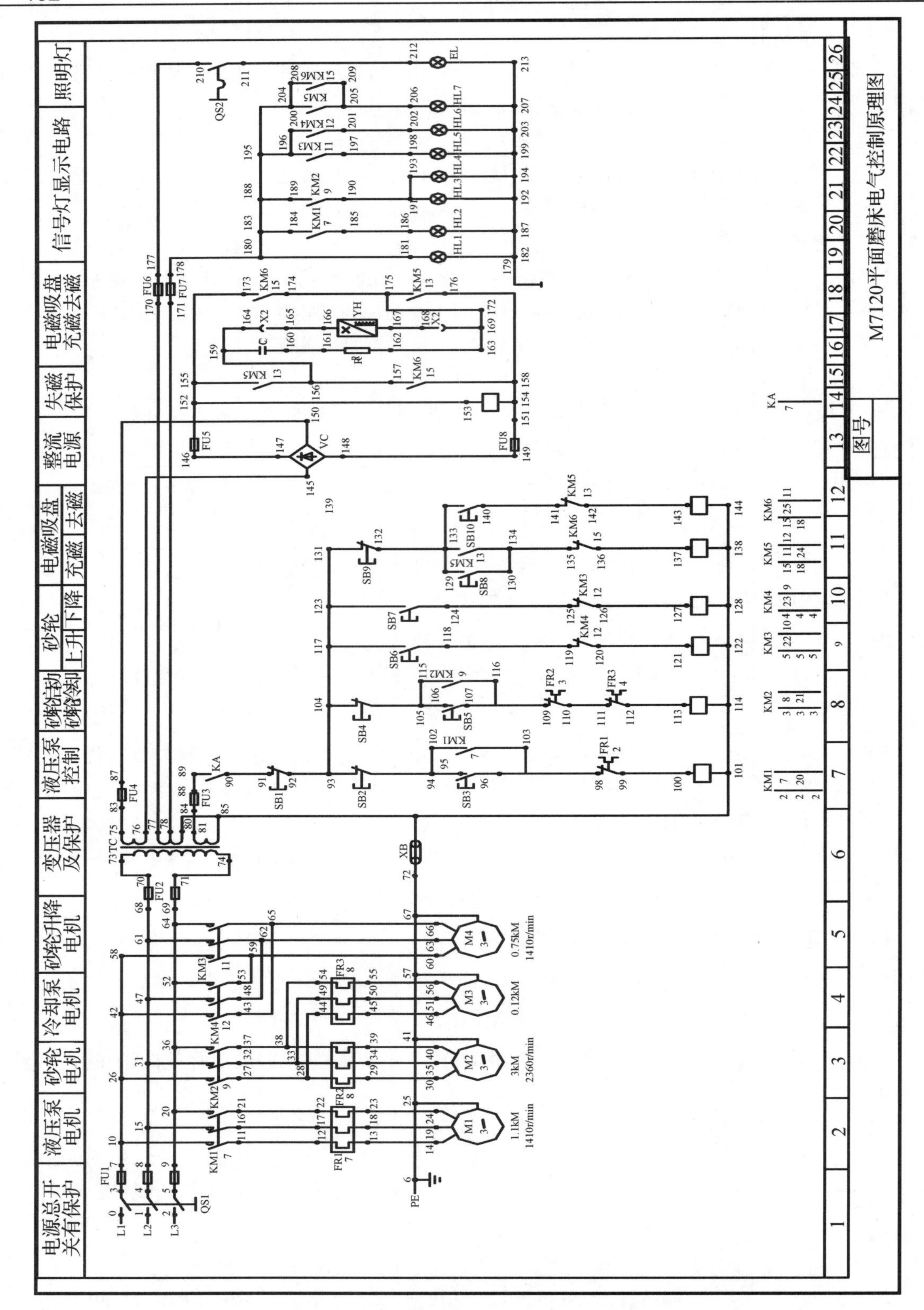

图 4-3-2 M7120 平面磨床电气控制原理图

③ 保护装置：由放电电阻 R 和电容 C 以及零压继电器 KA 组成。

充磁过程如下：

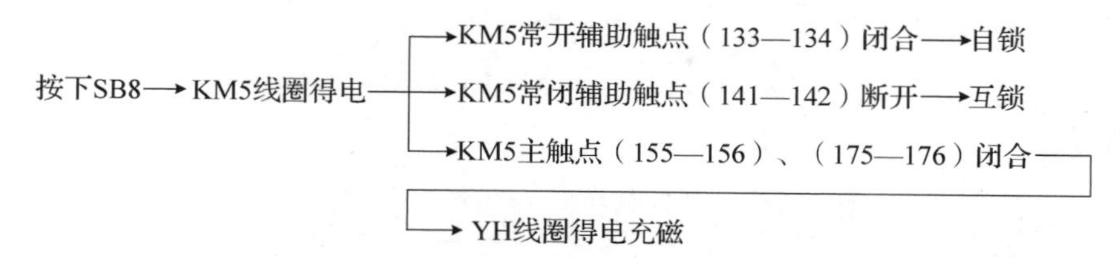

取工件时，先按下 SB9 按钮，切断 YH 的电源。由于吸盘及工件都有剩磁，所以需要对吸盘及工件进行去磁，去磁操作过程如下：

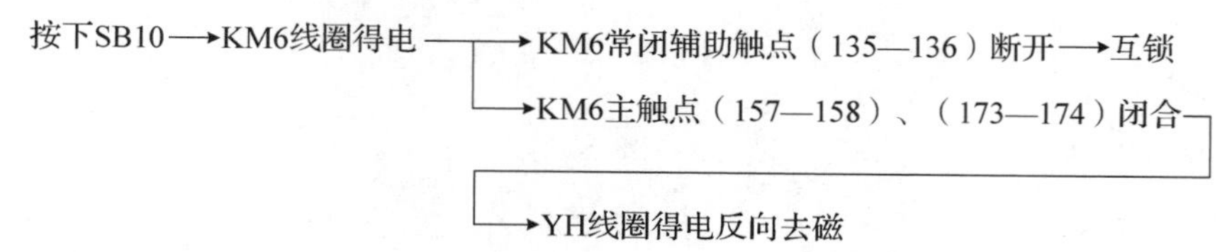

3. 照明和指示灯电路分析

照明灯 EL 及信号指示灯的工作电源均由控制变压器 TC 二次线圈（77－78）提供，输出电压为 36V。照明灯 EL 由开关 QS2 控制，整个控制电路由熔断器 FU6、FU7 作短路保护。

三、M7120 平面磨床典型故障

YL-156A 实训装置中机床电路板所设置的 M7120 典型故障见表 4-3-1。

表 4-3-1 M7120 所设置的典型故障

故障序号	故障点	故障描述
1	（016，017）	液压泵电动机缺一相
2	（037，038）	砂轮电动机、冷却泵电动机均缺一相（同一相）
3	（039，040）	砂轮电动机缺一相
4	（048，062）	砂轮下降电动机缺一相
5	（061，068）	控制变压器缺一相，控制回路失效
6	（085，101）	控制回路失效
7	（099，100）	液压泵电动机不起动
8	（087，150）	KA 继电器不动作，液压泵、砂轮冷却、砂轮升降、电磁吸盘均不能起动
9	（120，121）	砂轮上升失效
10	（128，138）	电磁吸盘充磁和去磁失效
11	（136，137）	电磁吸盘不能充磁
12	（142，143）	电磁吸盘不能去磁
13	（146，147）	整流电路中无直流电，KA 继电器不动作
14	（077，170）	照明灯不亮
15	（159，164）	电磁吸盘充磁失效
16	（174，175）	电磁吸盘不能去磁

完成工作任务指导

一、准备工作

1. 安全措施

穿好绝缘鞋、工作服，带好安全帽等劳动用品，安全措施到位。

2. 准备工具、仪表及器材

（1）工具：验电笔、答题笔。

（2）仪表及设备：万用表、YL-156A 型实训考核装置、智能答题器、M7120 平面磨床排故电路板、三相异步电动机模块。M7120 平面磨床排故电路板如图 4-3-3 所示。

（3）器材：安全插接导线若干。

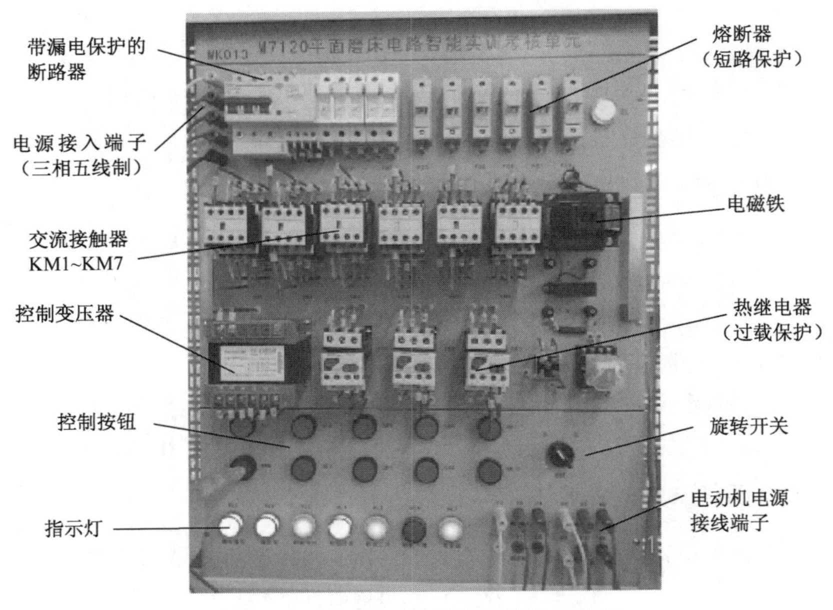

图 4-3-3 M7120 平面磨床排故电路板

二、机床排故

机床排故具体操作步骤如下：

1. 排除第一个故障点

① 合上 QS1 电源开关，按下 SB5，交流接触器 KM2 吸合，但砂轮电动机及冷却泵电动机不起动。说明主电路存在缺相故障。

② 断开 QS1，将数字万用表打到 1K 挡，红表笔接 KM2 上的 27 号接线端子，黑表笔接 FR2 上的 28 号端子，万用表显示“0”，表示通路。

③ 重复以上步骤，检测线路相邻两点间的电阻，发现：检测“37－38”，万用表显示“1”，说明故障点在“37－38”之间。

④ 将“037038”答案输入智能答题器中，按下“确认”键，听到“嘀”一声，该故障已排除。

⑤ 再次合上 QS1，重复以上操作步骤，设备正常工作。

2. 排除第二个故障点

① 合上 QS1 开关，按下 SB36，接触器 KM3 不吸合，但其他操作正常。说明故障路径只发生在“117－118－119－120－121－122”支路。

② 断开 QS1 开关，将数字万用表打到 1K 挡，红表笔接 KM4 上的 120 号接线端子，黑表笔接 KM3 上的 121 号端子，万用表显示“1”，表示开路，确定故障点在“120－121”。

③ 将“120121”答案输入智能答题器中，按下“确认”键，听到“嘀”一声，该故障已排除。

④ 再次合上 QS1 开关，重复以上操作步骤，设备正常工作。

3．排除第三个故障点

① 合上 QS1 开关，发现电磁铁不吸合，初步判断故障发生在整流装置电路中。

② 断开 QS1 开关，将数字万用表打到 1K 挡，检测整流装置电路中两相邻点之间的电阻值，发现：“146－147”之间的电阻万用表显示为“1”，表示已断路，确定故障点在“146－147”。

③ 将答案“146147”输入智能答题器中，按下“确认”键，听到“嘀”一声，该故障已排除。

④ 再次合上 QS1 开关，重复以上操作步骤，设备正常工作。

三、填写维修工作票

根据对故障现象的观察、故障点的检测和排除过程，需要填写维修工作票。维修工作票的填写要求文字简练，意思表达明确即可。具体填写内容及格式见表 4-3-2。

表 4-3-2 M7120 平面磨床维修工作票

<table>
<tr><td>工位号</td><td colspan="3">（学生填写）</td></tr>
<tr><td>工作任务</td><td colspan="3">根据机床电气控制原理图完成电气线路故障检测与排除</td></tr>
<tr><td>工作时间</td><td colspan="3">自××××年××月××日××时××分至××××年××月××日××时××分</td></tr>
<tr><td>工作条件</td><td colspan="3">检测及排故过程 停电；观察故障现象和排除故障后试机 通电。</td></tr>
<tr><td>工作许可人签名</td><td colspan="3">（指导教师填写）</td></tr>
<tr><td>维修要求</td><td colspan="3">1．在工作许可人签名后方可进行检查。
2．对电气线路进行检测，确定线路的故障点并排除。
3．严格遵守电工操作安全规程。
4．不得擅自改变原线路接线，不得更改电路和元件位置。
5．完成检修后能使该平面磨床正常工作</td></tr>
<tr><td>维修时的安全措施</td><td colspan="3">1．检测及维修时停电操作并挂警示牌。
2．严格遵守电工操作安全规程，穿工作服、带安全帽及电工鞋。
3．执行谁断电，谁送电；注意一人操作，一人监护</td></tr>
<tr><td>故障现象描述</td><td>砂轮电机和冷却泵电机均缺相</td><td>砂轮上升失效</td><td>失磁保护装置失效，KA 不吸合</td></tr>
<tr><td>故障检测和排除过程</td><td>根据故障现象可判断：故障路径为控制电动机 M2、M3 的主电路。
断开 QS1，用电阻挡 1K，依次检测从“26”至“28”、从“31－33”、“36－38”，发现：“37－38”之间万用表显示电阻值为“1”，说明故障断点在“37－38”。
消除“37－38”断点，故障排除</td><td>根据故障现象可判断：故障路径为 KM3 支路“117－118－119－120－121－122”。
断开 QS1，用电阻挡 1K，依次检测，发现“120－121”之间的电阻万用表显示为“1”，说明故障断点在“120－121”。
消除“120－121”断点，故障排除</td><td>根据故障现象可判断：故障路径为整流装置及失磁保护装置。
断开 QS1，用电阻挡 1K，依次检测发现：“146－147”之间的电阻万用表显示为“1”，说明故障断点在“146－147”。
消除“146－147”断点，故障排除</td></tr>
<tr><td>故障点描述</td><td>“37－38”之间有断点故障</td><td>“120－121”之间有断点故障</td><td>“146－147”之间有断点故障</td></tr>
</table>

安全提示：

机床排故作业时要做好安全措施：检测及维修时停电操作并挂警示牌；严格遵守电工操作安全规程，穿工作服、带安全帽及电工鞋；执行谁断电，谁送电，注意一人操作，一人监督。

【思考与练习】

1．请测量平面磨床控制电路中整流装置的“145－150”、“147－148”这两组电压分别是多少，并指出哪一组为直流，哪一组为交流。

2．请分析电磁吸盘控制电路中充磁过程、去磁过程及RC电路的工作原理。

3．M7120平面磨床电气控制电路中同时存在三个断点故障，即“61－68”、“136－137”、“159－164”。请根据电气控制原理图，描述断点故障的现象、排除故障的方法，填写相应的维修工作票。

4．请填写完成M7120平面磨床电气控制电路故障排除工作任务评价表4-3-3。

表4-3-3　M7120平面磨床电气控制电路故障排除工作任务评价表

序号	评价内容	配分	评价标准	自我评价	老师评价
1	第一个故障点	20	（1）错误输入故障点，扣2分/次； （2）没有排除该故障点，扣20分 （最多可扣20分）		
2	第二个故障点	20	（3）错误输入故障点，扣2分/次； （4）没有排除该故障点，扣20分 （最多可扣20分）		
3	第三个故障点	20	（5）错误输入故障点，扣2分/次； （6）没有排除该故障点，扣20分 （最多可扣20分）		
4	维修工作票填写	20	（7）维修时的安全措施描述不完整、错误或空缺，扣2分/处； （8）故障现象描述不完整、错误或空缺，扣2分/处； （9）故障排除过程描述不完整、错误或空缺，扣2分/处； （10）故障点描述错误或空缺，扣2分/处 （最多可扣20分）		
5	安全操作规范	20	（11）不穿绝缘鞋、不戴安全帽进入工作场地，扣2分/项；（不听劝阻者，终止作业） （12）使用万用表方法不当，或损坏万用表，扣2分/次； （13）未经允许带电进行检测，扣5分/次； （14）带电测试造成万用表损坏，或出现触电事故，扣20分，并立即予以终止作业		
	合计	100			

任务四　X62W万能铣床电气控制电路故障的排除

工作任务

根据X62W万能铣床电气控制原理图，排除X62W万能铣床电气控制电路板上所设置的故障：

① 照明灯亮，但其他控制电路均失效；

② 主轴控制失效；

③ 快速进给失效（YB灯不亮）。

请根据以上故障现象完成以下工作任务：

（1）排除电气控制电路的故障，使该电路能正常工作。

（2）按要求填写维修工作票。

在完成工作任务的过程中，请严格遵守电气维修的安全操作规程。

知识链接

一、X62W 万能铣床的主要结构和运动形式

万能铣床是一种多用途的机床，它可以用圆柱铣刀、锯片铣刀、成型铣刀及端面铣刀等刀具对各种零件进行平面、斜面、螺旋面及成型表面的加工，还可以加装万能铣头和回转工作台以扩大加工范围。

X62W 万能铣床的主要结构及外形如图 4-4-1 所示。万能铣床主要有三种运动形式：

（1）主轴带动铣刀的旋转运动，称为主体运动。

（2）铣床工作台的上下、前后、左右 6 个方向的运动，称为进给运动。

（3）铣床的工作台在三个相互垂直方向的快速运动、工作台回转运动，称为辅助运动。

X—铣床；6—卧式；2—2 号工作台（1320mm×320mm）；W—万能

图 4-4-1　X62W 万能铣床的主要结构及外形图

二、X62W 万能铣床电气控制电路工作原理

1．主电路分析

三相电源由电路模板上的接线端子引入，经过带漏电保护的空气开关 QS 控制整个电路的电源，熔断器 FU1 起到整个电路的短路保护作用。主电路有三台电动机：

（1）主轴电动机 M1

主轴电动机 M1 由交流接触器 KM3 控制，正向、反向由开关 SA5 实现，采用反接制动停车。热继电器 FR1 作为它的过载保护。主轴电动机 M1 用于拖动主轴带动铣刀进行铣削加工。

（2）进给电动机 M2

进给电动机 M2 由交流接触器 KM4、KM5 分别控制正向和反向运转，用于工作台六个方向的进给运动、快速移动。热继电器 FR2 作为 M2 的过载保护。

（3）冷却泵电动机 M3

冷却泵电动机 M3 由交流接触器 KM1 控制起动和停止，热继电器 FR3 作为它的过载保护。M3 用于为刀具、工件输送冷却液，以防止刀具和工件的温升过高。

2．控制电路分析

X62W 万能铣床电气控制原理图如图 4-4-2 所示。控制电路电源由控制变压器 TC 提供两

组输出电压：一组为 127V，用于交流接触器线圈的控制电压；另一组为 36V，用于照明灯 EL 及指示灯 HL1、HL2、HL3、HL4、HL5 的工作电压。

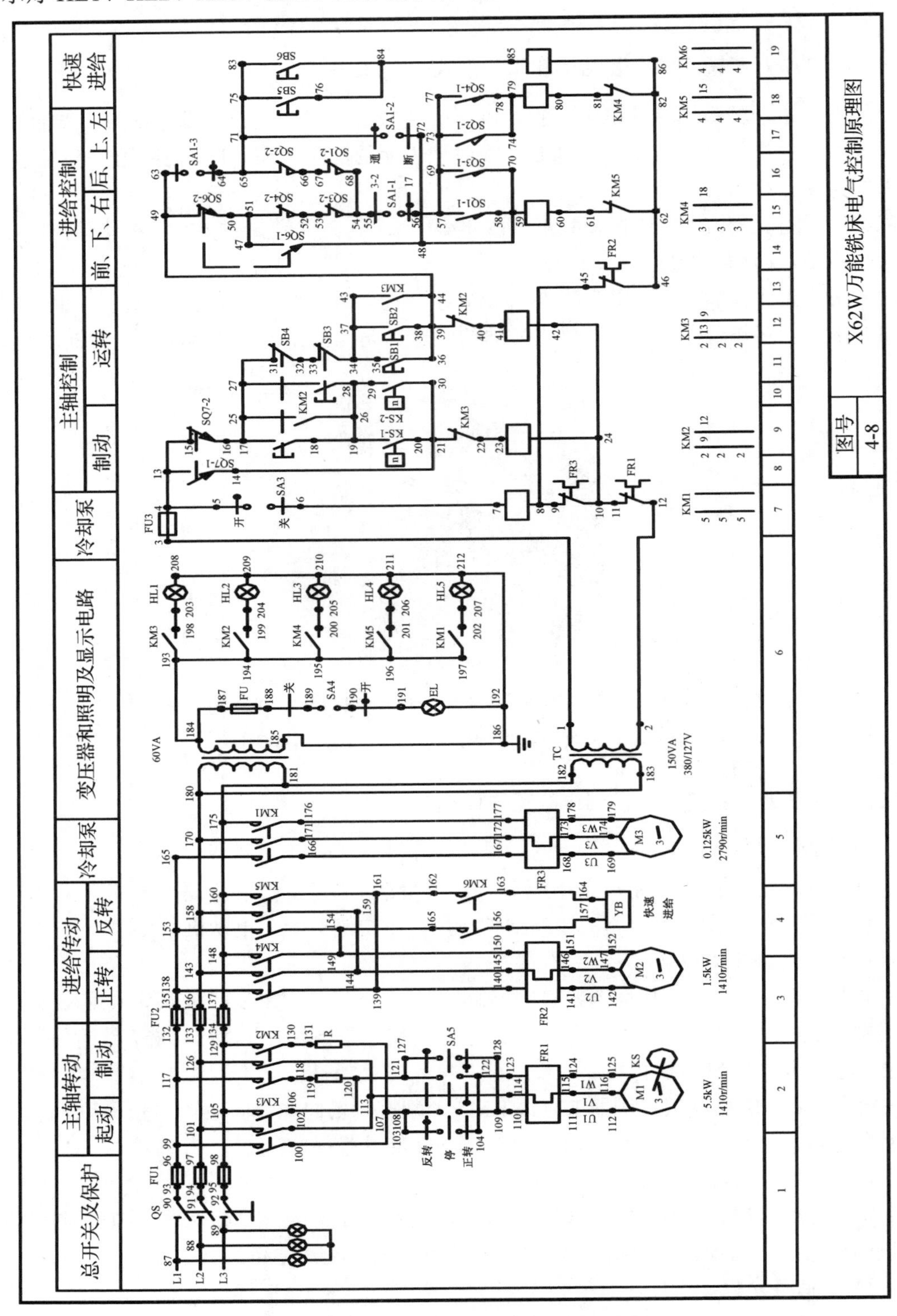

图 4-4-2　X62W 万能铣床电气控制原理图

（1）主轴电动机 M1 的控制

合上 QS 电源开关，旋转转换开关 SA5 至正转（或反转）位置，主轴电动机 M1 的起动过程如下：

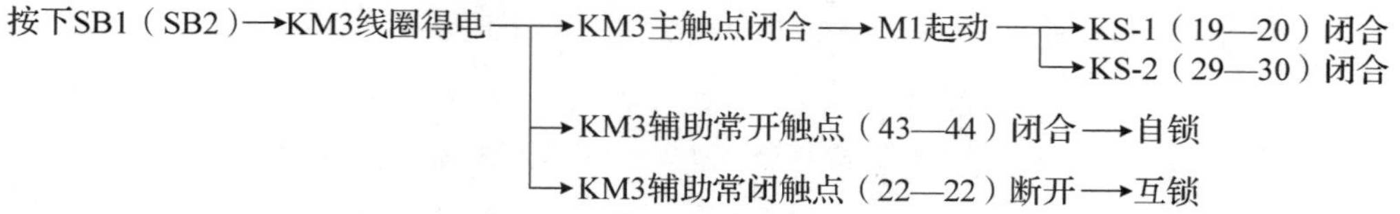

按下SB1（SB2）→KM3线圈得电→KM3主触点闭合→M1起动→KS-1（19—20）闭合；→KS-2（29—30）闭合

KM3线圈得电→KM3辅助常开触点（43—44）闭合→自锁

KM3线圈得电→KM3辅助常闭触点（22—22）断开→互锁

主轴电动机 M1 的停止过程如下：

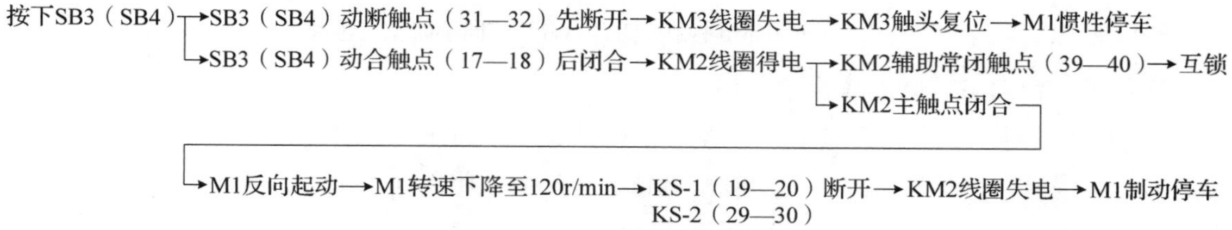

按下SB3（SB4）→SB3（SB4）动断触点（31—32）先断开→KM3线圈失电→KM3触头复位→M1惯性停车

按下SB3（SB4）→SB3（SB4）动合触点（17—18）后闭合→KM2线圈得电→KM2辅助常闭触点（39—40）→互锁

KM2线圈得电→KM2主触点闭合→M1反向起动→M1转速下降至120r/min→KS-1（19—20）、KS-2（29—30）断开→KM2线圈失电→M1制动停车

电气控制原理图中的行程开关 SQ7 为主轴变速时的冲动控制模拟开关，关于冲动控制的工作原理这里不做阐述。

（2）进给电动机 M2 的控制

进给电动机 M2 控制工作台的运动，共有左右、上下、前后 6 个方向。需要进给操作时，先将圆工作台控制开关 SA1 扳到“断开”的位置，即 SA1 的三对触点状态为“SA1-1 闭合、SA1-2 断开、SA1-3 闭合”。

① 工作台上下、前后方向控制

实现工作台向上（或向后）运动的操作过程如下：

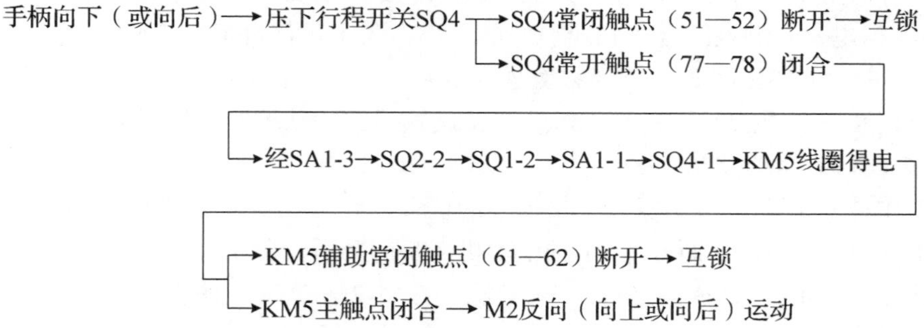

手柄向下（或向后）→压下行程开关SQ4→SQ4常闭触点（51—52）断开→互锁

压下行程开关SQ4→SQ4常开触点（77—78）闭合→经SA1-3→SQ2-2→SQ1-2→SA1-1→SQ4-1→KM5线圈得电

KM5线圈得电→KM5辅助常闭触点（61—62）断开→互锁

KM5线圈得电→KM5主触点闭合→M2反向（向上或向后）运动

实现工作台向下（或向前）运动的操作过程如下：

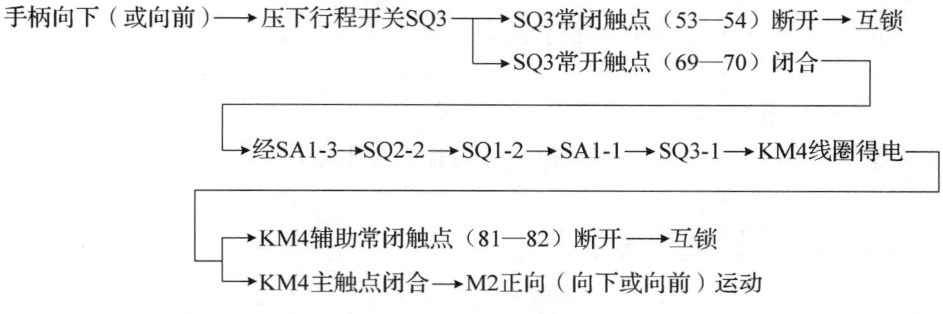

手柄向下（或向前）→压下行程开关SQ3→SQ3常闭触点（53—54）断开→互锁

压下行程开关SQ3→SQ3常开触点（69—70）闭合→经SA1-3→SQ2-2→SQ1-2→SA1-1→SQ3-1→KM4线圈得电

KM4线圈得电→KM4辅助常闭触点（81—82）断开→互锁

KM4线圈得电→KM4主触点闭合→M2正向（向下或向前）运动

② 工作台左、右方向控制

实现工作台向左运动的操作过程如下：

手柄向左→压下行程开关SQ2→SQ2常闭触点（65—66）断开→互锁
→SQ2常开触点（73—74）闭合→经SQ6-2→SQ4-2→SQ3-2→SA1-1→SQ2-1→KM5线圈得电→KM5辅助常闭触点（61—62）断开→互锁
→KM5主触点闭合→M2反向（向左）运动

实现工作台向右运动的操作过程如下：

手柄向右→压下行程开关SQ1→SQ1常闭触点（67—68）断开→互锁
→SQ1常开触点（57—58）闭合→经SQ6-2→SQ4-2→SQ3-2→SA1-1→SQ1-1→KM4线圈得电→KM4辅助常闭触点（81—82）断开→互锁
→KM4主触点闭合→M2正向（向右）运动

③ 工作台的快速进给控制

工作台的快速进给控制是通过牵引电磁铁与杠杆配合，使摩擦离合器动作，减少中间传动装置而实现的。电气控制原理图中的 YB 为模拟快速进给动作指示灯。

在工作台向某个方向运动且需要快速进给时，按下 SB5（或 SB6）快速进给按钮，交流接触器 KM6 得电，其触点闭合，YB 得电（灯亮），表示工作台正在快速进给。

当松开 SB5（或 SB6）时，交流接触器 KM6 失电，其触点复位，快速进给停止工作。

电气控制原理图中的行程开关 SQ6 为进给变速时的冲动控制模拟开关。

④ 圆工作台的自动控制

将圆工作台控制开关 SA1 扳到“接通”的位置，此时 SA1 的三个触点的状态为“SA1-1 断开、SA1-2 闭合、SA1-3 断开”。主轴电动机 M1 起动后，圆工作台开始工作，其控制路径是：经 SQ6-2→SQ4-2→SQ3-2→SQ1-2→SQ2-2→SA1-2→KM4 线圈得电，其主触点闭合，电动机 M2 正向运转。

（3）冷却泵电动机 M3 的控制

需要冷却时，直接将 SA3 闭合，接触器 KM1 得电，其主触点闭合，电动机 M3 起动运转，输送冷却液。

（4）照明及显示电路的控制

由变压器 TC 供给 36V 电压给照明灯及信号指示灯电路，由 SA4 开关控制照明灯，熔断器 FU 作照明灯的短路保护。

三、X62W 万能铣床典型故障

YL-156A 实训装置中机床电路板所设置 X62W 万能铣床的典型故障见表 4-4-1。

表 4-4-1　X62W 万能铣床所设置的典型故障

故障序号	故障点	故障描述
1	（098，105）	主轴电动机正、反转均缺一相，进给电动机、冷却泵缺一相，控制变压器及照明变压器均没电
2	（113，114）	主轴电动机无论正反转均缺一相
3	（144，159）	进给电动机反转缺一相
4	（161，162）	快速进给电磁铁不能动作
5	（170，180）	照明及控制变压器没电，照明灯不亮，控制回路失效
6	（181，182）	控制变压器没电，控制回路失效
7	（184，187）	照明灯不亮
8	（002，012）	控制回路失效
9	（001，003）	控制回路失效
10	（022，023）	主轴制动失效
11	（040，041）	主轴不能起动
12	（024，042）	主轴不能起动
13	（008，045）	工作台进给控制失效
14	（060，061）	工作台向下、向右、向前进给控制失效
15	（080，081）	工作台向后、向上、向左进给控制失效
16	（082，086）	两处快速进给全部失效

完成工作任务指导

一、准备工作

1. 安全措施

穿好绝缘鞋、工作服，带好安全帽等劳动用品，安全措施到位。

2. 准备工具、仪表及器材

（1）工具：验电笔、答题笔。

（2）仪表及设备：万用表、YL-156A 型实训考核装置、智能答题器、X62W 万能铣床排故电路板、三相异步电动机模块。X62W 万能铣床排故电路板如图 4-4-3 所示。

（3）安全插接导线若干。

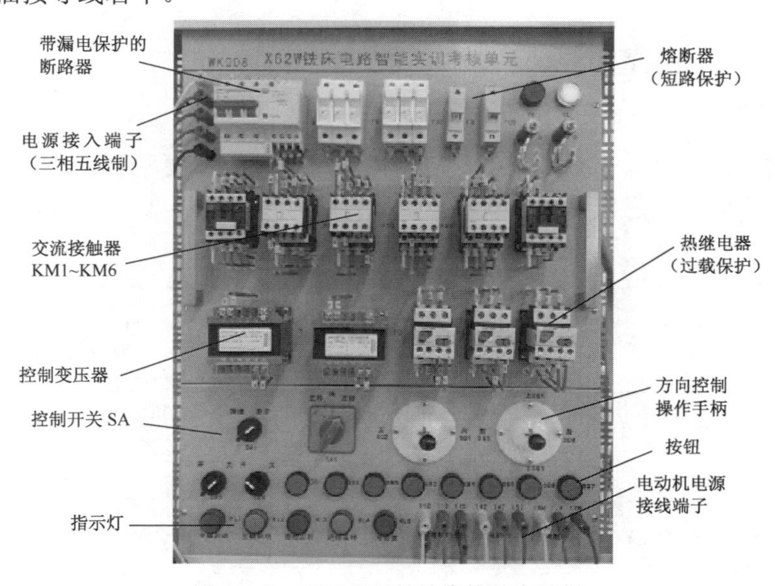

图 4-4-3　X62W 万能铣床排故电路板

二、机床排故

机床排故具体操作步骤如下：

1. 排除第一个故障点

① 合上QS电源开关，旋转SA4开关，照明灯EL亮；闭合SA3，冷却泵电动机M3不起动，且整个控制电路失效。说明控制变压器TC输出回路有断点故障。

② 断开QS，将数字万用表打到1K挡，红表笔接TC上的1号接线端子，黑表笔接FU3上的3号端子，万用表显示“1”，表示断路。

③ 将答案“001003”输入智能答题器中，按下“确认”键，听到“嘀”一声，该故障已排除。

④ 再次合上QS，重复以上操作步骤，设备正常工作。

2. 排除第二个故障点

① 合上QS开关，旋转SA4开关，照明灯EL亮；闭合SA3，冷却泵电动机M3起动。按下SB1（或SB2），接触器KM3不吸合,说明故障路径在KM3支路“2－12－11－1024－42”。

② 断开QS开关，将数字万用表打到1K挡，红表笔接TC上的2号接线端子，黑表笔接FR1上的12号端子，万用表显示“0”，表示通路，继续检测。发现：“24－42”之间的电阻值万用表显示为“1”，说明此处为断点故障。

③ 将答案“024042”输入智能答题器中，按下“确认”键，听到“嘀”一声，该故障已排除。

④ 再次合上QS开关，重复以上操作步骤，设备正常工作。

3. 排除第三个故障点

① 合上QS开关，主轴和进给控制正常，但按下SB5（SB6），接触器KM6吸合，但指示灯YB不亮，表示快速进给失效。说明：断点故障位置在快速进给的主电路。

② 断开QS开关，将数字万用表打到1K挡，红表笔接KM5上的161号接线端子，黑表笔接KM6上的162号端子，万用表显示“1”，表示断路，确定故障点在“161－162”。

③ 将答案“161162”输入智能答题器中，按下“确认”键，听到“嘀”一声，该故障已排除。

④ 再次合上QS开关，重复以上操作步骤，设备正常工作。

三、填写维修工作票

根据对故障现象的观察、故障点的检测和排除过程，需要填写维修工作票。维修工作票的填写要求文字简练，意思表达明确即可。具体填写内容及格式见表4-4-2。

表4-4-2 X62W万能铣床维修工作票

工位号	（学生填写）
工作任务	根据机床电气控制原理图完成电气线路故障检测与排除
工作时间	自××××年××月××日××时××分至××××年××月××日××时××分
工作条件	检测及排故过程 **停电**；观察故障现象和排除故障后试机 **通电**。
工作许可人签名	（指导教师填写）
维修要求	1. 在工作许可人签名后方可进行检查。 2. 对电气线路进行检测，确定线路的故障点并排除。 3. 严格遵守电工操作安全规程。 4. 不得擅自改变原线路接线，不得更改电路和元件位置。 5. 完成检修后能使该万能铣床正常工作

续表

维修时的安全措施	1．检测及维修时停电操作并挂警示牌。 2．严格遵守电工操作安全规程，穿工作服、带安全帽及电工鞋。 3．执行谁断电，谁送电；注意一人操作，一人监护		
故障现象描述	控制电路完全失效	控制电路失效	快速进给失效（主电路）
故障检测和排除过程	根据故障现象可判断：故障路径为控制变压器输出回路。 断开 QS，用电阻挡 1K，依次检测“1－3－4”、“2－12－11－10”支路，发现“1－3”之间万用表显示电阻值为“1”，说明故障断点在“1－3”。 消除“1－3”断点，故障排除	根据故障现象可判断：故障路径为“2－12－11－10－24－42”。 断开 QS，用电阻挡 1K，依次检测，发现“24－42”之间的电阻万用表显示为“1”，说明故障断点在“24－42”。 消除“24－42”断点，故障排除	根据故障现象可判断：故障路径为“161－162－163－164”、“154－155－156－157”。 断开 QS，用电阻挡 1K，依次检测发现：“161－162”之间的电阻万用表显示为“1”，说明故障断点在“161－162”。 消除“161－162”断点，故障排除
故障点描述	“1－3”之间有断点故障	“24－42”之间有断点故障	“161－162”之间有断点故障

安全提示：

机床排故作业时要做好安全措施：检测及维修时停电操作并挂警示牌；严格遵守电工操作安全规程，穿工作服、带安全帽及电工鞋；执行谁断电，谁送电，注意一人操作，一人监督。

【思考与练习】

1．在图 4-4-2 所示的电气控制原理图中，主轴电动机 M1 采用什么方式停车？

2．工作台的进给控制共有 6 个方向运动，能同时进行两个方向的进给吗？为什么？

3．X62W 万能铣床电气控制电路中同时存在三个断点故障，即“113－114”、“184－187”、“8－45”。请根据电气控制原理图，描述断点故障的现象、排除故障的方法，填写相应的维修工作票。

4．请填写完成 X62W 万能铣床电气控制电路故障排除工作任务评价表 4-4-3。

表 4-4-3　X62W 万能铣床电气控制电路故障排除工作任务评价表

序号	评价内容	配分	评价标准	自我评价	老师评价
1	第一个故障点	20	（1）错误输入故障点，扣 2 分/次； （2）没有排除该故障点，扣 20 分 （最多可扣 20 分）		
2	第二个故障点	20	（3）错误输入故障点，扣 2 分/次； （4）没有排除该故障点，扣 20 分 （最多可扣 20 分）		
3	第三个故障点	20	（5）错误输入故障点，扣 2 分/次； （6）没有排除该故障点，扣 20 分 （最多可扣 20 分）		
4	维修工作票填写	20	（7）维修时的安全措施描述不完整、错误或空缺，扣 2 分/处； （8）故障现象描述不完整、错误或空缺，扣 2 分/处； （9）故障排除过程描述不完整、错误或空缺，扣 2 分/处； （10）故障点描述错误或空缺，扣 2 分/处 （最多可扣 20 分）		
5	安全操作规范	20	（11）不穿绝缘鞋、不戴安全帽进入工作场地，扣 2 分/项；（不听劝阻者，终止作业） （12）使用万用表方法不当，或损坏万用表，扣 2 分/次； （13）未经允许带电进行检测，扣 5 分/次； （14）带电测试造成万用表损坏，或出现触电事故，扣 20 分，并立即予以终止作业		
	合计	100			

项目五　电气安装与维修综合实训

工作任务

请按要求在4个小时内完成以下工作任务：

（1）按××工作间电气安装工程施工单完成配用电装置、照明装置及照明线路的安装与调试。

（2）按××设备电气控制原理图完成控制电路的连接，变频器、伺服驱动器的参数设置，按××设备电气控制说明书的要求编写PLC程序、触摸屏程序，下载程序并调试该设备的电气控制系统，使其达到控制要求。

（3）排除××机床电气控制电路板上所设置的故障，使该电路能正常工作，并填写维修工作票。

请注意下列事项：

① 在完成工作任务的全过程中，严格遵守电气安装和电气维修的安全操作规程。

② 电气安装中，线路安装参照《建筑电气工程施工质量验收规范（GB 50303—2002）》验收，低压电器安装参照《电气装置安装工程低压电器施工及验收规范（GB 50254—96）》验收。

电气安装与维修综合实训的任务要求如下。

××工作间电气安装工程施工单见表5-1-1。

表5-1-1　××工作间电气安装工程施工单

工 程 名 称		××工作间电气安装工程		
工位号			施工日期	
施工内容	1．按供配电系统图和材料清单选择器材，完成电源配电箱和照明配电箱内部指定器件的安装和配电线路的安装； 2．按供配电系统图、照明布线示意图和动力布线示意图在墙和顶棚安装线槽、线管和相关附件； 3．按供配电系统图和照明平面图1、2完成照明控制线路和灯具安装； 4．按××设备电气控制原理图和电气控制箱面板元件布局图选择所需的元器件并连接电路，电气控制箱与外部器件的连接线路按动力布线示意图布线			
施工技术资料	图5-1-1：供配电系统图 图5-1-2：照明平面图 1 图5-1-3：照明平面图 2 图5-1-4：电气控制箱面板元件布局图 图5-1-5：电气设备和器件安装位置示意图 图5-1-6：照明布线示意图 图5-1-7：动力布线示意图 图5-1-8：××设备电气控制原理图 图4-3-2：M7120平面磨床电气控制原理图 附件：××设备电气控制说明书			

续表

工 程 名 称	××工作间电气安装工程
施工要求	1．按《电气安全工作规程》进行施工； 2．按《电气装置安装工程低压电器施工及验收规范》要求安装电气元件和控制电路； 3．按《建筑电气工程施工质量验收规范》中的验收标准安装电气线路； 4．实现各项功能
备注	施工图更改记录：

注：学生在“工位号”栏填写工位号，在“施工日期”栏签当天日期。

××机床电气故障检测与排除维修工作票见表 5-1-2。

表 5-1-2　维修工作票

工位号			
工作任务	根据 M7120 平面磨床电气控制原理图完成机床电气线路故障检测与排除		
工作时间	自______年___月____日___时____分至_____年___月____日___时___分		
工作条件	检测及排故过程　**停电**；观察故障现象和排除故障后试机　**通电**。		
工作许可人签名			
维修要求	1．工作许可人签名后方可进行检查。 2．对电气线路进行检测，确定线路的故障点并排除。 3．严格遵守电工操作安全规程。 4．不得擅自改变原线路接线，不得更改电路和元件位置。 5．完成检修后能使该机床正常工作		
维修时的安全措施			
故障现象描述	1.	2.	3.
故障检测和排除过程			
故障点描述			

注：学生在“工位号”栏填写工位号，指导教师在“工作许可人签名”栏签名。

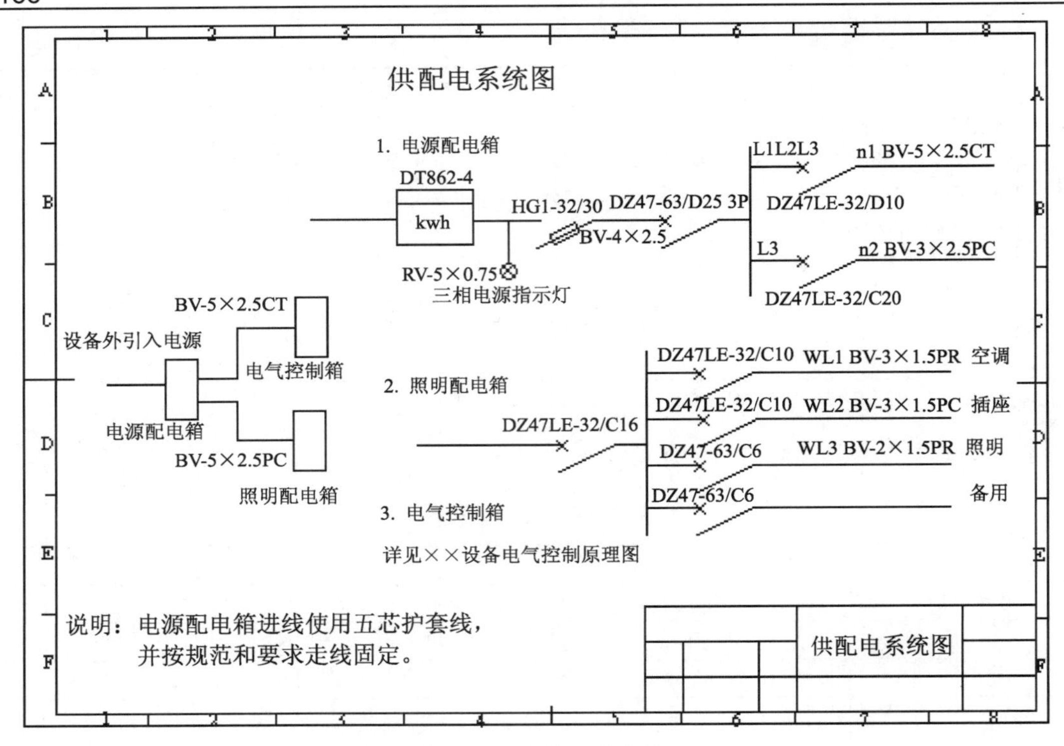

图 5-1-1 供配电系统图

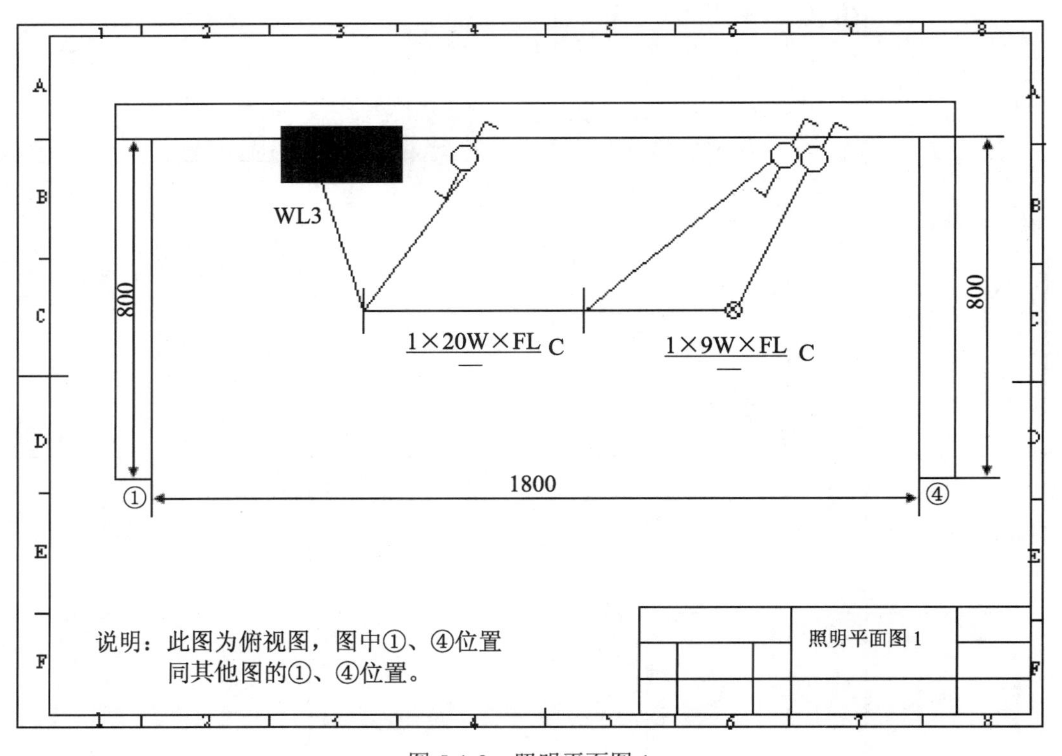

图 5-1-2 照明平面图 1

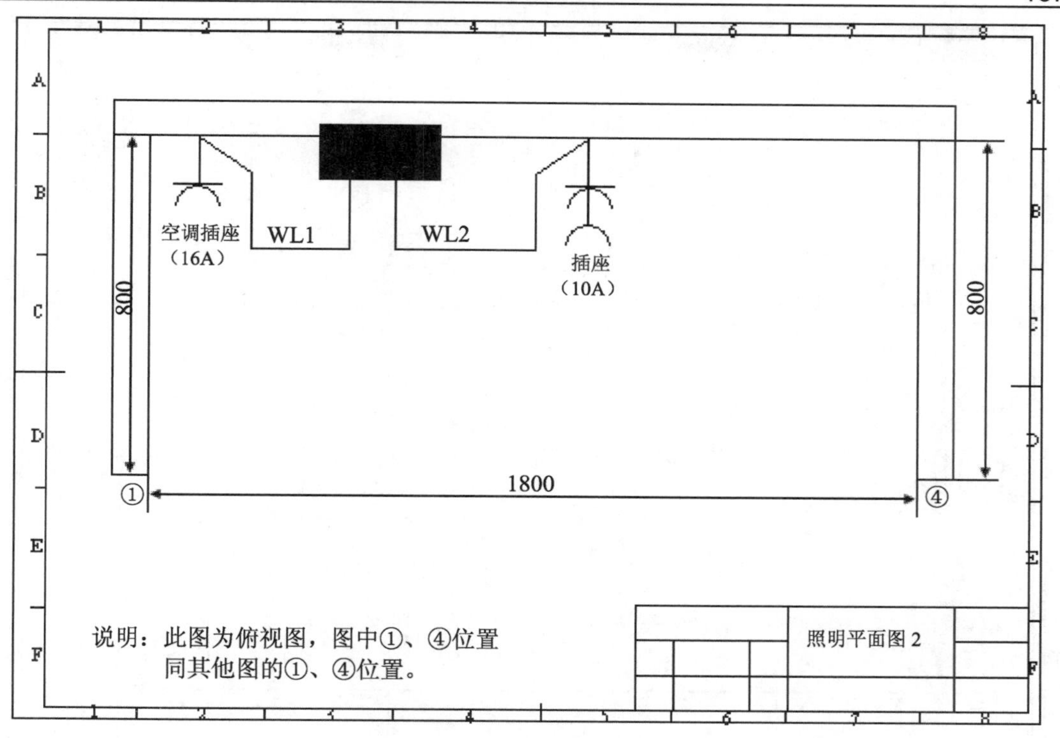

图 5-1-3　照明平面图 2

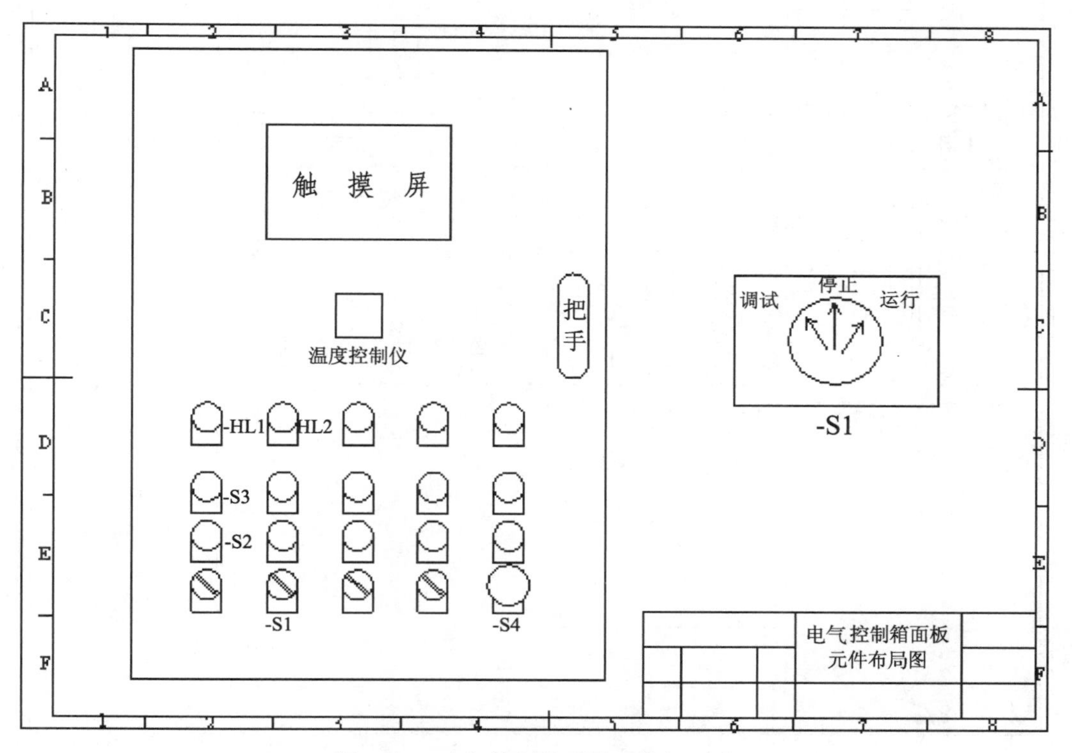

图 5-1-4　电气控制箱面板元件布局图

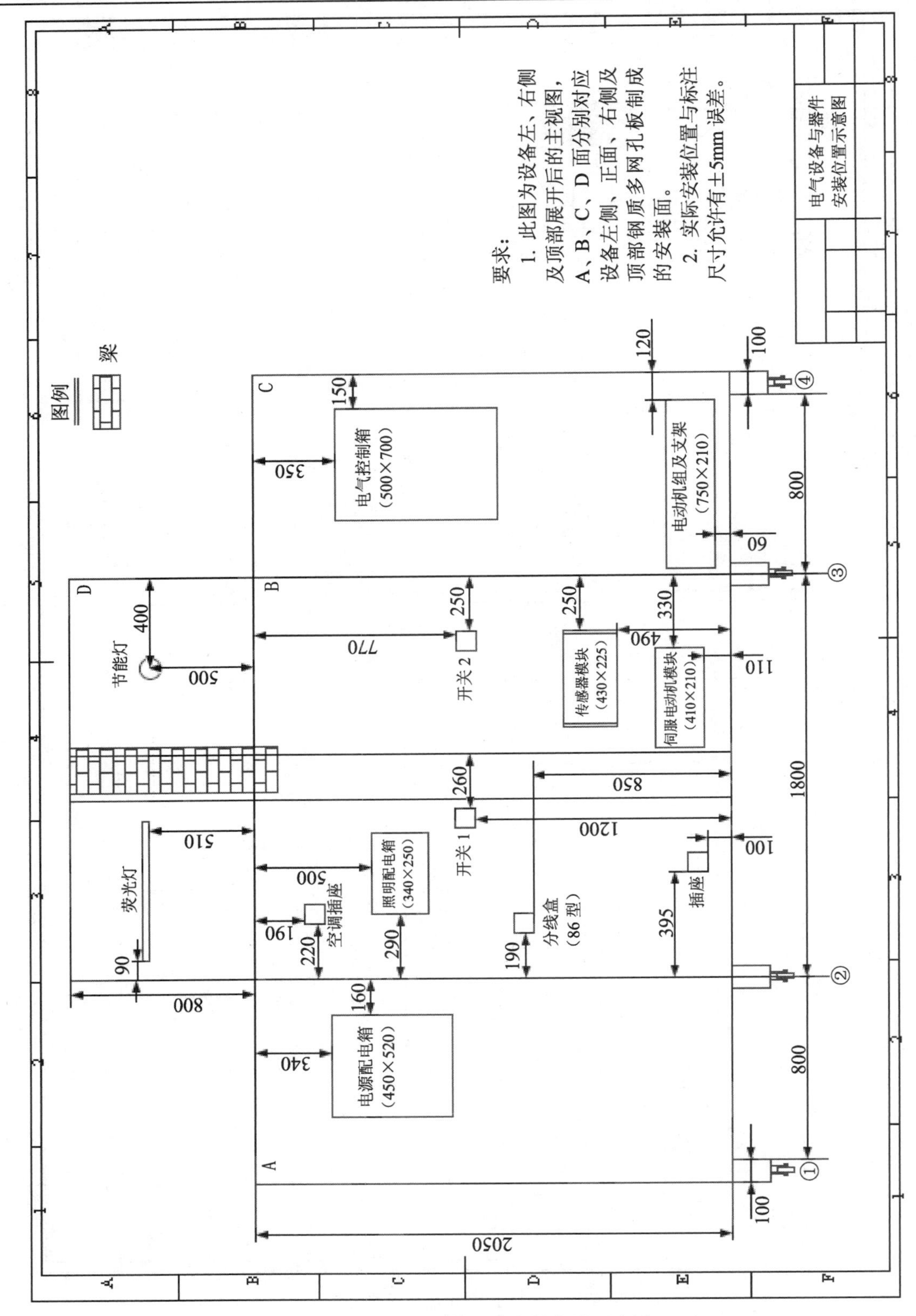

图 5-1-5 电气设备与器件安装位置示意图

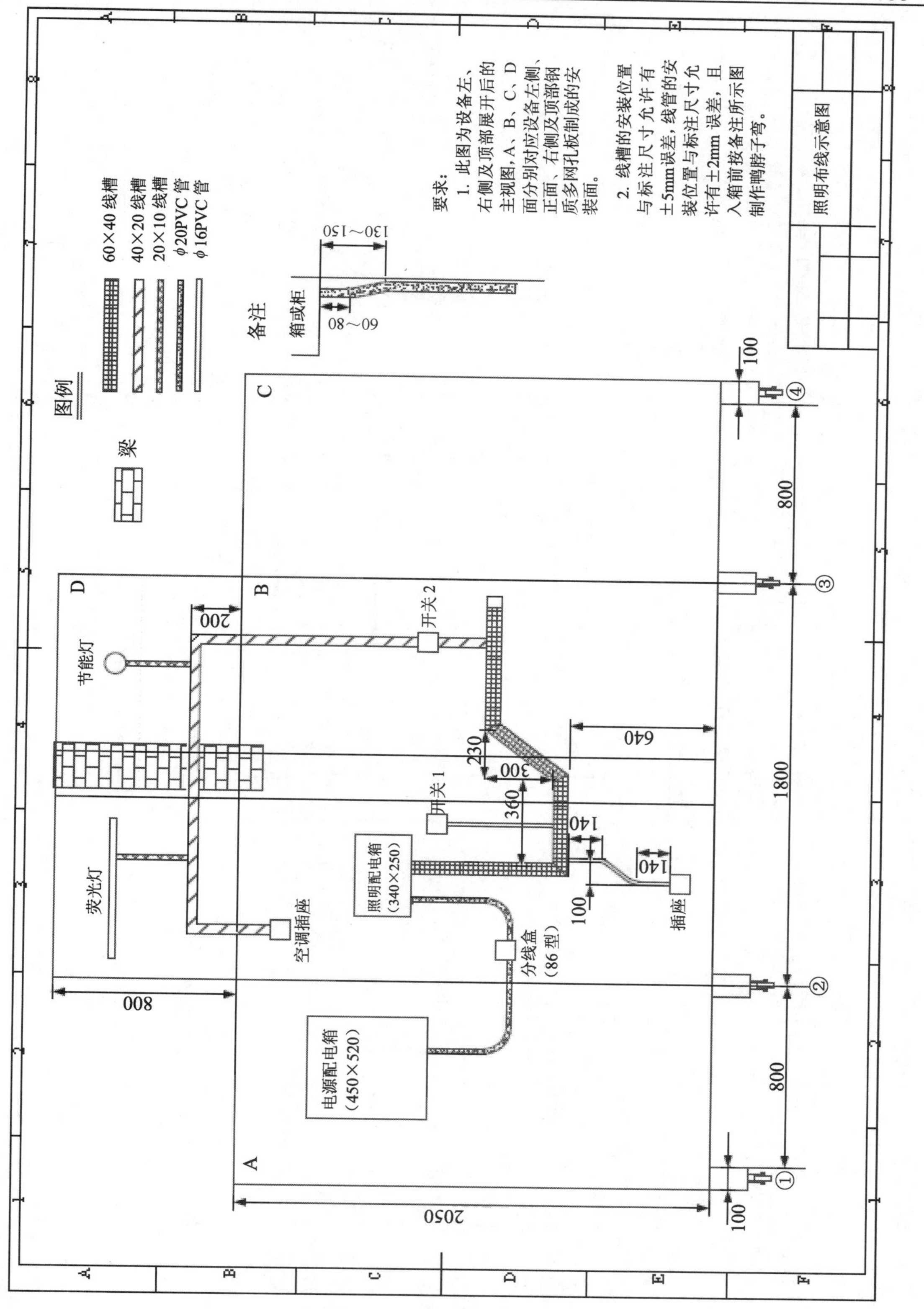

图 5-1-6　照明布线示意图

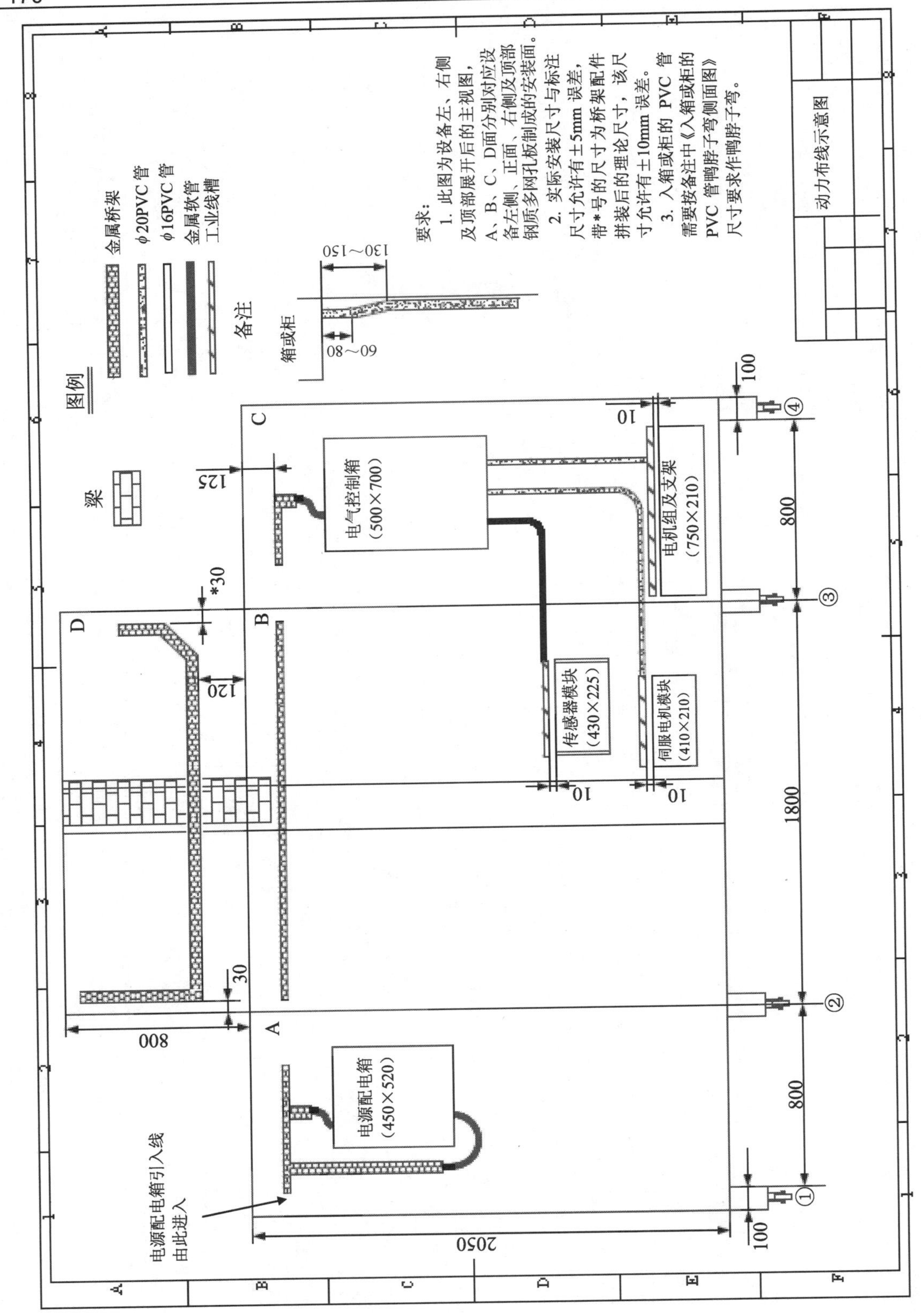

图 5-1-7 动力布线示意图

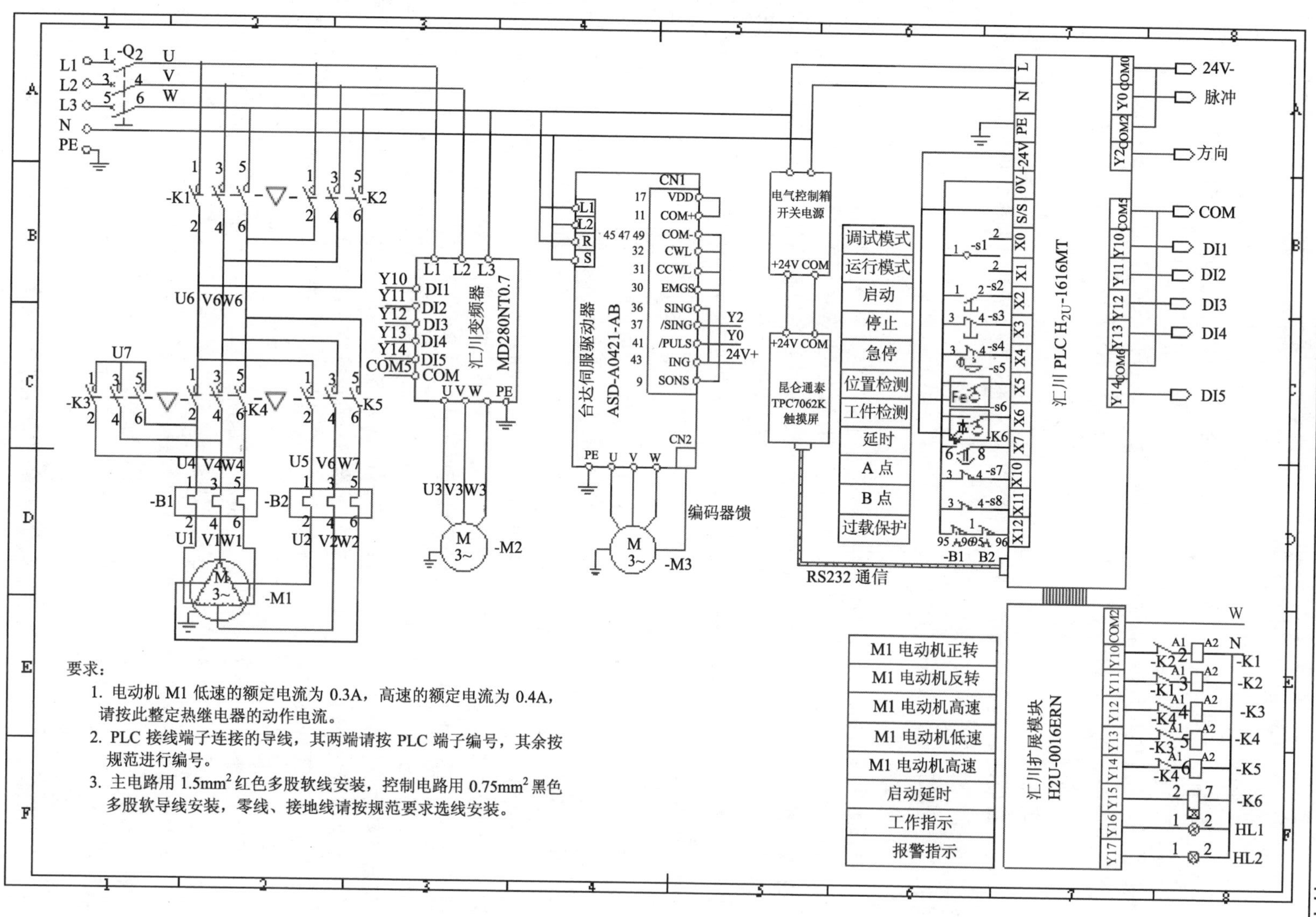

图 5-1-8　××设备电气控制原理图（汇川）

附件：××设备电气控制说明书

××设备的主轴由一台型号为 YS5021 的三相异步（双速）电动机 M1 拖动，可进行正、反转及低、高速运行；工作台由一台型号为 YS5024、带离心开关的三相异步电动机 M2 通过变频器拖动其正、反转，多速运行；主轴的上下移动由伺服电动机 M3 的正、反转拖动。通过电气控制箱的按钮、指示灯及触摸屏对设备运行进行监视和控制，其电气控制原理图如图 5-1-8 所示，所有电动机顺时针方向为正转。

具体控制要求如下：

（1）状态选择

设备有停止、调试和加工运行三种模式，三种模式由控制箱面板上的三位转换开关 S1 来选择：S1 在左位时为调试模式，在中间位置时为停止状态，在右位时为加工运行模式；在停止状态时，设备不能起动；在另外两种模式时，则按相应的模式运行。

（2）调试模式

设备上电后，将三位转换开关 S1 置于左位时，设备进入调试模式，可分别对电动机 M1、M2、M3 进行调试和检查。调试时，先通过触摸屏选择相应电动机的运行方向和运行速度，然后按“起动”按键进行调试；改变速度时，可以直接切换，但更改方向必须先按“停止”按键，重新选择方向后再起动调试；调试变频电动机 M2 时，其 3 段速是通过两个按键的单选或复选来组合的。检查所有电动机的运行方向和速度无误后再进入加工运行模式。

（3）加工运行模式

设备上电后，将 S1 置于右位时，设备进入加工运行模式。当 S7 检测到工作台在原位（A 点），按下控制箱上的起动按钮 S2 或触摸屏上的“起动”按键，控制箱上的 HL5 灯长亮，设备起动。在传感器 S6 检测到工作台上有工件后，触摸屏上的“运行指示”灯点亮，并开始进入加工过程，即：伺服电动机 M3 以 1r/s 的速度正转带动主轴下降；当传感器 S5 检测到主轴下降到位后，M3 停止，然后，双速电动机 M1 以低速拖动主轴正转，同时，变频电动机 M2 以 20Hz 的频率正转拖动工作台向 B 点移动；到达 B 点 S8 动作后，M1、M2 停止，同时起动时间继电器 K6，延时 3s 后，M1 以高速拖动主轴反转，M2 以 40Hz 的频率反转拖动工作台返回 A 点；到达 A 点 S7 动作后，M1、M2 停止，M3 以 2r/s 的速度反转带动主轴上升，回位触发传感器 S5 后设备暂停，HL5 仍亮、“运行指示”灯熄灭，待更换工件后（触发传感器 S6），“运行指示”灯点亮，设备自动进入加工过程。

（4）保护停止和报警

在加工过程中，若按下停止按钮 SB3 或触摸屏上的“停止”按键，当前加工过程继续，待加工结束后，设备停止，HL5 及触摸屏上的“运行指示”灯均熄灭。

当遇到紧急情况按下急停按钮 SB4、电动机过载热继电器 B1 或 B2 动作时，设备将立即停止工作，同时，HL4 以 1Hz 的频率闪烁，触摸屏上相应的报警指示灯显示，排除故障或松开急停开关后可重新起动。

（5）触摸屏画面

在切换转换开关 S1 时，触摸屏的两个界面分别对应着设备的调试和加工运行模式。触摸屏画面如图 5-1-9 所示。

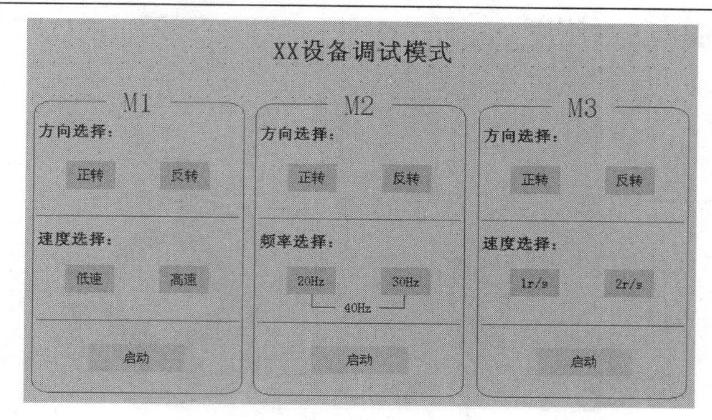

（a）第一页　调试模式界面

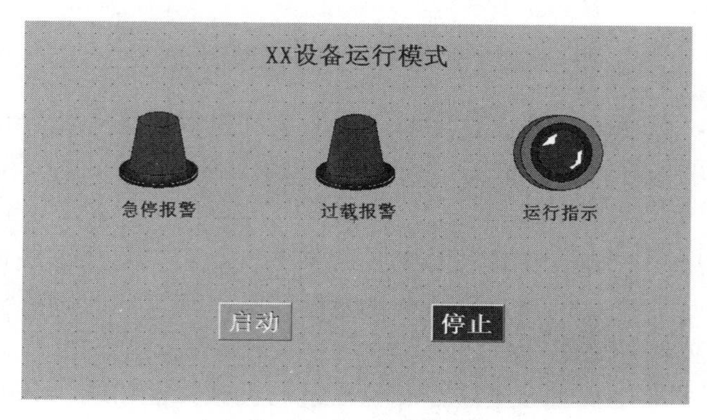

（b）第二页　加工运行模式界面

图 5-1-9　触摸屏画面

设备参数设定：

（1）变频器的加减速时间均为 1.0s；

（2）伺服驱动器为位置控制模式，且电子齿轮比设定为 10。

知识链接

一、交流伺服电动机

1. 基本结构

交流伺服电动机结构与普通鼠笼式异步电动机基本一样，它的定子装有空间相隔90°的两个绕组：一个是励磁绕组，另一个是控制绕组。交流伺服电动机的转子有鼠笼形转子和杯形转子两种，鼠笼形转子和三相鼠笼式异步电动机结构相似，只是造型细长以减小转动惯量；杯形转子是用铝合金或黄铜等非磁性材料制成的空心杯转子以减小转动惯量，其定子铁芯分为外铁芯定子和内铁芯定子部分。交流伺服电动机的结构如图 5-1-10 所示。

2. 工作原理

交流伺服电动机的工作原理与电容分相式单相异步电动机相似，励磁绕组中串有电容器作移相用，如图 5-1-11 所示。当定子的控制绕组没有控制电压，只在励磁绕组通入交流电时，在电动机的气隙中将产生交流脉动磁场，伺服电动机的转子不会产生电磁转矩，伺服电动机不会转动。如果在励磁绕组通入交流电的同时，控制绕组加上交流控制电压，适当的电容 C

值可使励磁电流和控制电流在相位上近似相差90°，结果在电动机的气隙中产生旋转磁场，产生电磁转矩，伺服电动机就转动起来。

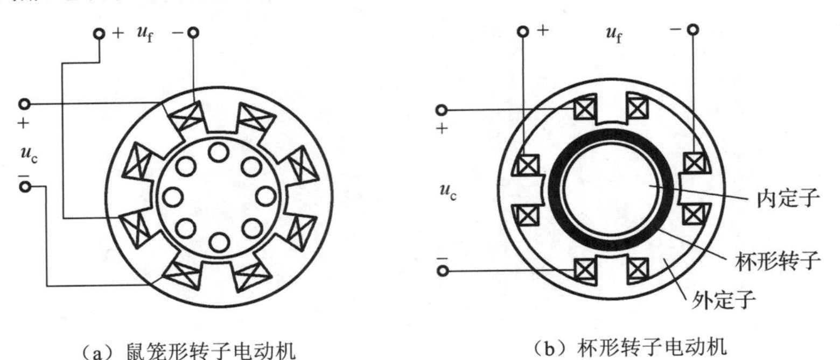

图 5-1-10 交流伺服电动机的结构示意图

当控制电压消失、仅有励磁电压作用时，伺服电动机便成为单相异步电动机继续转动，不会自行停车，这种现象称为“自转”。为了防止自转现象的发生，转子导体必须选用电阻率大的材料制成。

一般使交流伺服电动机转子电阻增大到临界转差率 s_m>1，这样即使伺服电动机在运行中控制电压消失之后，伺服电动机转子也不会再继续转动。因为此时励磁绕组的脉动磁场会产生制动的电磁转矩，使转子迅速停止转动。

图 5-1-12 为交流伺服电动机在不同控制电压下的机械特性曲线。由图 5-12 可知，在一定负载转矩下，控制电压越大，转速越高；在一定控制电压下，负载增加，转速下降。由于转子电阻较大，机械特性很软，这不利于系统的稳定。

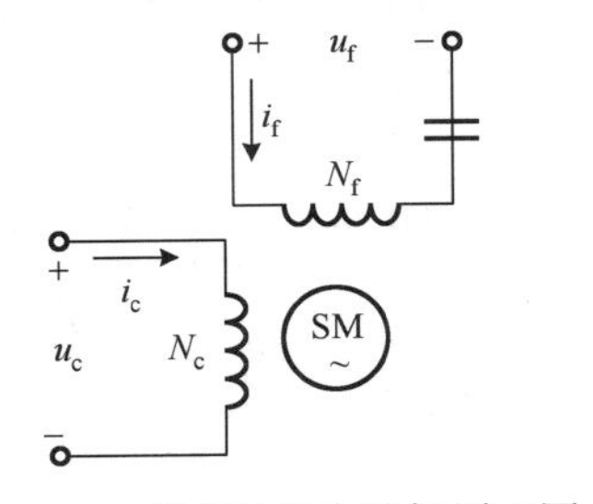

图 5-1-11 交流伺服电动机原理图

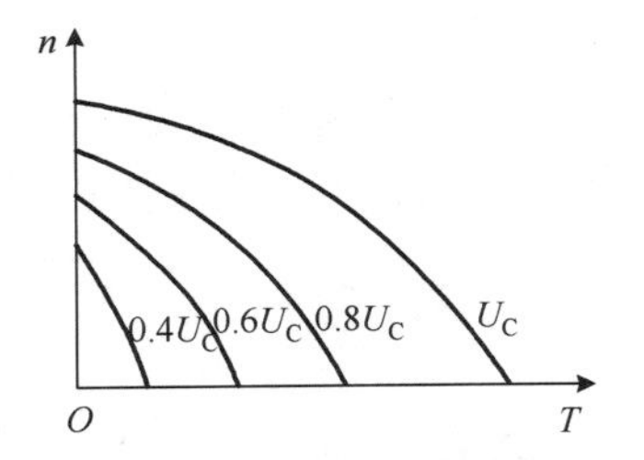

图 5-1-12 不同 U_C 时的机械特性曲线

3. 台达交流伺服电动机

台达 ECMAC30604PS 型交流伺服电动机外形如图 5-1-13 所示。

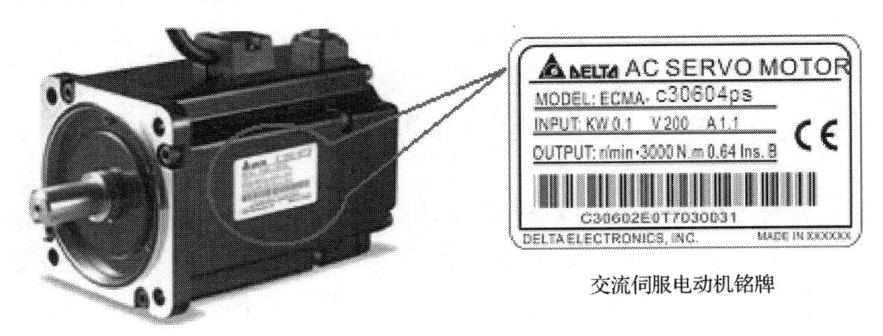

图 5-1-13 台达交流伺服电机外形

台达交流伺服电动机 ECMAC30604PS 型号的含义是：

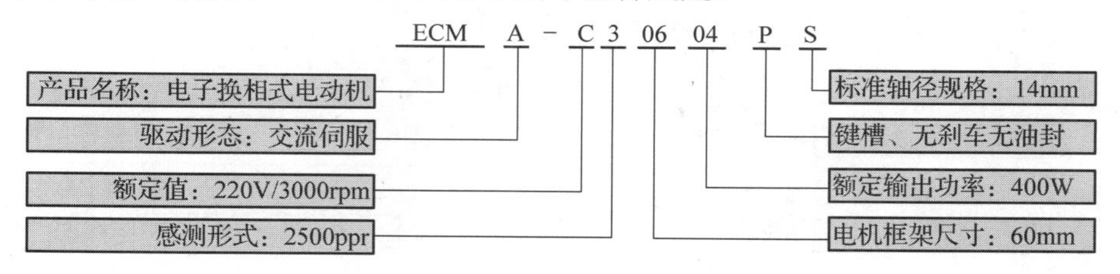

二、台达 ASD-A0421-AB 型伺服驱动器

1. 伺服驱动器的外形及连接线

伺服驱动器的外形及连接线如图 5-1-14 所示。

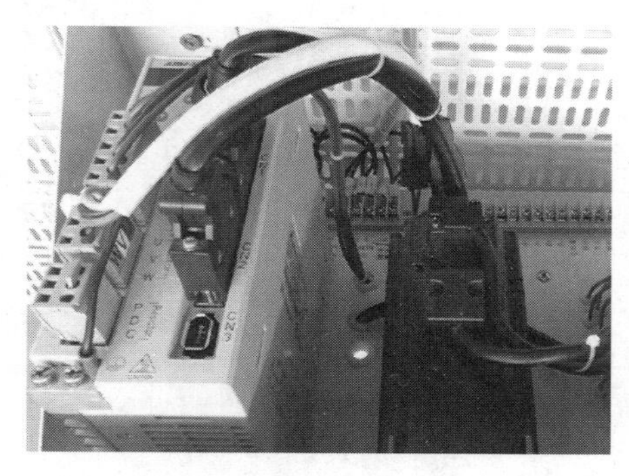

图 5-1-14　伺服驱动器外形及连接线

2. 伺服驱动器标准规格

ASDA-AB 系列伺服驱动器主要用于需要“高速、高频度、高定位精度”的场合，该伺服驱动器可以在最短的时间内、最大限度地发挥机器性能，有助于提高生产效率。

ASDA-AB 系列伺服驱动器标准规格见表 5-1-3 所示。

表 5-1-3　ASDA-AB 系列伺服驱动器的标准规格

电源规格		单相：200～255VAC，50/60Hz±5%
连续输出电流[Arms]		6.2
冷却方式		自然冷却
编码器分辨率/反馈分辨率		2500ppr / 10000ppr
主回路控制方式		SVPWM 控制
操控模式		手动 / 自动
动态刹车		内建
位置控制模式	最大输入脉冲频率	差动传输方式：500kpps，开集极传输方式：200kpps
	脉冲指令模式	脉冲+方向；A 相+B 相；CCW 脉冲+CW 脉冲
	指令控制方式	外部脉冲控制/内部寄存器控制
	指令平滑方式	低通及 P 曲线平滑滤波
	电子齿轮比	电子齿轮 N/M 倍 N：1～32767 / M：32767（1/50<N/M<200）
	转矩限制	参数设定方式
	前馈补偿	参数设定方式

3. 台达伺服驱动器的型号

台达伺服驱动器 ASD-A0421-AB 型号的含义是：

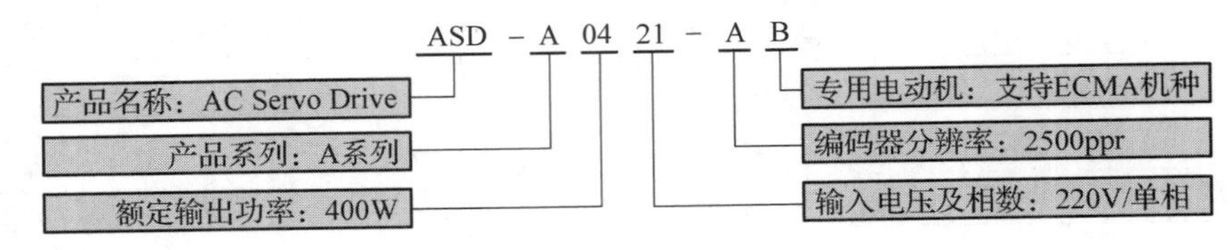

4. 伺服驱动器各部分的名称及功能

（1）伺服驱动器各部分的名称

伺服驱动器各部分的名称如图 5-1-15 所示。

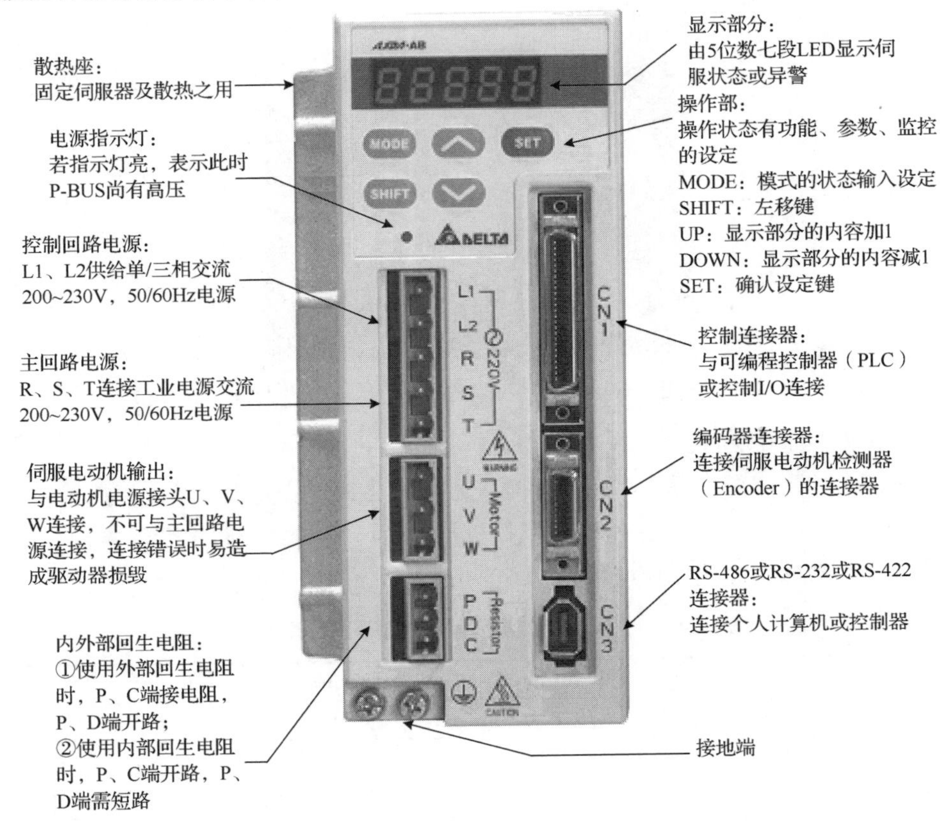

图 5-1-15 伺服驱动器各部分的名称

（2）伺服单元 CN1 的名称及功能

伺服单元 CN1 的名称及功能见表 5-1-4。

表 5-1-4 CN1 信号的名称及功能

信号名称		针号	功能
位置脉冲命令（输入）	PULSE	43	位置脉冲可以用差动（Line Driver）或集极开路方式输入，命令的形式也可分成三种（正逆转脉冲、脉冲与方向、AB 相脉冲），可由参数 P1-00 来选择
	/PULSE	41	
	SIGN	36	
	/SIGN	37	

续表

信号名称		针号	功能
位置脉冲命令（输入）	PULLHI	35	当位置脉冲使用集极开路方式输入时，必须将本端子连接至一外加电源，提供DC24V 电源
	CCLR	10	清除偏差计数器
	CWL	32	逆向运转禁止极限，为 B 接点，必须时常导通（ON），否则驱动器显示异警（ALRM）
	CCWL	31	正向运转禁止极限，为 B 接点，必须时常导通（ON），否则驱动器显示异警（ALRM）
	EMGS	30	急停信号接入，为 B 接点，必须时常导通（ON），否则驱动器显示异警（ALRM）
	SON	9	当 ON 时，伺服回路起动，电动机线圈励磁
位置脉冲命令（输出）	OA	21	将编码器的 A、B、Z 信号以差动（Line Driver）方式输出
	/OA	22	
	OB	25	
	/OB	23	
	OZ	50	
	/OZ	24	
电源	VDD	17	VDD 是驱动器所提供的+24V 电源，用以提供 DI 与 DO 信号使用，可承受 500mA
	COM+	11	COM+是 DI 与 DO 的电压输入共同端，当电压使用 VDD 时，必须将 VDD 的正端连至 COM+，而外加电源的负端连接至 COM-
	COM–	45	
		47	
		49	
	VCC	20	VCC 是驱动器所提供的+12V 电源，用以提供简易的模拟命令（速度或扭矩）使用，可承受 100mA
	GND	12	VCC 电压的基准是 GND
		13	
		19	
		44	

（3）伺服单元 CN2 的名称及功能

ECMA 系列的电机内附一个 2500pprA、B、Z、U、V、W 的编码器。电源起动时，U+、V+、W+、U–、V–、W–信号即在 0.5s 内以 6 条线告知驱动器，再下来同样 6 条线换成 A+、B+、Z+、A–、B–、Z–信号，2500pprA、B 信号进入驱动器后即成为 10000ppr，加上电源 VCC（2 条）、地（GND）（2 条）和编码器连接线一共有 10 条。

伺服单元 CN2 的名称及功能见表 5-1-5。

表 5-1-5　CN2 编码器信号的名称及功能

信号名称		针号	功能	颜色
/Z 相输入	/Z	2	编码器/Z 相输出	黄/黑
/A 相输入	/A	4	编码器/A 相输出	蓝/黑
A 相输入	A	5	编码器 A 相输出	蓝
B 相输入	B	7	编码器 B 相输出	绿
/B 相输入	/B	9	编码器/B 相输出	绿/黑
Z 相输入	Z	10	编码器 Z 相输出	黄
编码器电源	+5V	14	编码器用 5V 电源	红与红/白
		16		
	GND	13	接地	黑与黑/白
		15		
屏蔽	屏蔽		屏蔽	屏蔽

5. 驱动器的面板操作器

(1) 面板各部分的名称及功能

驱动器的面板操作器的外形如图 5-1-16 所示，各部分的名称及功能见表 5-1-6。

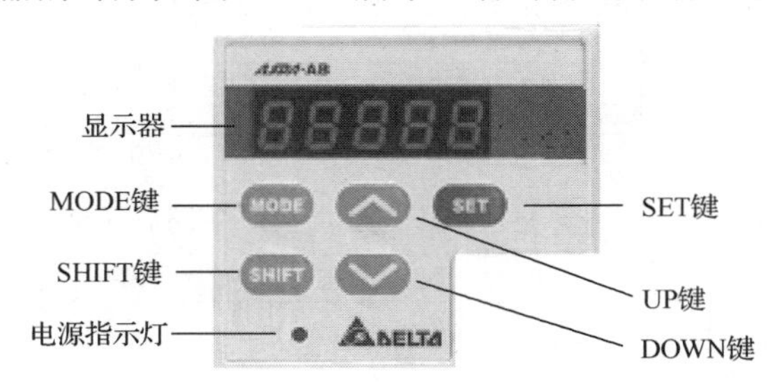

图 5-1-16 驱动器面板操作器外形图

表 5-1-6 面板名部分的名称及功能

名称	功能
显示器	五组七段显示器用于显示监控制值、参数值及设定值
电源指示灯	主电源回路电容量的充电显示
MODE 键	进入参数模式或脱离参数模式及设定模式
SHIFT 键	参数模式下可改变群组参码。设定模式下闪烁字符左移可用于修正较高的设定字符值
UP 键	变更监控码、参数码或设定值
DOWN 键	变更监控码、参数码或设定值
SET 键	显示及储存设定值

面板操作器由面板显示器和按键两部分构成，通过面板操作器可以显示监控状态、参数模式及设定相应的参数值。

(2) 面板操作流程

驱动器接通电源时，显示器会自动进入监控显示模式，通过操作“UP/DOWN”键或“MODE”键，显示器将显示监控参数或参数模式，具体操作流程如图 5-1-17 所示。

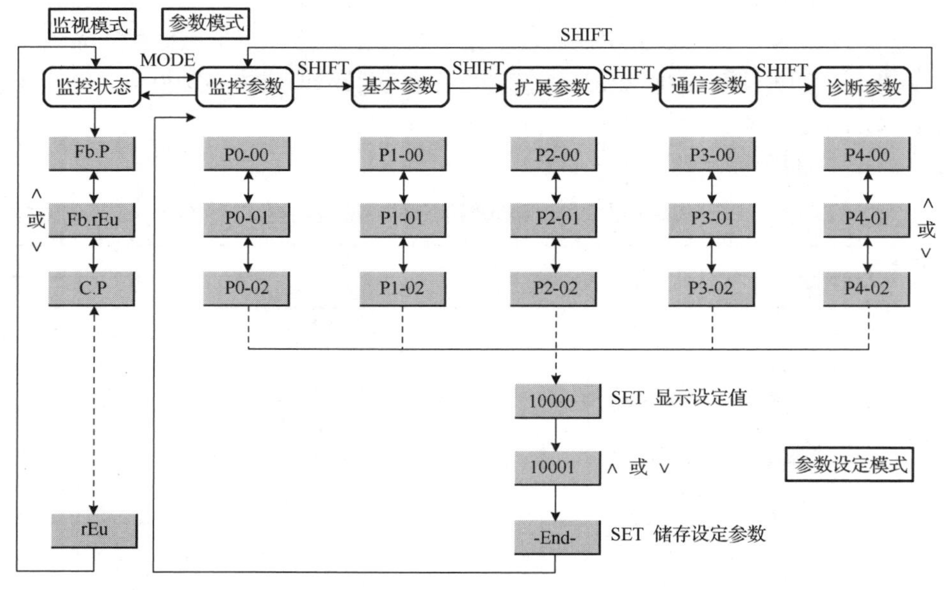

图 5-1-17 面板操作流程图

6. 位置控制模式

（1）控制模式选择

台达伺服驱动器提供位置、速度、扭矩三种基本操作模式，可使用单一控制模式，也可选择用混合模式来进行控制，每一种模式又分两种情况，所以总共有11种控制模式，见表5-1-7。

表5-1-7　台达伺服驱动器控制模式

模式名称		模式代号	模式码	说明
单一模式	位置模式（端子输入）	Pt	00	驱动器接受位置命令，控制电动机至目标位置，位置命令由端子输入，信号形态为脉冲
	位置模式（内部寄存器输入）	Pr	01	驱动器接受位置命令，控制电动机至目标位置。位置命令由内部寄存器提供（共八组寄存器），可利用DI信号选择寄存器编号
	速度模式	S	02	驱动器接受速度命令，控制电动机至目标转速。速度命令可由内部寄存器提供（共三组寄存器），或由外部端子模拟电压（−10V～+10V），命令的选择是根据DI信号来选择的
	速度模式（无模拟输入）	Sz	04	驱动器接受速度命令，控制电动机至目标转速。速度命令仅可由内部寄存器提供（共三组寄存器），无法由外部端子提供。命令的选择是根据DI信号来选择的
	扭矩模式	T	03	驱动器接受位置命令，控制电动机至目标位置。扭矩命令可由内部寄存器提供（共三组寄存器），或由外部端子模拟电压（−10V～+10V），命令的选择是根据DI信号来选择的
	扭矩模式（无模拟输入）	Tz	05	驱动器接受位置命令，控制电动机至目标位置。扭矩命令仅可由内部寄存器提供（共三组寄存器），无法由外部端子提供。命令的选择是根据DI信号来选择的
混合模式		Pt-S	06	Pt与S可通过DI信号切换
		Pt-T	07	Pt与T可通过DI信号切换
		Pr-S	08	Pr与S可通过DI信号切换
		Pr-T	09	Pr与T可通过DI信号切换
		S-T	10	S与T可通过DI信号切换
备注		•将驱动器切换到SERVO OFF状态，可由DI的SON信号OFF来完成； •将参数P1-01中的控制模式设定填入表中的模式码； •设定完成后，将驱动器断电再重新送电即可		

（2）位置控制（Pt）模式的基本设定

伺服电动机采用位置控制模式驱动时需要设定的参数见表5-1-8。

表5-1-8　台达伺服驱动器主要参数设定

序号	参数	名称	出厂值	设定值	功能说明
1	P2−08	特殊参数写入	0	10	参数复位（复位后请重新接通电源）。 设定此参数前，请先确认驱动器状态在SERVO Off，即断开SON信号线
2	P1−00	外部脉冲列指令输入形式设定	2	2	脉冲形式：脉冲列+符号
3	P1−01	控制模式及控制命令输入源设定	00	00	Pt：位置控制模式（命令由端子输入）
4	P1−44	电子齿轮比分子（N）	1	待定	多段电子齿轮比分子设定，设定范围1～32767
5	P1−45	电子齿轮比分母（M）	1	待定	多段电子齿轮比分母设定，设定范围1～32767 齿轮比范围：1/50<N/M<200

电子齿轮提供简单易用的行程比例变更，当电子齿轮比为 1 时，命令端每个脉冲对应到电动机转动脉冲为 1 个脉冲；当电子齿轮比为 0.5 时，命令脉冲每两个脉冲对应到电动机转脉冲才为 1 个脉冲。

由于编码器的反馈分辨率为 10000，在驱动器参数初始化后（电子齿轮比为 1），伺服电动机接收 10000 个脉冲信号，转子将转动 1 圈。可通过修改电子齿轮比参数 P1-44、P1-45，设定伺服电动机转动一圈所需要的脉冲数量。计算公式如下：

[每转脉冲数（N0）]=[反馈分辨率]÷[电子齿轮比（N/M）]

脉冲频率与伺服电动机转速之间的关系为：

[频率]=[转速]×[反馈分辨率]÷[电子齿轮比]

（3）典型电路

YL-156A 实训装置伺服电动机模块采用伺服驱动器位置控制模式，标准接线图如图 5-1-18 所示。

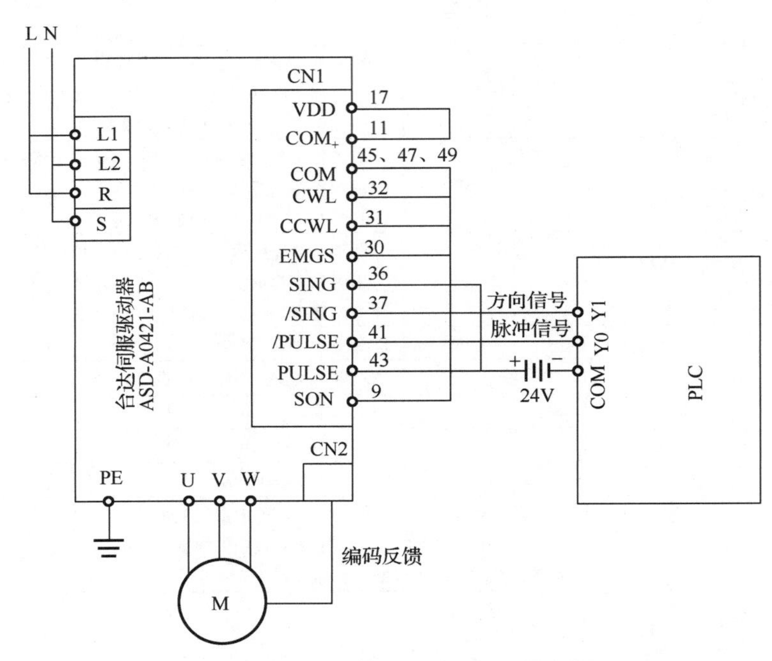

图 5-1-18　位置控制模式典型电路

完成工作任务指导

一、电气照明线路安装与调试

1．准备工具、仪表及器材

（1）工具：钢锯、锉刀、电工刀、台虎钳、螺丝刀、电动旋具、开孔器、卷尺、直尺、角度尺、ϕ16 及ϕ20 弹簧弯管器、线管切割器、铅笔、橡皮擦、强力磁铁（定位线槽用）若干、验电笔。

（2）仪表及设备：万用表、YL-156A 型实训考核装置。

（3）耗材：各种规格线管及线槽、塑料连接件若干、固定螺钉、垫片、塑料管卡、橡胶护套、各种线径规格的导线若干等。

2. 阅读任务书

认真阅读工作任务书，理解工作任务的内容，明确工作任务的目标。根据施工单及施工图，做好工具及耗材的准备，拟订施工计划。

3. 施工步骤

施工的步骤与项目二任务三相同，具体工作过程如图 5-1-19 所示。

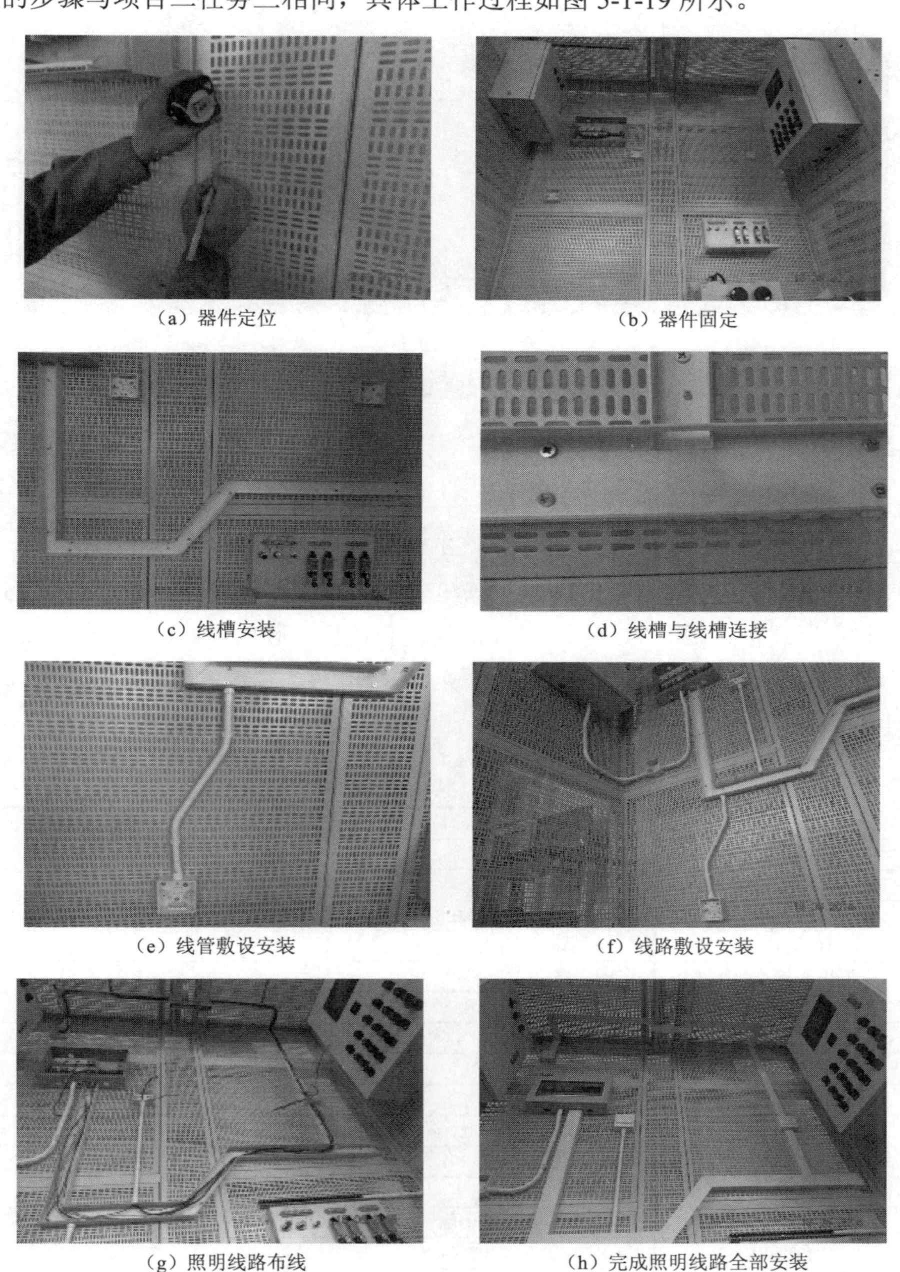

（a）器件定位　（b）器件固定

（c）线槽安装　（d）线槽与线槽连接

（e）线管敷设安装　（f）线路敷设安装

（g）照明线路布线　（h）完成照明线路全部安装

图 5-1-19　电气照明线路安装与调试过程

（i）电阻检测

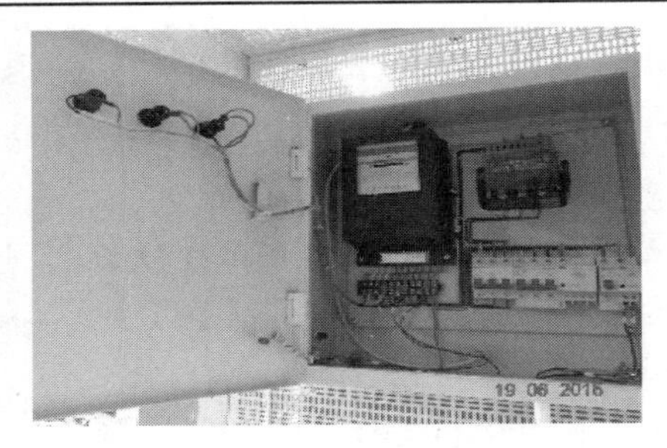
（j）引入电源线

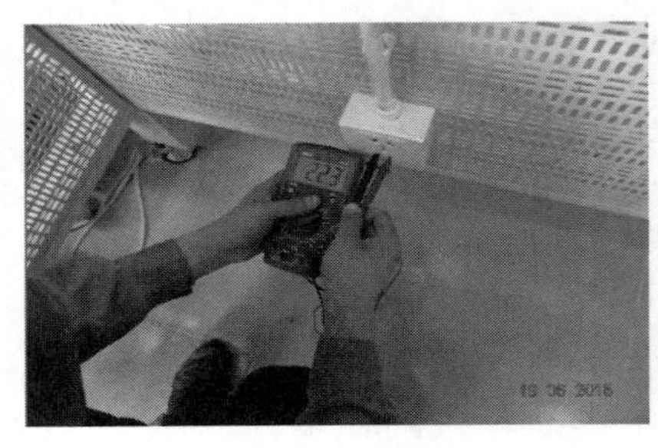
（k）电压检测

（l）照明线路通电

图 5-1-19　电气照明线路安装与调试过程（续）

二、电动机控制线路安装与调试

1. 准备工具、仪表及器材

（1）工具：测电笔、电动旋具、螺丝刀、尖嘴钳、剥线钳、压线钳等常用工具。

（2）仪表及设备：万用表、YL-156A 型实训考核装置。

（3）器材：行线槽、ϕ20PVC 管、1.5mm^2 红色和蓝色多股软导线、1.5mm 黄绿双色 BVR 导线、0.75mm^2 黑色和蓝色多股导线、冷压接头 SVϕ1.5-4、端针、缠绕带、捆扎带。其他所需的元器件见表 5-1-9。

表 5-1-9　元器件清单表

序号	名称	型号/规格	数量
1	三相异步电动机	YS5024(Y-△)，带离心开关	1 台
2	三相异步（双速）电动机	YS5021	1 台
3	交流伺服电动机	ECMAC30604PS	1 台
4	伺服驱动器	ASD-A0421-AB	1 台
5	汇川 PLC 主模块	H_{2U}-1616MT	1 台
6	汇川 PLC 扩展模块	H_{2U}-0016ERN	1 台
7	PLC 通信线	RS-232	1 条
8	汇川变频器	MD280NT0.7	1 台
9	昆仑通泰触摸屏	TPC7062K	1 只
10	塑壳开关	NM1-63S/3300 20A	1 只
11	接触器	CJX2-0910/220V	5 只
12	辅助触头	F4-22	4 只
13	热继电器	JRS1D-25F 0.4A	2 只
14	行程开关	YBLX-ME/8104	2 只
15	时间继电器	ST3P C-B 30S AC220V（一组瞬动、一组延时）	1 只

续表

序号	名称	型号/规格	数量
16	电感式传感器	GH1-1204NA	1只
17	光电式传感器	GH3-N1810NA	1只
18	接线端子排	TB-1512	3条
19	安装导轨	C45	若干
20	按钮	LA68B-EA35/45	起动1只（绿）、停止1只（红）、急停1只（红）
21	选择开关（3挡）	SB2-ED33	1只
22	指示灯	AD58B-22D 220V	2只
23	电气控制箱箱体	720mm×280mm×850mm	1只

认真阅读工作任务书，理解工作任务的内容，明确工作任务的目标。根据施工单及施工图，做好工具及耗材的准备，拟订施工计划。

2. 电动机控制线路的安装

电动机控制线路的安装方法与项目三任务四相同，工作过程如图5-1-20所示。

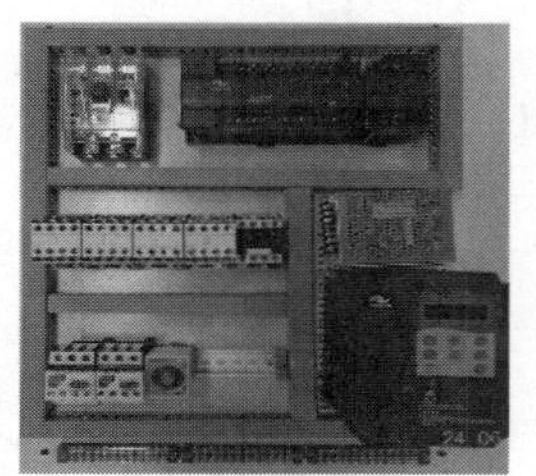

（a）元器件安装固定

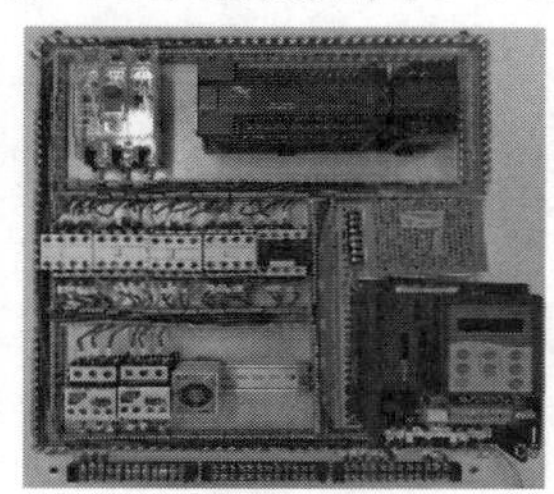

（b）主电路接线

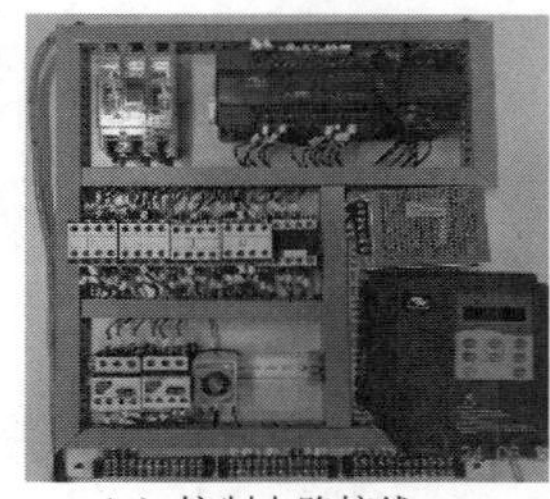

（c）控制电路接线

（d）面板器件接线

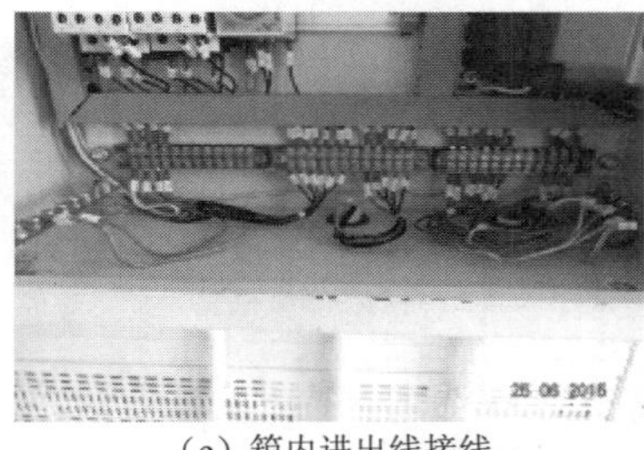

（e）箱内进出线接线

（f）电动机接线

（g）桥架安装

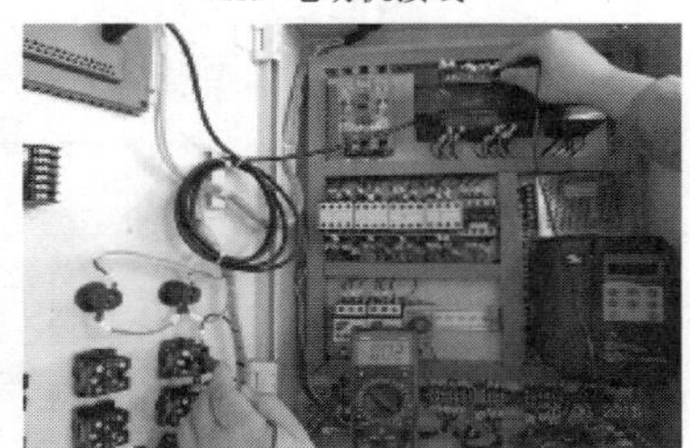

（h）通电前检测

图5-1-20　电动机控制线路安装过程

3. 触摸屏程序的编写

（1）定义变量名称

根据如图 5-1-10 所示的触摸屏控制画面及控制要求，设置各个变量的名称，见表 5-1-10。

表 5-1-10 定义变量名称

序号	电动机/画面	按钮或指示灯		变量		触摸屏构件
		名称	类型	动作	动画	
1	M1 电动机	正转	按钮	M20	M40	正转
2		反转	按钮	M21	M41	反转
3		低速	按钮	M22	M42	低速
4		高速	按钮	M23	M43	高速
5		起动	开关	M32	M32	启动
6	M2 电动机	正转	按钮	M24	M44	正转
7		反转	按钮	M25	M45	反转
8		20Hz	开关	M30	M30	20Hz
9		30Hz	开关	M31	M31	30Hz
10		起动	开关	M33	M33	启动
11	M3 电动机	正转	按钮	M26	M46	正转
12		反转	按钮	M27	M47	反转
13		低速	按钮	M28	M48	1r/s
14		高速	按钮	M29	M49	2r/s
15		起动	开关	M34	M34	启动
16	第二画面	系统起动	按钮	M10	——	启动
17		系统停止	按钮	M11	——	停止
18		急停报警	指示灯	——	X04	
19		过载报警	指示灯	——	X12	
20		运行指示	指示灯	——	M0	

（2）设备组态

在选择好 TPC 类型“TPC7062K”后，进行设备组态：通用串口父设备属性、设备属性值、设备通道与连接变量等设置。

连接变量与通道名称见表 5-1-11。

表 5-1-11　连接变量与通道名称表

索引	连接变量	通道名称
0000		通讯状态
0001	x0	只读X0000
0002	x1	只读X0001
0003	x4	只读X0004
0004	x12	只读X0012
0005	m0	读写M0000
0006	m10	读写M0010
0007	m11	读写M0011
0008	m20	读写M0020
0009	m21	读写M0021
0010	m22	读写M0022
0011	m23	读写M0023
0012	m24	读写M0024
0013	m25	读写M0025
0014	m26	读写M0026
0015	m27	读写M0027
0016	m28	读写M0028
0017	m29	读写M0029
0018	m30	读写M0030
0019	m31	读写M0031
0020	m32	读写M0032
0021	m33	读写M0033
0022	m34	读写M0034
0023	m40	读写M0040
0024	m41	读写M0041
0025	m42	读写M0042
0026	m43	读写M0043
0027	m44	读写M0044
0028	m45	读写M0045
0029	m46	读写M0046
0030	m47	读写M0047
0031	m48	读写M0048
0032	m49	读写M0049

（3）动画组态

① 按钮类型。

以“××设备调试模式”画面中 M1 电动机的方向选择“正转”键为例，说明“动画按钮构件”属性设置的方法，如图 5-1-21 所示。

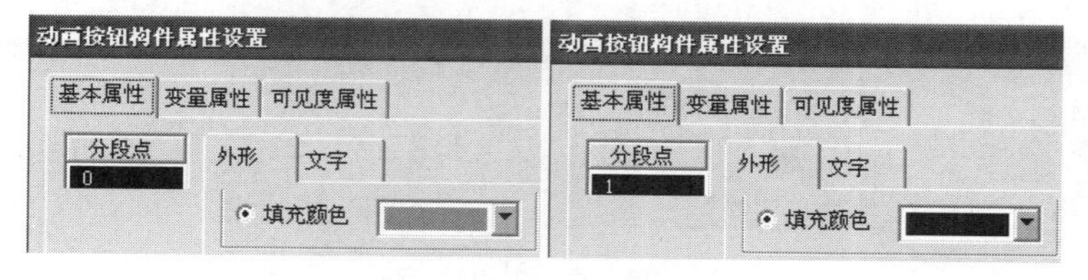

（a）基本属性——外形设置

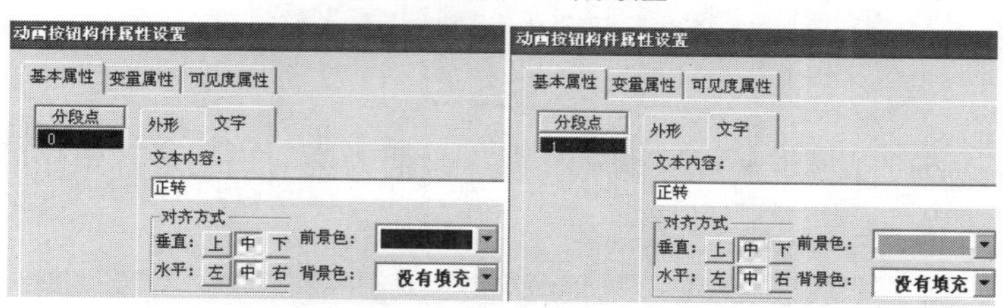

（b）基本属性——文字设置

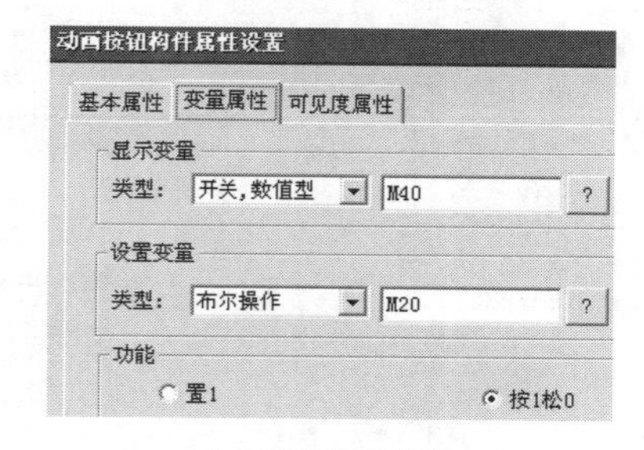

（c）变量属性设置

图 5-1-21　按钮类型组态设置

② 开关类型。

以“××设备调试模式”画面中 M1 电动机的“起动”键为例，说明“动画按钮构件”属性设置的方法，如图 5-1-22 所示。

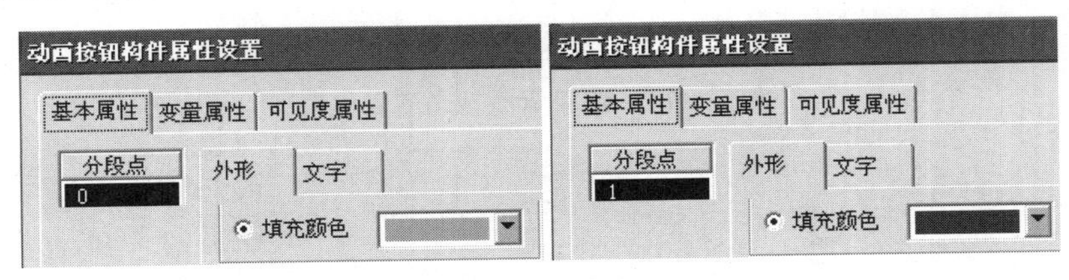

（a）基本属性——外形设置

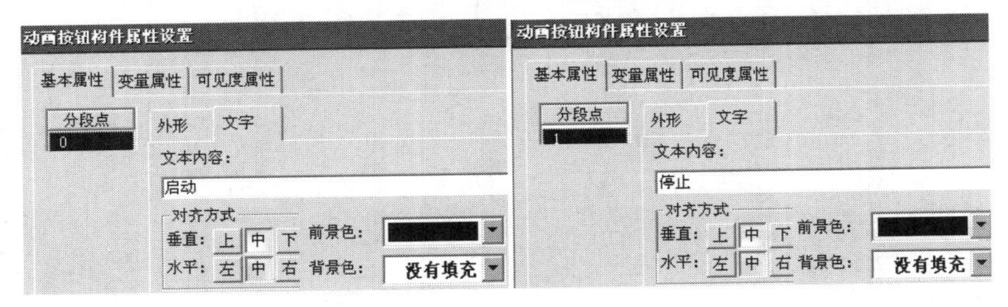

（b）基本属性——文字设置

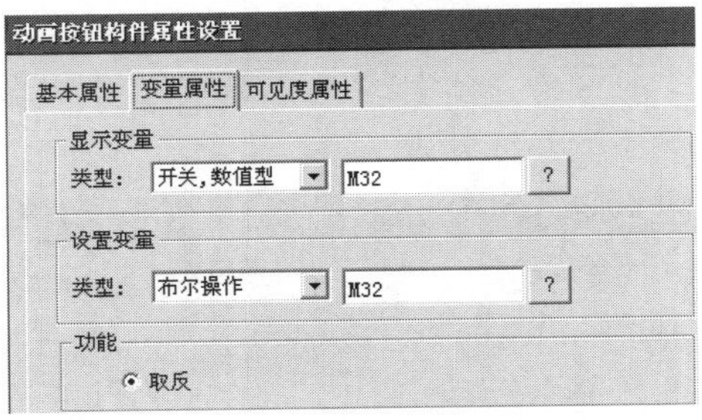

（c）变量属性设置

图 5-1-22　开关类型组态设置

③ 运行策略。

以 SA2 打到左边时触摸屏呈现“调试界面”画面为例，说明运行策略的组态设置方法，如图 5-1-23 所示。

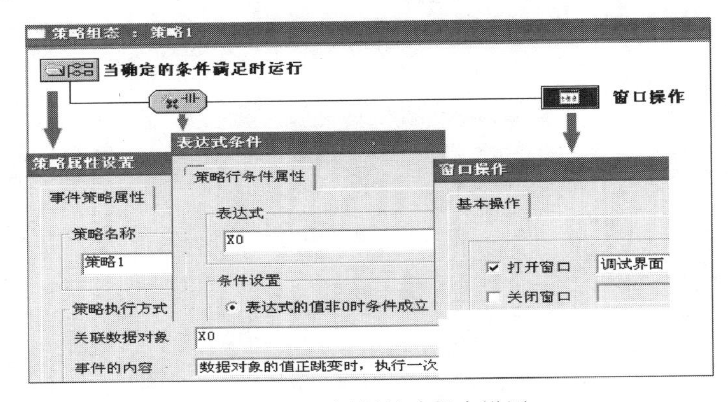

图 5-1-23　运行策略组态设置

4. 参数设置

（1）变频器参数设置

根据任务要求，电动机能以 20Hz、30Hz、40Hz 三种频率运行，电动机起动及停止时间均设定为 1.0s。需要设置的变频器参数及相应的设定值见表 5-1-12。

表 5-1-12　需要设置的变频器参数及设定值

序号	参数号	设定值	说明
1	FP-01	1	参数初始化
2	F0-00	1	命令源选择
3	F0-01	4	频率源选择
4	F0-04	100	最大频率
5	F0-06	100	上限频率
6	F0-09	1	加速时间 1
7	F0-10	1	减速时间 1
8	F2-00	1	DI1 端子功能
9	F2-01	2	DI2 端子功能
10	F2-02	13	DI3 端子功能
11	F2-03	14	DI4 端子功能
12	F2-04	15	DI5 端子功能
13	F8-02	20	多段速 1
14	F8-03	30	多段速 2
15	F8-04	40	多段速 3

（2）伺服驱动器参数设置

伺服驱动器参数设置见表 5-1-13。

表 5-1-13　伺服驱动器参数设置

序号	参数号	设定值	说明
1	P2-08	10	恢复出厂值
2	P1-00	2	脉冲输入形式
3	P1-01	0	控制模式
4	P1-44	10	齿轮比分子
5	P1-45	1	齿轮比分母

5. PLC 控制程序的编写

（1）分析控制要求，画出自动控制的工作流程图

分析控制要求，画出自动控制过程的工作流程图，如图 5-1-24 所示。

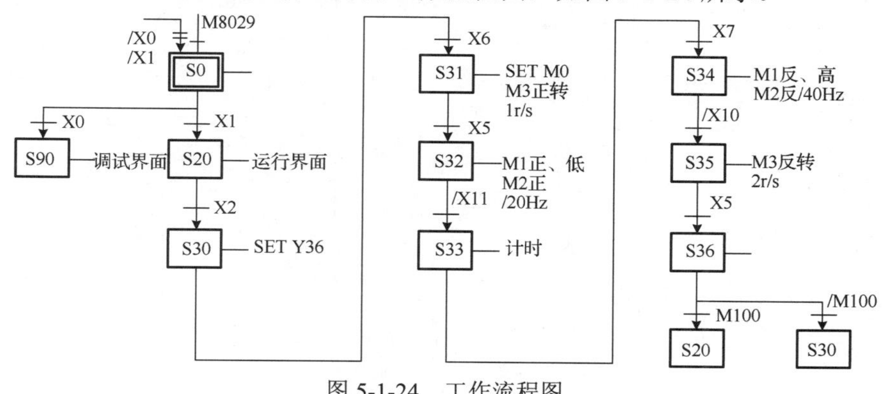

图 5-1-24　工作流程图

（2）编写 PLC 控制程序

PLC 梯形图程序如图 5-1-25 所示。

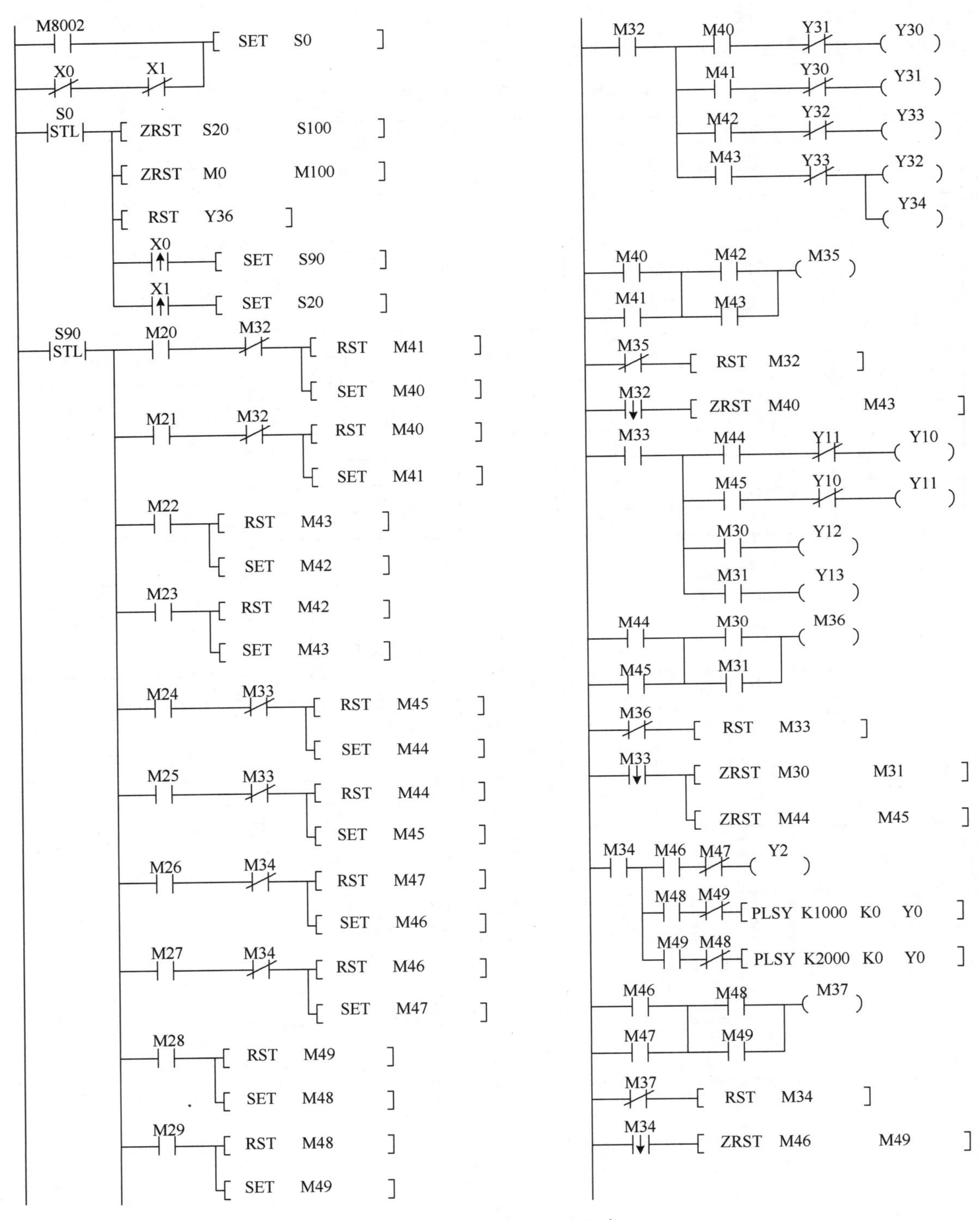

图 5-1-25 PLC 梯形图程序

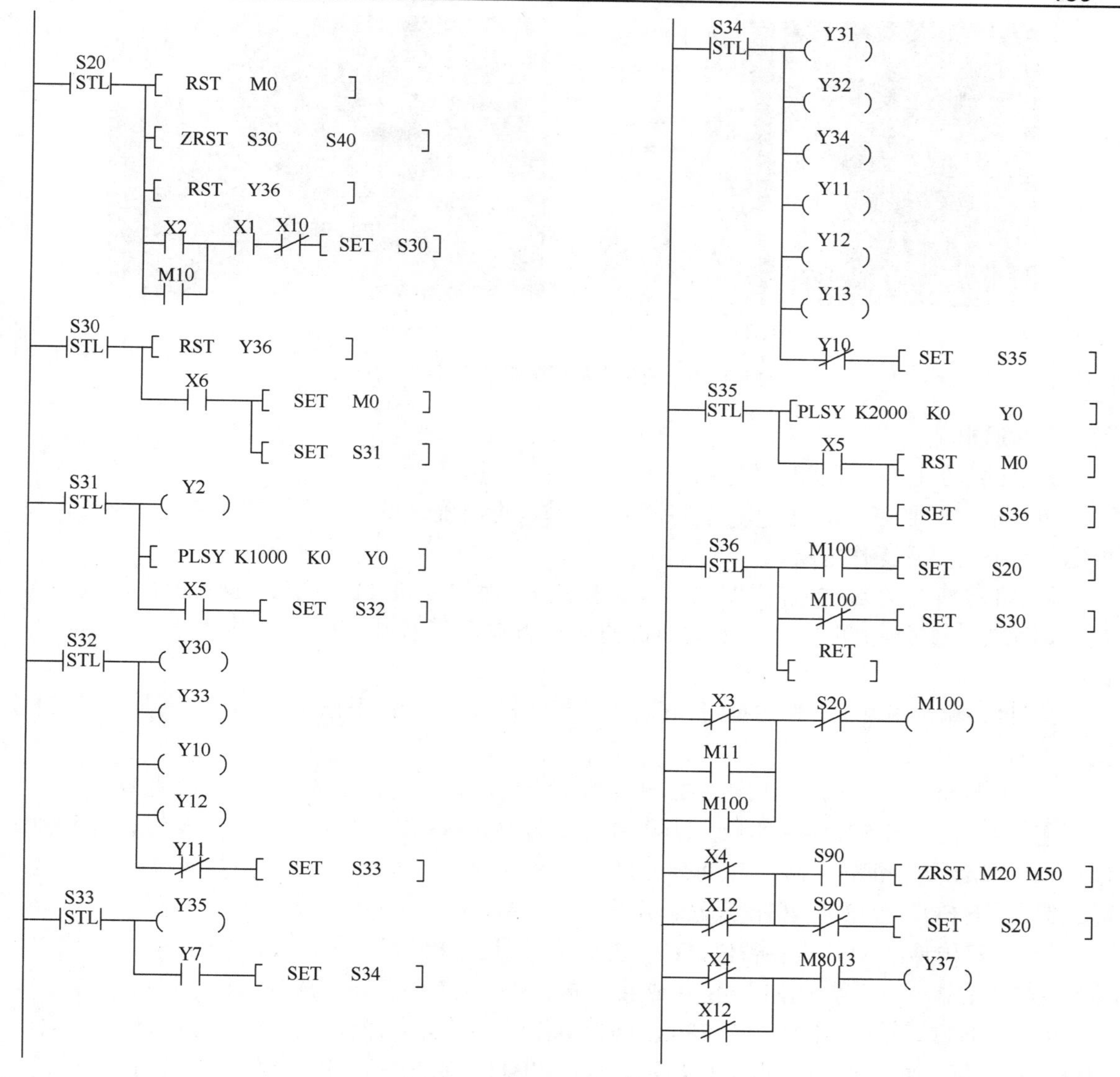

图 5-1-25　PLC 梯形图程序（续）

6. 电动机控制线路的调试

控制线路的调试应包括线路检查、参数设置、程序下载和通电试车。

（1）线路检查

根据原理图对线路进行检查，首先检查连接线路是否达到工艺要求，是否有漏接线或导线连接错误，端子压接是否牢固，然后用万用表检查线路，如图 3−4−43 所示。

（2）程序下载

接通电源总开关，连接电脑与触摸屏、PLC 之间的通信线，下载程序。

（3）参数设置

① 根据表 5-1-12 所示的变频器参数设定值进行设定，如图 5-1-26（a）所示。

② 根据表 5-1-13 所示的伺服驱动器参数设定值进行设定，如图 5-1-26（b）所示。

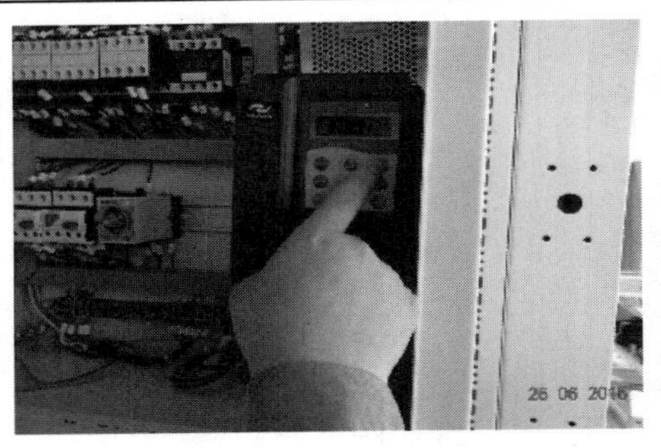

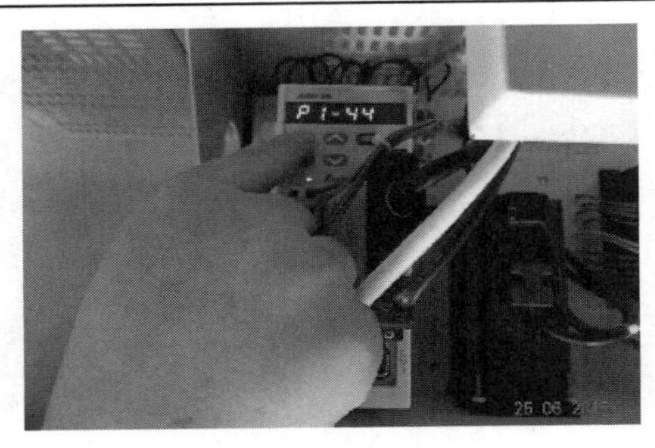

（a）变频器参数设置 （b）设置伺服驱动器参数

图 5-1-26 变频器及伺服驱动器参数设置

（4）通电试车

通电试车的操作方法和步骤如下：

闭合电气控制箱内塑壳开关接通控制板电源，再次确认设备是否正常。通电正常后，按控制说明书的要求操作电路。

① 将转换开关 SA2 打到左边（调试模式），对电动机 M1、M2、M3 进行调试和检查。调试时，先通过触摸屏选择电动机的运行方向和运行速度，然后按“起动”键进行调试。

② 设备调试正常后，将 SA2 打到右边（运行模式），触摸屏出现“××设备加工运行模式”界面。

③ 压下 SQ1，按下起动按钮 SB5 或触摸屏上“起动”键，HL5 灯亮，设备起动。

④ 触及传感器 S2，触摸屏上“运行指示”灯亮，M3 以 1r/s 正转；当触及传感器 S1 时 M3 停止；M1 低速正转，M2 以 20Hz 正转。

⑤ 压下 SQ2，M2 以 40Hz 反转；压下 SQ1，M1、M2 停止；M3 以 2r/s 反转。

⑥ 触及传感器 S1，设备暂停，HL5 灯仍亮、“运行指示”灯灭，等待加工。

⑦ 运行中，按下停止按钮 SB10 或触摸屏上“停止”键，在完成当前加工过程后结束。

⑧ 按下急停按钮 SB11，或 FR1、FR2 动作时，设备立即停止工作，同时 HL4 以 1Hz 闪烁，触摸屏上相应的报警指示灯显示。复位 SB11，或 FR1、FR2 复位，设备可重新起动运行。

通电试车时应注意观察 PLC、变频器、触摸屏、接触器的吸合情况，各电动机的运行是否符合控制要求。

⑨ 通电试车成功后，断开塑壳开关、断开设备总电源，整理工具和清理施工现场卫生。

通电试车操作过程如图 5-1-27 所示。

三、机床电气控制电路故障的排除

机床电气控制电路的排除方法与项目四相同，请读者参照。

安全提示：

综合实训项目是由两人组成的团队完成的，工作任务既要合理分工又要协调配合；通电测试时“一人操作，一人监护”，严格遵守安全操作规程，文明安全施工。

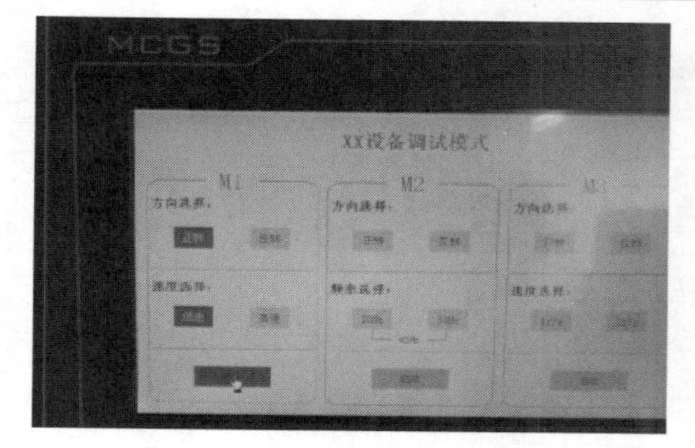

（a）调试模式

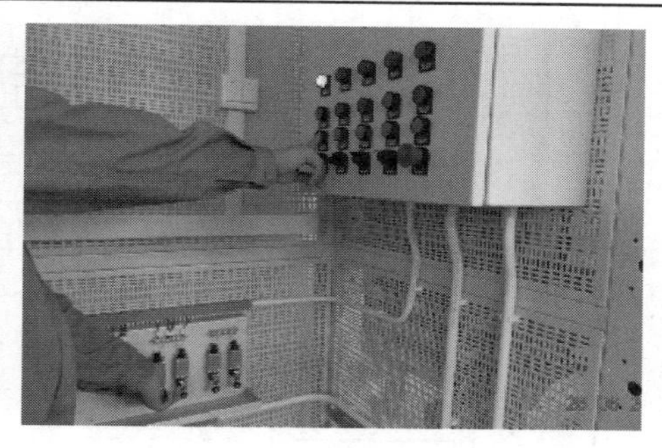

（b）加工运行模式

（c）观察电动机运行情况

（d）测试急停保护

图 5-1-27　通电试车操作过程

【思考与练习】

1．电气控制原理图中的电动机 M1 低速的额定电流为 0.3A，高速的额定电流为 0.4A，请按此整定热继电器的动作电流。

2．电气控制说明书中的电动机 M3 以 1r/s 和 2r/s 的速度转动，请计算 PLC 分别发出的频率各是多少，所用的 PLC 有哪几个输出端口可以输出高速脉冲。

3．请回答与工作任务相关的问题：

（1）在配电系统图中，BV-5×2.5CT 各符号表示：BV—____________、5—____________、2.5—_________、CT—_________。

（2）异径线槽作三通（T 形）连接（无配件）时，小线槽的底槽应插入大线槽的底槽中，伸入深度为__________mm；进接线盒、开关盒长度为__________mm，插入处的缝隙不大于_________mm。

（3）PVC 线管ϕ16 指的是 PVC 管的外径为_________mm，该管弯 90°时的转弯半径为_________mm，该线管端口距箱（盒）距离_________mm 处应当用管卡固定。

（4）台达 ASD-A0421-AB 伺服系统，其参数设置中的 P1-44 表示_________。当齿轮比为 2 时，转 1 圈需要_________个脉冲。

（5）开关型电子传感器的输出有_________型、_________型两种。本系统中的传感器是_________型。

（6）对长期工作的电动机，其热继电器的整定电流可按电动机额定电流的_________倍整定。

4．请填写完成电气安装与维修综合实训工作任务评价表 5-1-14。

表 5-1-14 电气安装与维修综合实训工作任务评价表

项目	内容	配分	自我评价	教师评价
（一） 器件安装位置及固定工艺	电源配电箱安装	4		
	照明配电箱、接线盒体及灯具的安装			
	电气控制箱安装			
	电动机模块及传感器模块的安装			
（二） PVC 线管敷设工艺	PVC 线管制作工艺	6		
	PVC 线管的固定工艺			
	PVC 线管进盒（箱）工艺			
（三） PVC 线槽敷设工艺	PVC 线槽拼接和固定工艺	12		
	PVC 线槽进箱（盒）工艺			
	行线槽安装固定工艺			
（四） 金属桥架敷设工艺	金属桥架组装工艺	9		
	金属桥架固定工艺			
	桥架进盒（箱）引线及接地工艺			
（五） 电源配电箱线路安装及工艺	箱内器件选择	6		
	箱内配线工艺			
	箱内布线和接线工艺			
（六） 照明线路安装及工艺	箱内器件选择	4		
	箱内布线工艺			
	线路接线工艺			
	开关、插座安装工艺			
（七） PLC 及触摸屏程序编写	PLC 程序编写	14		
	触摸屏程序编写			
	程序下载			
（八） 电气控制线路安装及工艺	箱内配线工艺	15		
	线路布线工艺			
	电气接线工艺			
	引入、引出与接线端接线工艺			
	电动机及传感器连接			
（九） 设备功能	电源供电箱通电检测	10		
	照明线路通电检测			
	电气控制线路参数设置			
	电气控制线路功能调试			
（十） 理论和排故	维修工作票的填写	10		
	故障电路修复			
（十一） 职业与安全意识	安全施工	10		
	文明施工			
合计		100		

附录 1　E5CZ-C2MT 温度控制器的使用

一、欧姆龙 E5CZ 型温控器

1. E5CZ-C2MT 温控器的外形及型号

E5CZ-C2MT 温控器的外形及型号如附录图 1-1 所示。

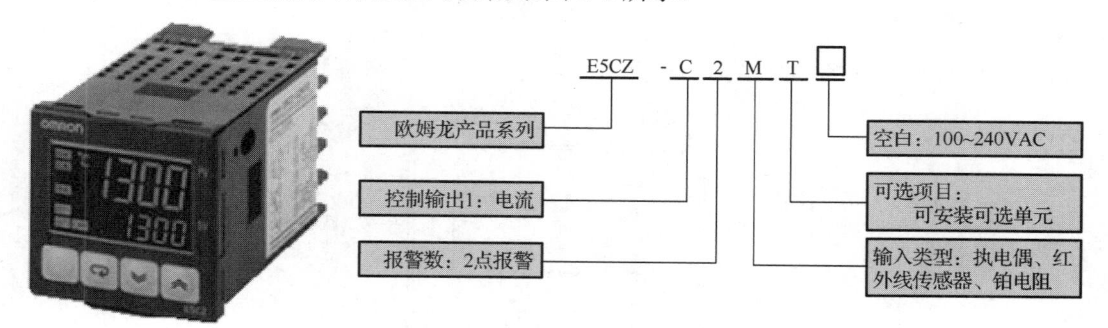

附录图 1-1　E5CZ 型温控器外形及型号

2. E5CZ 温控器的功能

E5CZ 温控器的主要功能见附录表 1-1。

附录表 1-1　温控器的主要功能

序号	主要功能	说明
1	控制方法	2 PID 或 ON/OFF 控制
2	报警输出	报警：2 点。设置报警类型和报警值
3	控制输入类型	铂电阻输入、热电偶输入、非接触式温度传感器输入、模拟输入
4	控制输出	控制输出可以是继电器、电压或电流输出。 如果在 E5CZ 上选择了加热/冷控制，则报警 2 输出用作控制输出 2。因此，如果在加热/冷却控制时需要报警，则使用报警 1
5	控制方式	标准控制和加热/冷却控制
6	控制调节	自动调节（AT）和自调节（ST）
7	事件输入	对于配备有事件输入功能的单元时，可以通过事件输入获取“多重设定点选择（最多 4 个点）”以及“运行/停止”功能
8	加热器断线报警	对于配备有加热器断线报警功能的单元，支持加热器断线报警（HBA）功能
9	通信功能	对于配备有通信功能的单元，支持通信
• 控制输入类型：当使用热电偶输入类型时，设置值一般取 5（初始值）。 • 报警类型：报警类型一共有 12 种，设置值从 0 到 11。一般选择“上限报警”或“下限报警”，对应的设置值分别为 2、3。		

3. E5CZ 温控器接线

E5CZ 温控器的外部接线如附录图 1-2 所示。

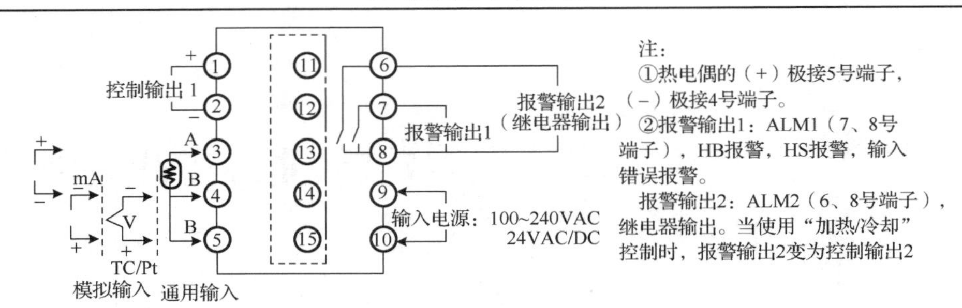

附录图 1-2 温控器外部接线图

二、E5CZ 型温控器面板

1. 温控器面板示意图

温控器的面板示意图如附录图 1-3 所示。

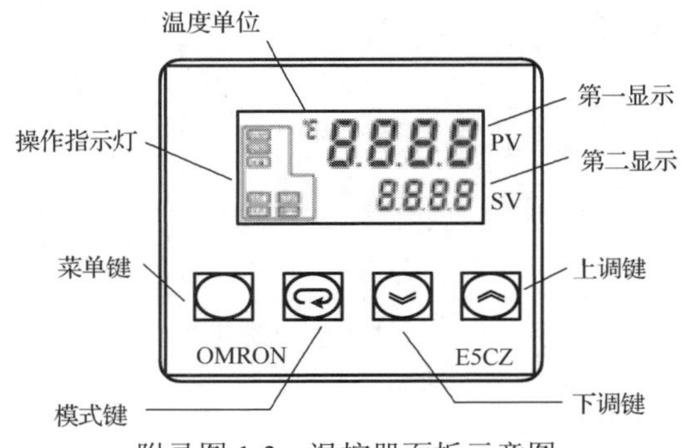

附录图 1-3 温控器面板示意图

温控器面板各部分功能说明见附录表 1-2。

附录表 1-2 温控器面板各部分功能说明

序号	名称	功能
1	操作指示灯	ALM1（报警 1）：报警 1 输出为 ON 时点亮
2		ALM2（报警 2）：报警 2 输出为 ON 时点亮
3		OUT1，OUT2（控制输出 1 和 2）：当控制输出 1 或控制输出 2 为 ON 时点亮。但是，如果控制输出 1 为电流输出时，OUT1 总是不亮
4		STOP（停止）：运行停止时灯亮。控制中，当运行/停止设定为停止时，此指示灯亮
5		HB（加热器断线输出显示）：加热器断线时，灯亮
6		CMW（通信写入控制）：“启用”通信写入时灯亮，“禁用”通信写入时灯灭
7	温度单位	当显示单位参数设置为温度时，显示温度单位。它由现行选取的“温度单位”参数设置值来确定。当参数被设置为摄氏时，就显示℃；而参数被设置为华氏时则显示℉。在 ST 动作中，本显示灯闪烁
8	第一显示	PV：显示当前值（过程值）或设定数据的种类
9	第二显示	SV：显示设定值、设定数据的读取值、变更时的输入值
10	（菜单）键	按下该键选择设置菜单。设置菜单的选择次序为：“运行菜单”←→“调整菜单”。**菜单键、模式键用来在设置菜单中进行切换，但按压这些键的时间长短将会对设置菜单的移动产生影响
11	（模式）键	在各菜单内按下该键选择参数
12	（上调）键	每次按下该键，都会增大第二显示的显示值（或设定项目会往前移），显示变化速度随按键时间越来越快
13	（下调）键	每次按下该键，都会减少第二显示的显示值（或设定项目会往后移），显示变化速度随按键时间越来越快
14	+ 组合键	该组合键将 E5CZ 设置到“保护菜单”中。即同时按下 3s 以上，就会转换到保护菜单

2. 温控器面板操作

温控器的参数被分成若干组，每一组称为一个菜单：运行菜单、调整菜单、初始菜单。这些菜单中的设定值称为参数，其操作方法如附录图 1-4 所示。

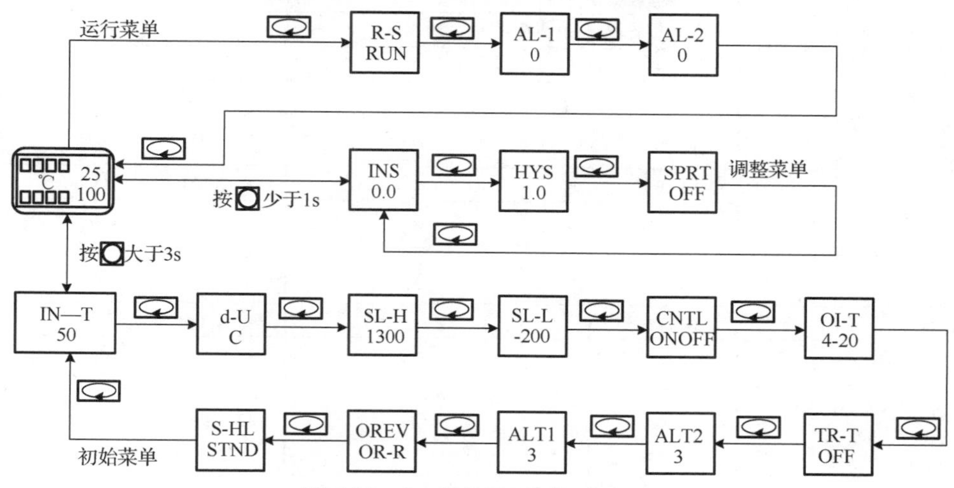

附录图 1-4　温控器面板操作方法

进入菜单的某个参数后，通过按▲或▼键，可更改设定值。另外，初始菜单中的参数“报警类型（ALT1 或 ALT2）”仅设置为“上限报警”或“下限报警”时，运行菜单中的参数则只显示出“AL-1”或“AL-2”；当“报警类型”设置为“上限和下限”或“上下限范围”时，此时在运行菜单中的参数将显示“AL 1H、AL 1L”及“AL 2H、AL 2L”。

三、温控器参数设定

温控器的一些主要参数见附录表 1-3。

附录表 1-3　温控器的主要参数

参数名称	符号	设定范围	显示	初始值	单位
PV		传感器输入指示范围			EU
PV/SP		SP 下限～SP 上限		0	EU
运行/停止	r—S	运行/停止	run，stop	运行	无
报警值 1	AL—1	−1999～9999		0	EU
上限报警值 1	AL 1H	−1999～9999		0	EU
下限报警值 1	AL 1L	−1999～9999		0	EU
报警值 2	AL—2	−1999～9999		0	EU
上限报警值 2	AL 2H	−1999～9999		0	EU
下限报警值 2	AL 2L	−1999～9999		0	EU
MV 监视（控制输出 1）	O	0.0～100.0（标准）			%
		0.0～100.0（加热/冷却）			%
MV 监视（控制输出 2）	C	0.0～100.0			%
输入类型	In-T	热电阻 0～4		5	无
		热电偶 5，6～16，22			
		非接触式传感器 17～20			
		模拟信号输入 21：0～50mA			

续表

参数名称	符号	设定范围	显示	初始值	单位
设定点上限	SL-H	SP 下限+1 至输入范围下限（温度）		1300	EU
		SP 下限+1 至刻度上限（模拟信号）		1300	EU
设定点下限	SL-L	输入范围下限至 SP 上限-1（温度）		–200	EU
		刻度下限至上限-1（模拟信号）		–200	EU
PID/开关	CnTL	2-PID，开关	PID、ONOF	开关	无
标准或加热/冷却	S-HC	标准，加热/冷却	STnd，H-C	标准	无
ST	ST	ON，OFF	ON，OFF	ON	无
控制时间（OUT1）	CP	1～99		20	s
控制时间（OUT2）	C-CP	1～99		20	s
正/逆操作	orEV	正操作，逆操作	Or-d，or-r	逆操作	无
报警 1 类型	ALT1	0：关闭报警功能 1：上限及下限报警 2：上限报警 3：下限报警 4：上下限范围 5：附待机顺序的上下限报警 6：附待机顺序的上限报警 7：附待机顺序的下限报警 8：绝对值上限报警 9：绝对值下限报警 10：附待机顺序的绝对值上限报警 11：附待机顺序的绝对值下限报警		2	无
报警 2 类型	ALT2	同报警 1 类型		2	无

附录 2　台达 PLC 与变频器的使用

一、台达 PLC

1. 台达 PLC 的外形

台达 PLC（主模块和扩展模块）的外形如附录图 2-1 所示。

附录图 2-1　台达 PLC 外形图

2. 台达 PLC 外部接线

台达 PLC 输入回路的接线与汇川相同，可参照如图 3-2-8 所示的电路。台达 PLC 输出回路的接线如附录图 2-2 所示。

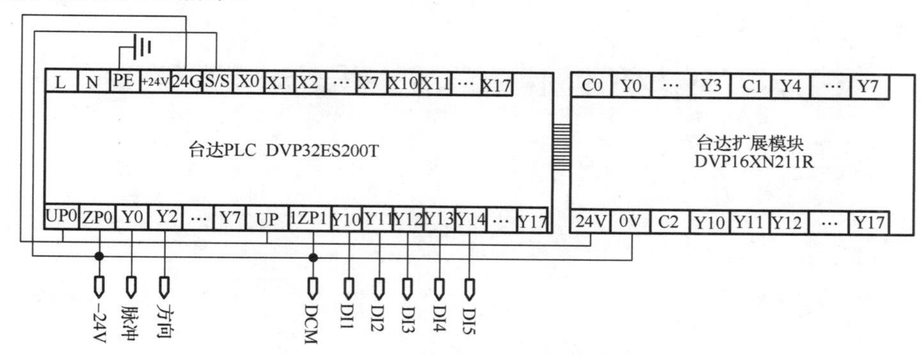

附录图 2-2　台达 PLC 输出回路接线图

二、台达 WPLSoft 编程软件

1. 软件安装

台达 WPLSoft 编程软件的安装与一般软件安装类似。

2. 软件使用

台达编程软件使用方法与操作步骤如下。

（1）打开 WPLSoft 软件的界面

双击电脑桌面图标，起动软件后出现如附录图 2-3 所示的初始界面。

（2）创建新工程

单击菜单栏中的“文件”→“新建”选项，新建程序文件，弹出“机种设置”对话框，如附图 2-3 界面右侧所示。完成：

① 在“机种设置”对话框，选择“ES2/EX2/SX2”选项；

② 在“程序容量”对话框，选择“4000 Steps”；

③ 填写“文件名称”，如“电气安装与维修技术”；

④ 单击“确定”按钮进入编程界面，如附录图 2-4 所示。

（3）程序输入

通过菜单栏中“视图”→选择“指令窗口”、“梯形图窗口”或“步进梯形窗口”进行编辑。在梯形图窗口界面进行 PLC 程序编写，如附录图 2-4 所示。

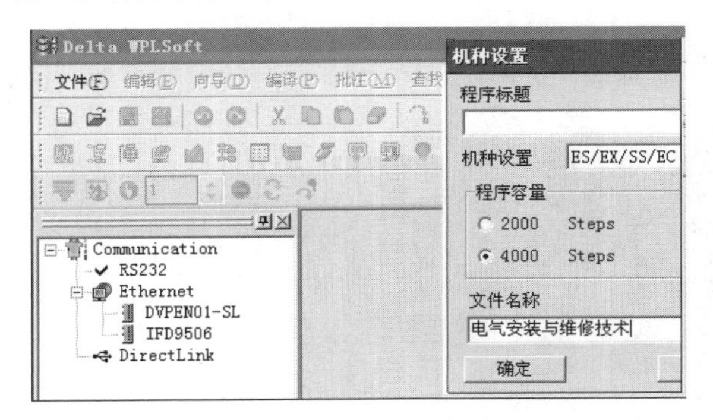

附录图 2-3 台达编程软件的初始界面

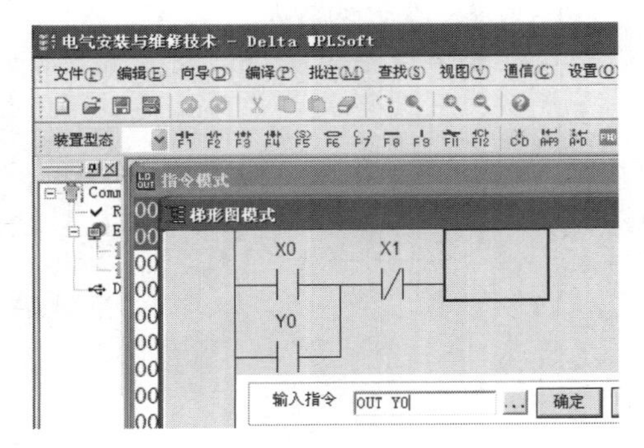

附录图 2-4 编程界面

（4）程序编译

单击菜单栏中“编译”或按“Ctrl+F9”键进行编译，检查程序是否出错。完成编译后的梯形图程序如附录图 2-5 所示。

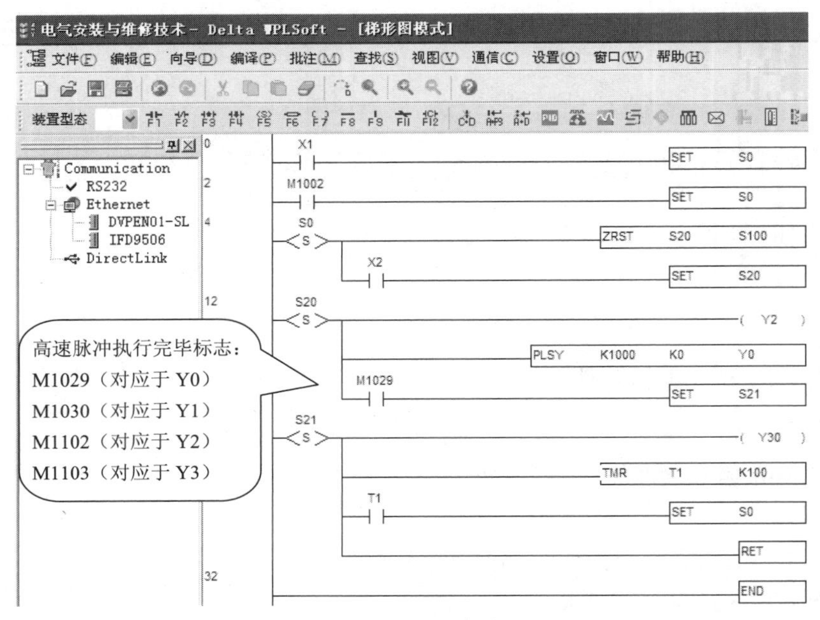

附录图 2-5 程序编译

（5）程序下载

首先单击菜单栏中“设置”进行通信设置，如附录图 2-6 所示；然后单击菜单栏中“通信”→通信模式“PC =〉 PLC”，按“确定”按钮下载程序，如附录图 2-7 所示。

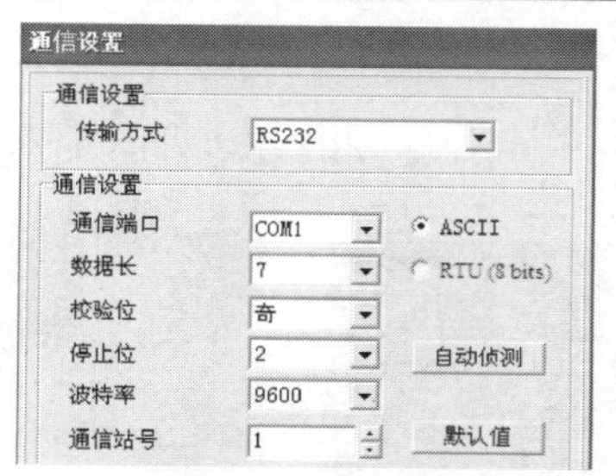

附录图 2-6　通信设置

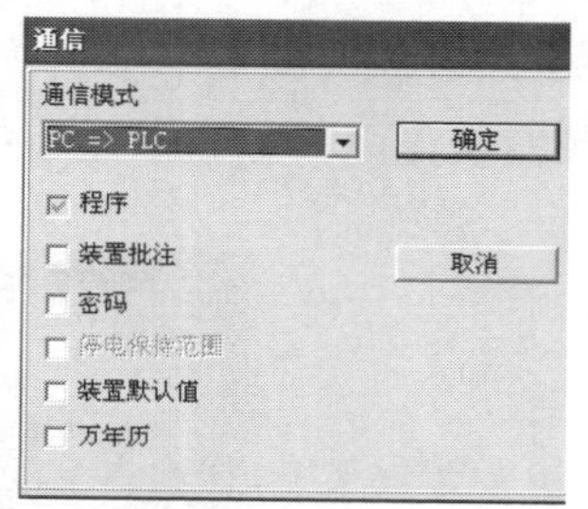

附录图 2-7　程序下载

三、台达变频器

1. 台达变频器型号

VFD007EL43A 型台达变频器型号如下所示。

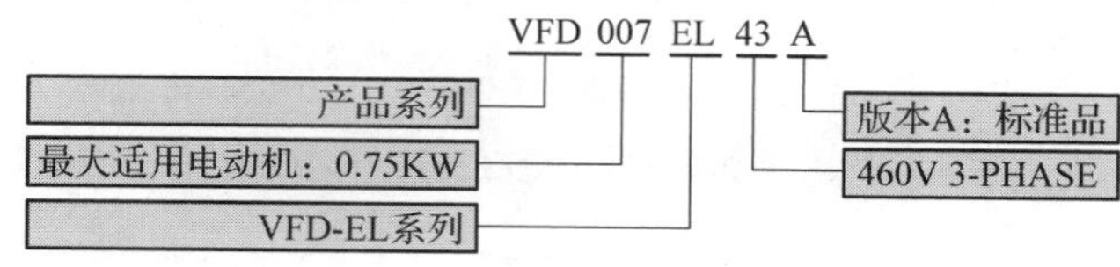

2. 台达变频器的接线

（1）主电路接线

380V 三相电源必须接变频器 R、S、T 端子，位于变频器上部；三相异步电动机接到变频器的 U、V、W 端子，位于变频器的下部。

（2）控制电路接线

台达变频器控制回路接线示意图如附录图 2-8 所示。

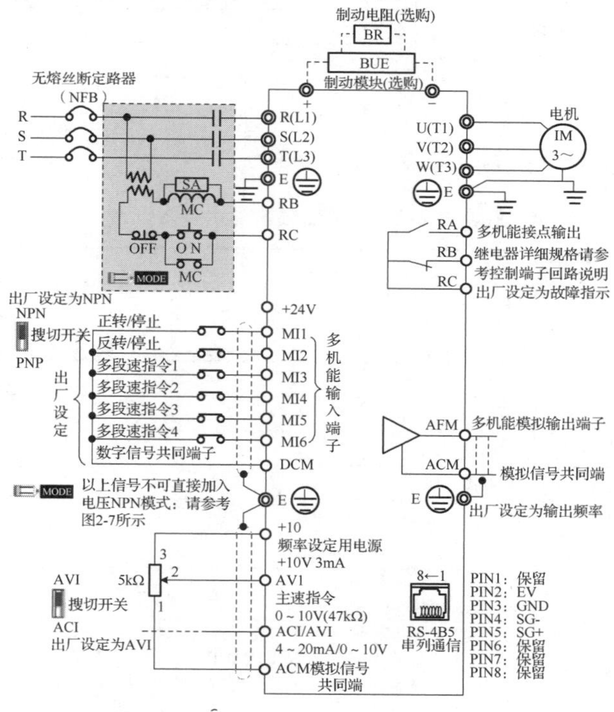

附录图 2-8　台达变频器控制回路接线示意图

3. 台达变频器操作面板

台达变频器操作面板如附录图 2-9 所示。操作面板上各部分的含义见附录表 2-1。

附录图 2-9 台达变频器操作面板

附录表 2-1 台达变频器操作面板上各部分的含义

区号	名称	功能说明
1	STOP 停止指示灯	当指示灯亮起时，显示运转停止状态
	RUN 运转指示灯	当设定电动机运转时，指示灯会亮起
	FWD 正转指示灯	当设定电动机运转为正转时，指示灯会亮起
	REV 反转指示灯	当设定电动机运转为反转时，指示灯会亮起
2	主显示区	可显示频率、电流、电压、转向、使用者定义单位、异常等
3	频率设定旋钮	可设定此旋钮作为主频率输入
4	数值变更键	设定值及参数变更使用

4. 变频器参数设定

台达变频器常用参数设定见附录表 2-2。

附录表 2-2 台达变频器常用参数设定

功能码	名称	设定范围	出厂值
00.02	参数重置设定	0：参数可设定可读取 1：参数唯读 9：恢复出厂值	0
01.00	最高操作频率	50.00～600.0Hz	60.00
01.05	最低输出操作频率	0.10～600.0Hz	1.50
01.07	输出频率上限设定	0.10%～120.0%	110.0
01.08	输出频率下限设定	0～120.0%	0.0
01.09	第一加速时间设定	0.1～600.0s / 0.01～600.00s	10.0
01.10	第一减速时间设定	0.1～600.0s / 0.01～600.00s	10.0
01.19	加减速时间单位设定	0：以 0.1s 为单位 1：以 0.001s 为单位	0
02.00	第一频率指令来源设定	0：由数字操作器输入或外部端子（UP/DOWN） 1：由外部端子 AVI 输入模拟信号 DC 0～+10V 控制 2：由外部端子 ACI 输入模拟信号 4～20mA 控制 3：由通信 RS485 输入 4：由数字操作器上所附 V.R 控制	0

续表

功能码	名称	设定范围				出厂值
02.01	运转指令来源设定	0：由数字操作器输入 1：由外部端子操作，键盘 STOP 键有效 2：由外部端子操作，键盘 STOP 键无效 3：由通信 RS485 界面操作，键盘 STOP 键有效 4：由通信 RS485 界面操作，键盘 STOP 键无效				0
02.02	电机停车方式选择	0：以减速刹车方式停止，EF 自由运转停止 1：以自由运转方式停止，EF 自由运转停止 2：以减速刹车方式停止，EF 减速停止 3：以自由运转方式停止，EF 减速停止				0
02.04	电机运转方向设定	0：可反转，也可正转 1：禁止反转，可正转 2：禁止正转，可反转				0
04.04	2 线/3 线式选择	0：二线（1）MI1（正转/停止），MI2（反转/停止） 1：二线（2）MI1（运转/停止），MI2（正转/反转） 2：三线式 MI1，MI2，MI3				0
04.05	多功能输入指令 3（MI3）	0～22 0：无功能（不使用多功能输入时设定） 1：多段速指令 1 2：多段速指令 2 3：多段速指令 3 4：多段速指令 4 5：重置（RESET） 6：加减速禁止指令 7：第一、第二加减速时间切换 8：寸动运转				1
04.06	多功能输入指令 4（MI4）					2
04.07	多功能输入指令 5（MI5）					3
04.08	多功能输入指令 6（MI6）					4
	多段速频率	多段速端子 4 04.0□=4	多段速端子 3 04.0□=3	多段速端子 2 04.0□=2	多段速端子 1 04.0□=1	
		频率：0.00～600.0				
05.00	第 1 段速	0	0	0	1	0.00
05.01	第 2 段速	0	0	1	0	0.00
05.02	第 3 段速	0	0	1	1	0.00
05.03	第 4 段速	0	1	0	0	0.00
05.04	第 5 段速	0	1	0	1	0.00
05.05	第 6 段速	0	1	1	0	0.00
05.06	第 7 段速	0	1	1	1	0.00
05.07	第 8 段速	1	0	0	0	0.00
05.08	第 9 段速	1	0	0	1	0.00
05.09	第 10 段速	1	0	1	0	0.00
05.10	第 11 段速	1	0	1	1	0.00
05.11	第 12 段速	1	1	0	0	0.00
05.12	第 13 段速	1	1	0	1	0.00
05.13	第 14 段速	1	1	1	0	0.00
05.14	第 15 段速	1	1	1	1	0.00

附录3　电气照明工程施工图的识读

阅读建筑电气照明工程图，应熟悉电气图基本知识和建筑电气工程图的特点，同时掌握一定的阅读方法，才能迅速、全面地读懂图纸，以达到读图的意图和目的。

针对一套建筑电气照明施工图，通常可按以下的顺序进行阅读：

看标题栏及图纸目录→看总说明→看系统图→看平面布置图→看电路图→看安装接线图→看安装大样图→看设备材料表。

以“××单身公寓建筑电气施工图”为例，说明实际建筑电气照明工程施工图纸的用途和意义。附录图 3-1～附录图 3-11 是一套较为完整的实际工程施工图，请读者自行识读并与教学实训、技能竞赛用图纸作比较，注意比较其中的异同点。

弱电说明

一、设计依据

1.甲方提供的设计要求；

2.建筑专业提供的平、剖面图；给排水专业、空调通风专业提供的技术要求。

二、工程概况

本工程为单身公寓

三、本工程电讯设计内容包括：

综合布线系统、有线电视（CATV）系统、可视对讲系统。

四、本工程设计一个家庭弱电箱，综合布线系统及有线电视（CATV）系统，可视对讲系统均由本箱转接（分配）引出。

五、配线及敷设方式

除户外线路穿镀锌钢管保护外，除非图纸另有说明，其余管线均穿阻燃型硬质 PVC 管。未标注导线型号规格的待相关设备落实后确定，或由相关专业工程公司自行确定。

六、设备安装

所有器件箱、接线箱、过线箱（盒）均嵌墙暗装，具体安装高度详见图例及安装方式。

七、图中未尽事宜请按国家现行施工验收规范或国标图集施工。

使用国家标准图集目录

序号	图集代号	图集名称	备注
1	D101-1~7	电缆敷设	
2	D367	车间常用配电安装	
3	86SD169	电缆桥架安装	
4	99(03)D501-1	建筑物、构件物防雷设施安装	
5	03D501-4	接地装置安装	
6	02D501-2	等电位联结安装	
7	98D301-2	硬塑料管配线安装	

E-01

附录图 3-1　弱电说明

强电说明

一、设计依据

1.各专业提供的条件及甲方的意见

2.供配电系统设计规范 GB 50052—1995

3.民用建筑电气设计规范 JGJ 16—2008

4.低压配电设计规范 GB 50054—1995

5.建筑照明设计标准 GB 50034—2004

6.建筑设计防火规范 GB 50016—2006

7.建筑防雷设计规范(2000年版)GB 50057—1994等

二、工程概况

本工程为单身公寓

三、强电设计范围

照明、动力配电、防雷、接地

四、负荷级别及电源

本工程按三级负荷供电,电源引自室外电表箱

五、线路敷设

导线、电缆采用铜芯导体,导线采用BV-450/750V型铜芯塑料线,立上引下干线穿镀锌钢管沿墙暗敷。其余分支线均穿阻燃PVC管暗敷设。所有插座及照明回路均采用单相三线,其中一根为PE线,照明线路未标注导线为3×2.5PC20,标注2根导线穿PC16,标注4根导线穿PC20,标注5、6根导线穿PC25管保护。

六、设备安装

1.所有电气产品应符合国家有关标准,凡属于强制性认证的产品应取得国家认证标志。

2.所有配电箱、户开关箱等均为浅灰色喷塑漆,做法详见04D702-1《常用低压配电设备安装》。

3.所有照明开关、插座均暗装,安装高度详见图例,所有插座均采用安全型插座。

七、防雷

1.本工程按第三类防雷建筑物保护措施设计,采取防直击雷和防雷电波侵入措施。

2.防直击雷采用的接闪器为避雷带方式,采用 ϕ12 镀锌圆钢在屋面设不大于 20m×20m 避雷网格。

3.防雷电波侵入措施:进出建筑物电缆的金属外皮、钢管、金属管道等应在入户端就近与防雷接地装置用 ϕ12 镀锌圆钢接地。

4.引下线在距地0.5m处设置测试端子,且在室外地坪下0.8~1m处焊出一根 ϕ12 或40mm×40mm镀锌导体,伸向室外距外墙皮1.2m处。(引下线的钢筋应大于或等于16mm)

5.所有金属构件均采用热镀锌处理,构件在焊接后焊缝表面涂防锈漆两道及银粉两道。

八、接地

1.本工程低压系统的接地型式采用TN-C-S系统,总配电箱电缆进线的PE线均于主开关之前作重复接地。本工程防雷接地、保护接地及弱电接地共用同一接地体,工频接地要求不大于1Ω。如实测不到要求时,应增加焊接桩基根数或增打室外接地极。

2.所有电气设备外露可导电部分应可靠接地,PE线不得采用串联连接。

3.引入、引出金属导管及I类灯具金属外壳均应接地。

九、等电位联结

1.本工程设总等电位联结,在总配电箱下方设MEB箱。应将建筑物的PE干线、电气装置接地极的接地干线、水管等金属管道、建筑物的金属构件等导体作等电位联结。

2.总等电位及局部等电位联结做法按国标02D501—2《等电位联结安装》。

十、图中未尽事宜应严格按国家有关施工质量验收规范、施工技术操作规程执行。

E-02

附录图3-2 强电说明

主要设备材料表

序号	名称	型号及规格	单位	数量	安装方式
1	动力箱	详见电箱展开图	个		嵌墙暗装，底边距地1.5米
2	配电箱	详见电箱展开图	个		嵌墙暗装，底边距地1.8米
3	预留灯座（带灯炮）	1×15W	个		吸顶安装
4	排气扇	由业主自定	个		预留接线盒
5	单联单控制开关	T31/1/2A	个		底边距地1.4米暗装
6	单联双控开关	T31/2/3A	个		底边距地1.4米暗装
7	双联单控开关	T32/1/2A	个		底边距地1.4米暗装
8	三联单控开关	T33/1/2A	个		底边距地1.4米暗装
9	普通插座	T426/10USL	个		底边距地0.3米暗装
10	卫生间热水器插座 R	T426/15CS 带防溅盒	个		底边距地2.3米暗装
11	客厅插座 K1	T426/15CS	个		底边距地0.3米暗装
12	空调插座 K2	T426/15CS	个		底边距地2.3米暗装
13	排油烟机插座 Y	T426/10S 带防溅盒	个		底边距地2.0米暗装
14	洗衣机插座 X	T426/10S 带开关及防溅盒	个		底边距地1.4米暗装
15	刮须插座 T	带防溅盒	个		底边距地1.4米暗装
16	厨房电力插座 C	T426/10US3 带防溅盒	个		底边距地1.4米暗装
CCTV 系统和综合布线系统					
1	电视前端箱	非标	个		底边距地1.5米暗装
2	CATV 器件箱 VP	非标	个		底边距地0.3米暗装
3	一位电视插座 TV	A900	个		底边距地0.3米暗装
4	综合布线箱	非标	个		底边距地1.5米暗装
5	电话和电脑信息插座	A860	个		底边距地0.3米暗装
6	接线盒		个		底边距地0.3米暗装
7	家居弱电箱	非标	个		底边距地0.5米暗装
8	对讲分机		个		底边距地0.5米暗装

E-03

附录图 3-3 主要设备材料表

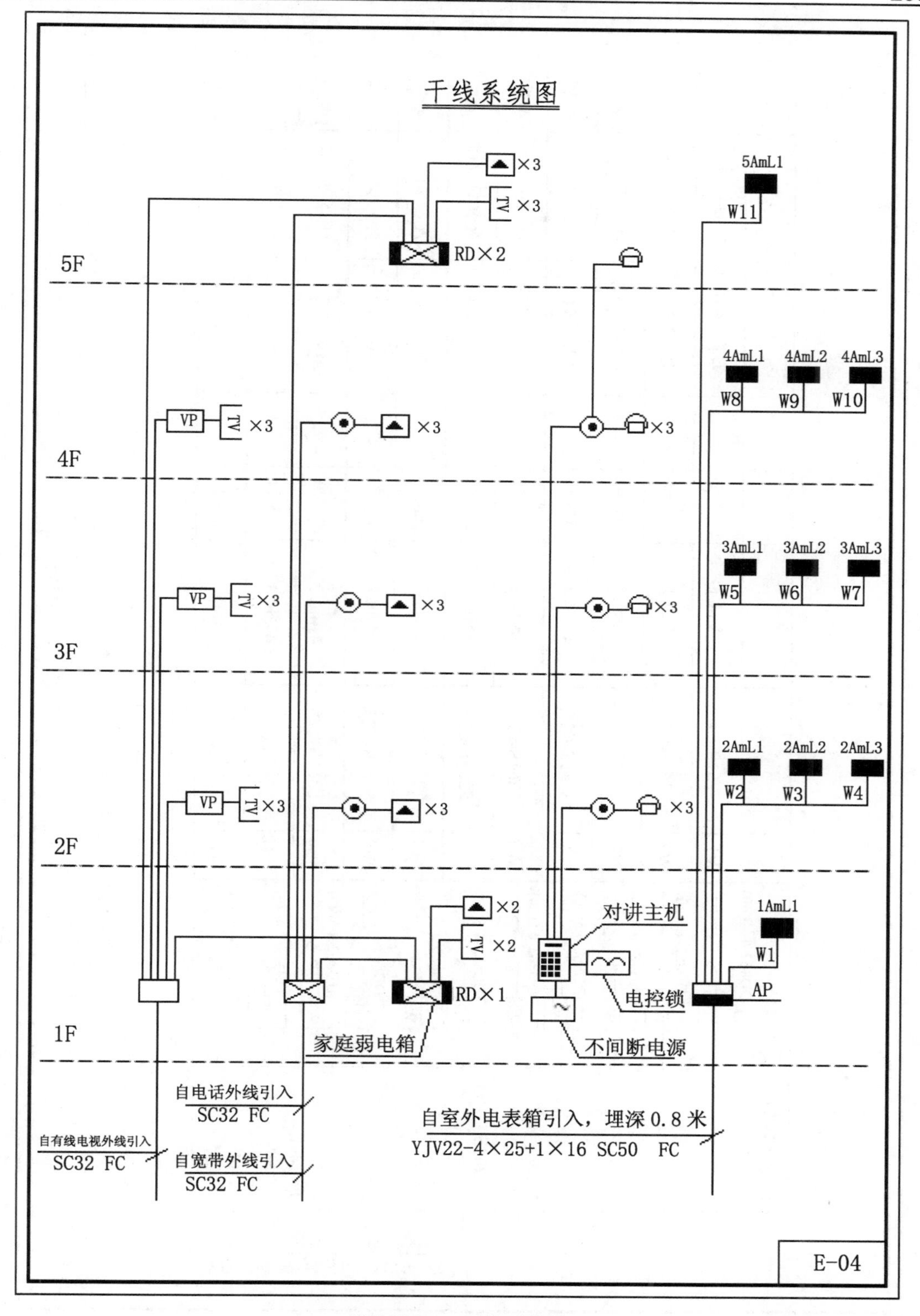
干线系统图
5F
4F
3F
2F
1F
×3
TV ×3
RD×2
5AmL1
W11
4AmL1 4AmL2 4AmL3
W8 W9 W10
VP
TV ×3
×3
×3
3AmL1 3AmL2 3AmL3
W5 W6 W7
2AmL1 2AmL2 2AmL3
W2 W3 W4
×2
TV ×2
RD×1
对讲主机
1AmL1
W1
AP
电控锁
家庭弱电箱
不间断电源
自电话外线引入
SC32 FC
自有线电视外线引入
SC32 FC
自宽带外线引入
SC32 FC
自室外电表箱引入，埋深 0.8 米
YJV22-4×25+1×16 SC50 FC
E-04

附录图 3-4　干线系统图

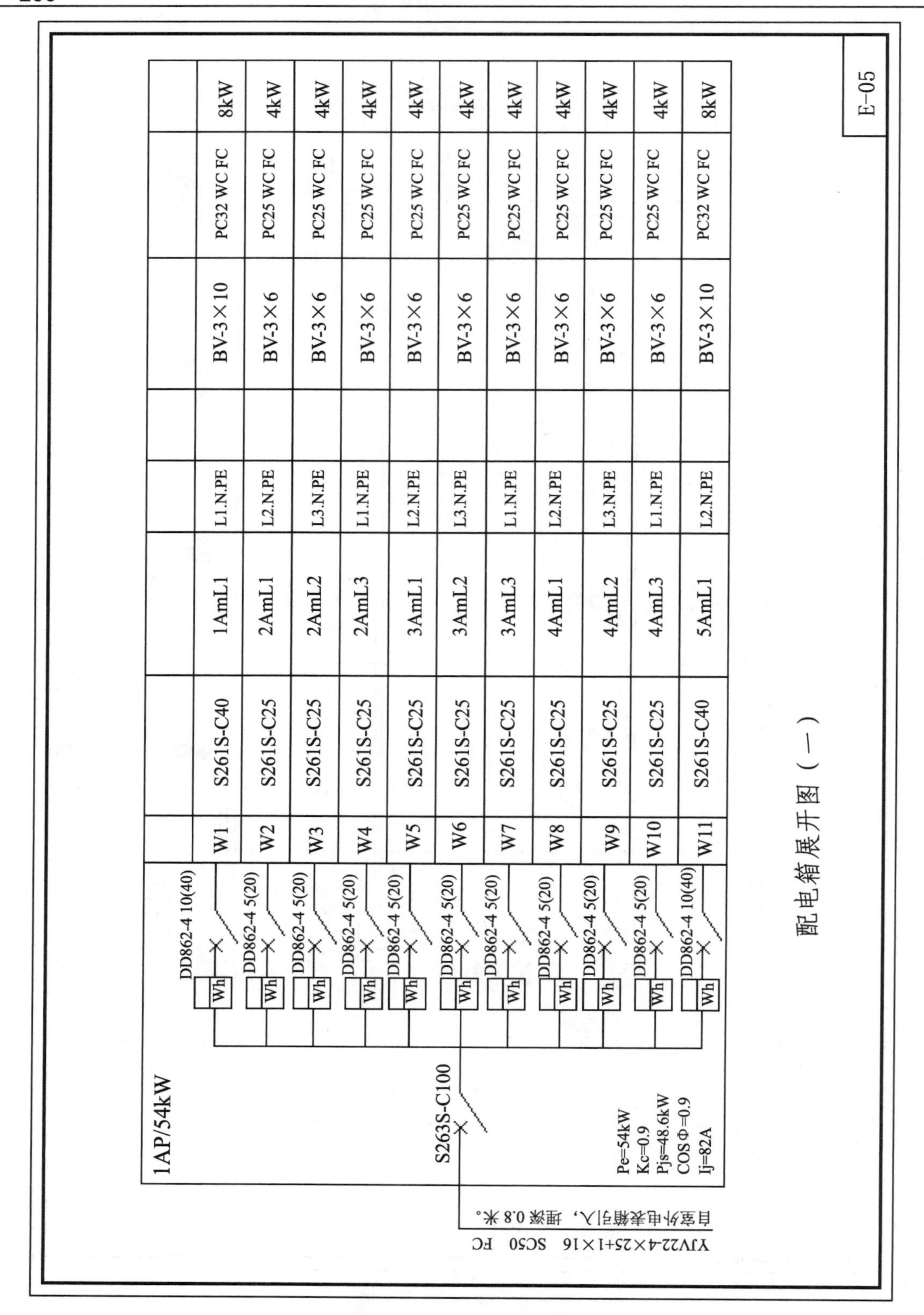

附录图 3-5　配电箱展开图（一）

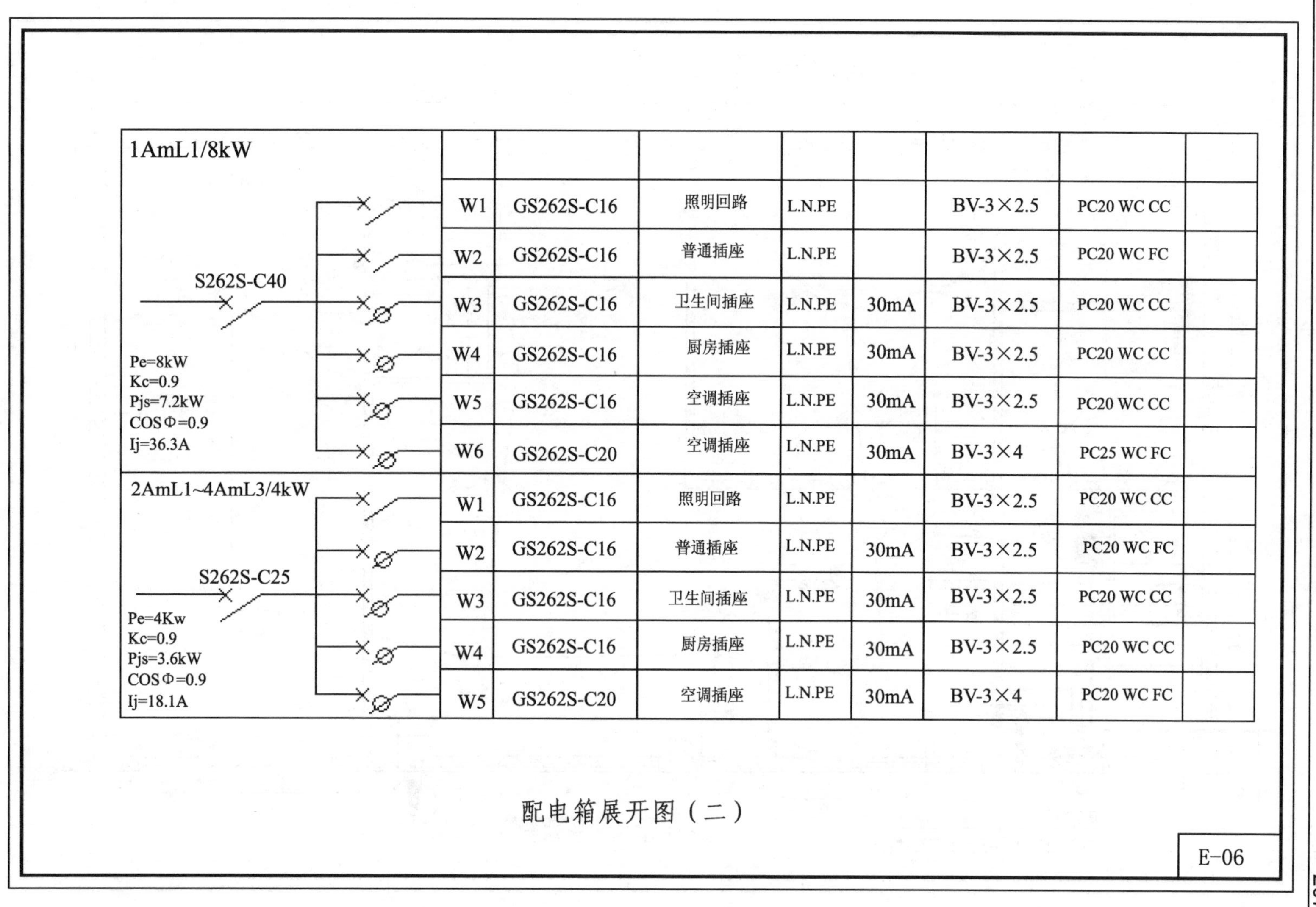

附录图 3-6　配电箱展开图（二）

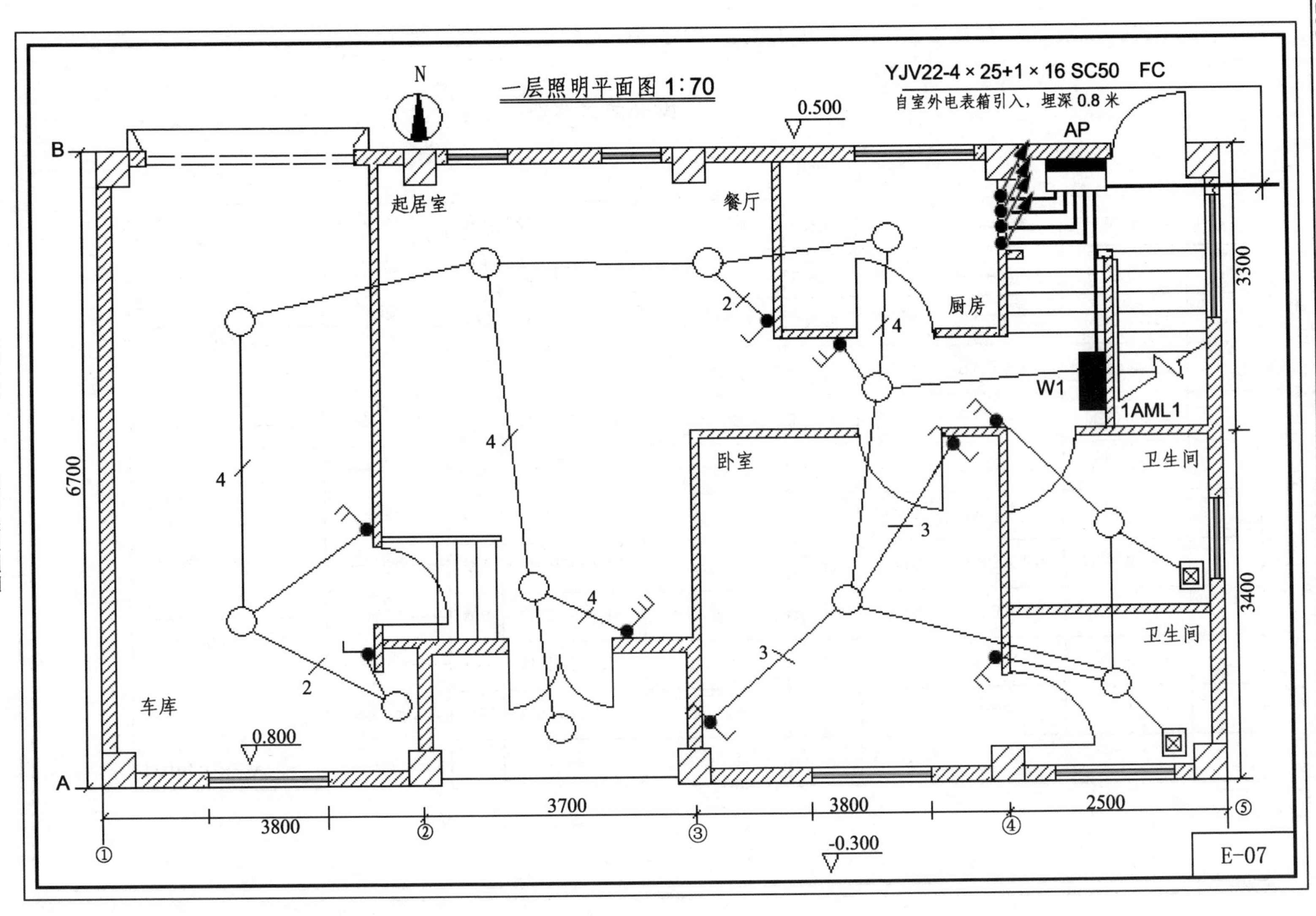

附录图 3-7 一层照明平面图

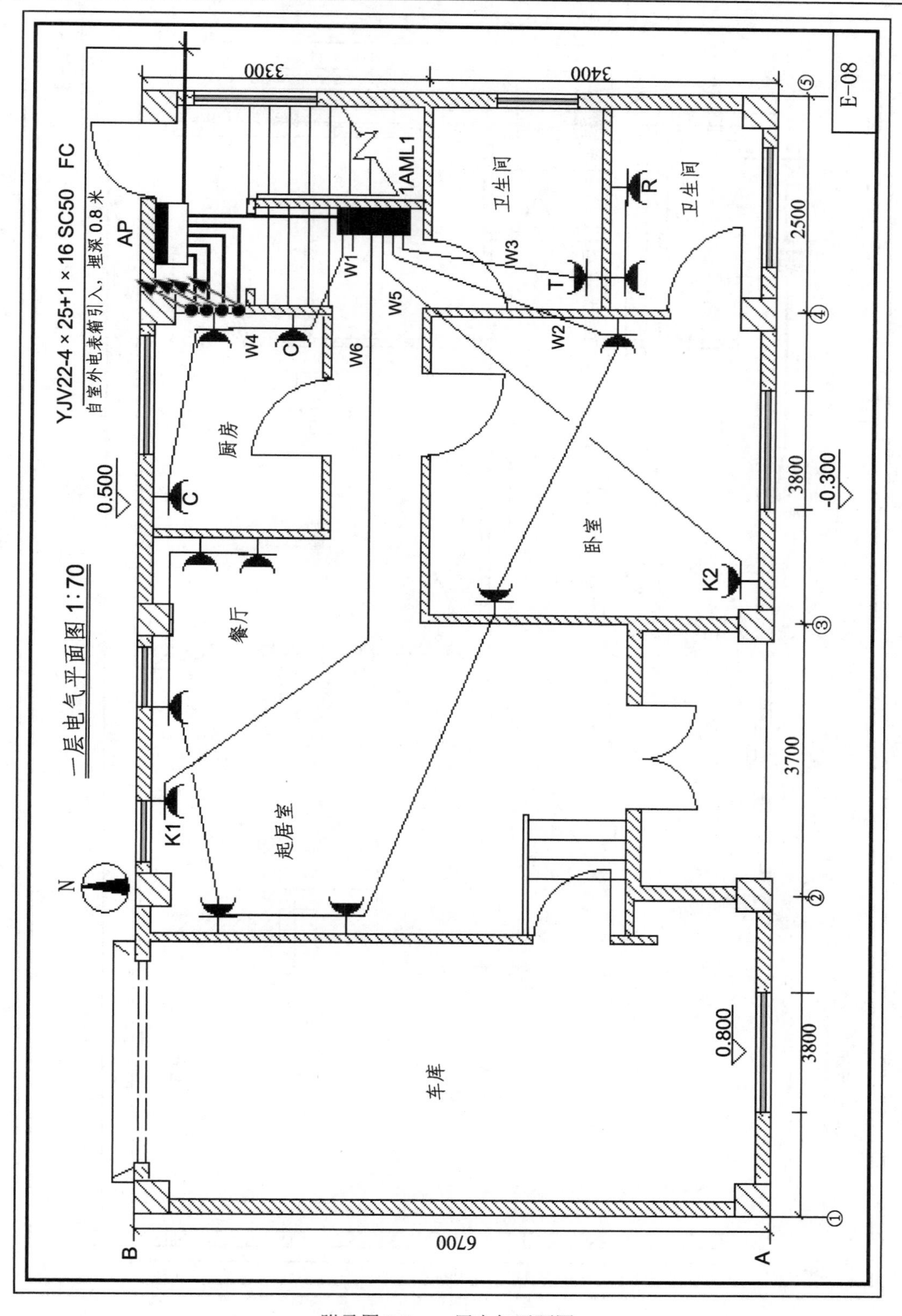

附录图 3-8　一层电气平面图

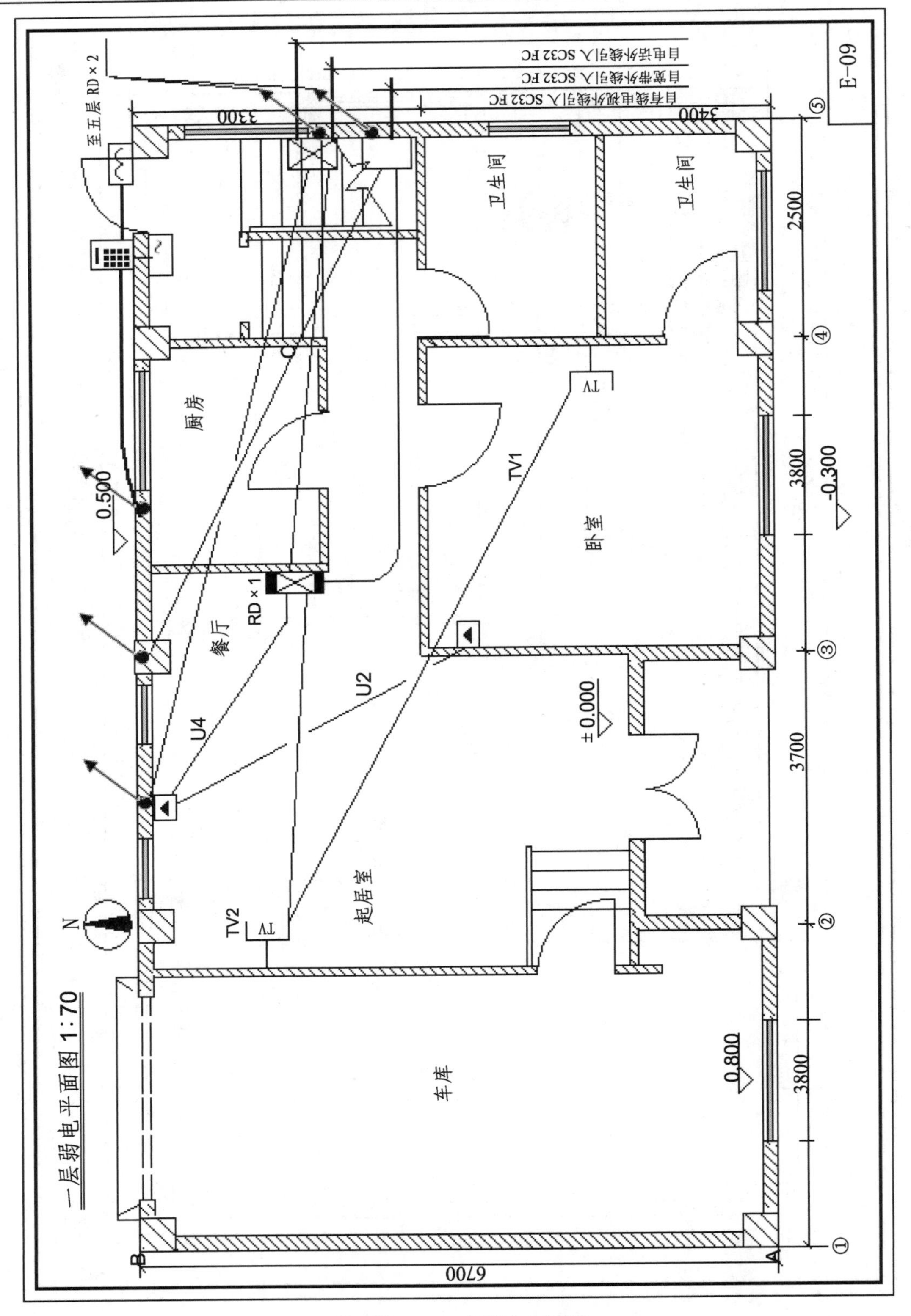

附录图 3-9　一层弱电平面图

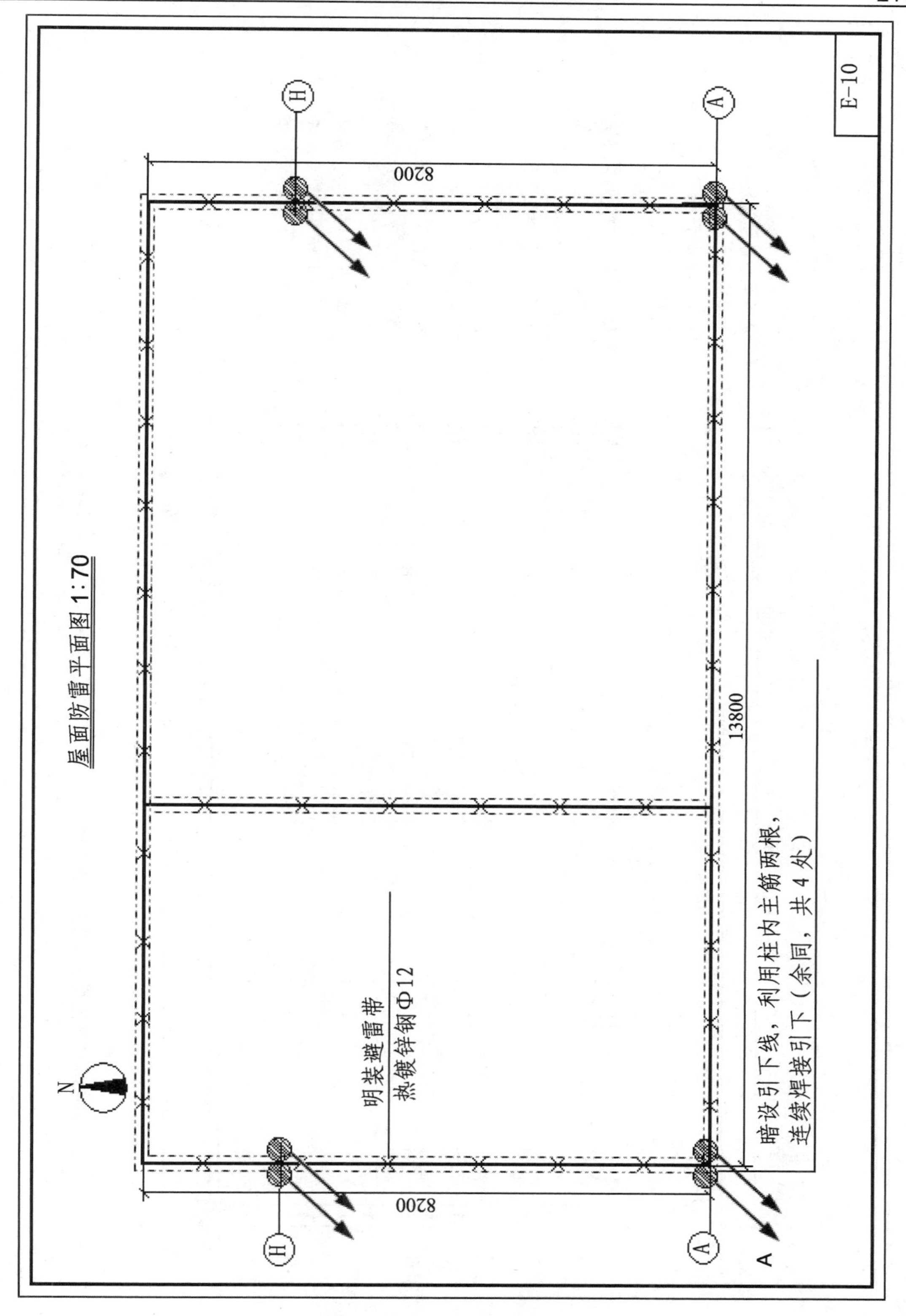

附录图 3-10　屋面防雷平面图

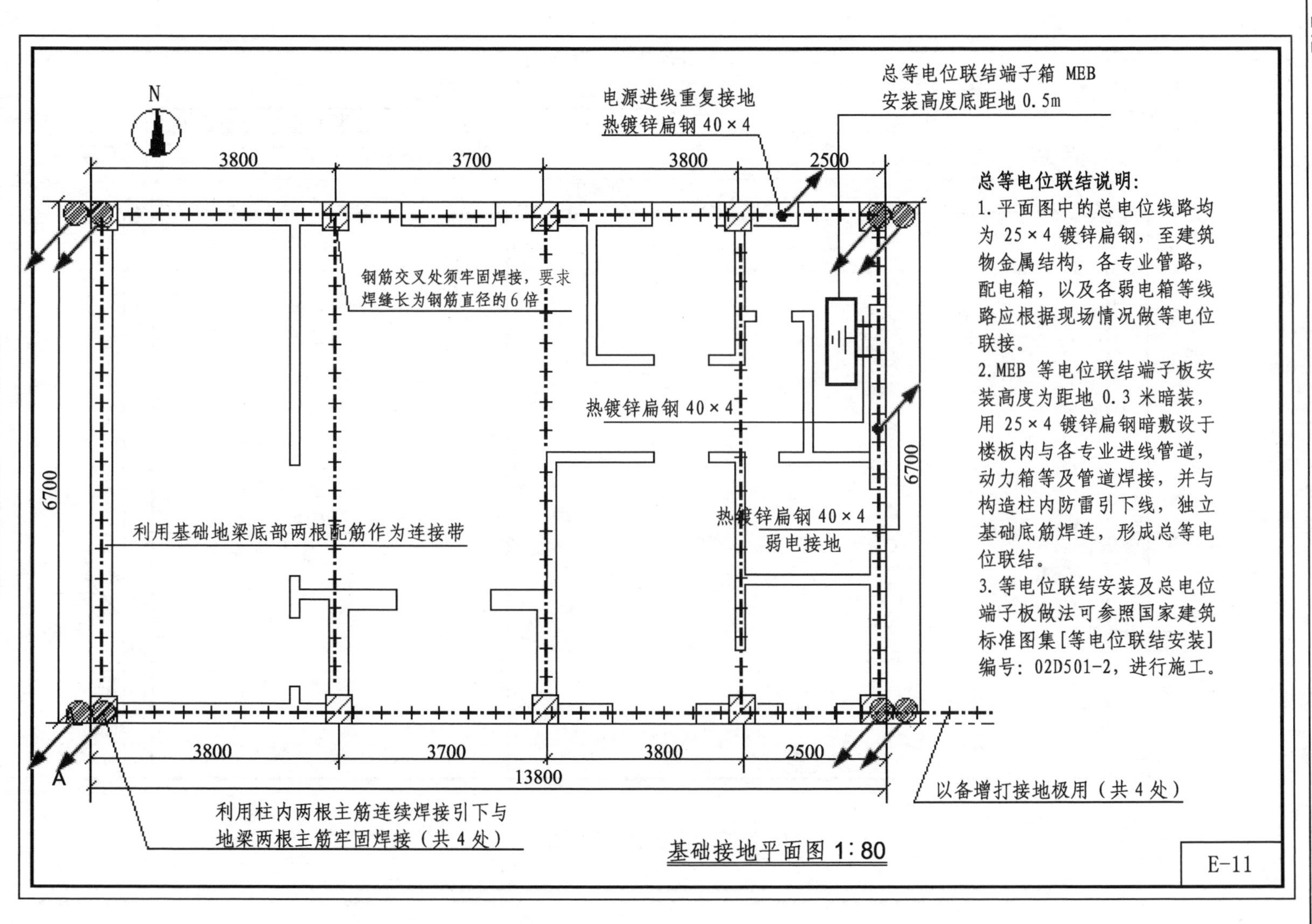

附录图 3-11 基础接地平面图

附录 4　YL-156A 型电气安装与维修实训考核装置简介

YL-156A 型电气安装与维修实训考核装置，是根据工厂电气安装和室内电气安装等维修电工和电气安装工实训鉴定要求而开发的一种通用实训平台，非常适合于各类职业院校和技工学校维修电工、电气安装工及其他有电气安装布置要求的专业作为公共平台使用。

1. 设备外观

YL-156A 型实训装置如附录图 4-1 所示，装置由安装底架、配电箱、照明配电箱、电气控制箱、照明灯具与插座、照明与动力线路布线用器材、三相交流电动机、步进电动机与伺服电动机、传感器装置、温度控制器与加热装置等部分组成。

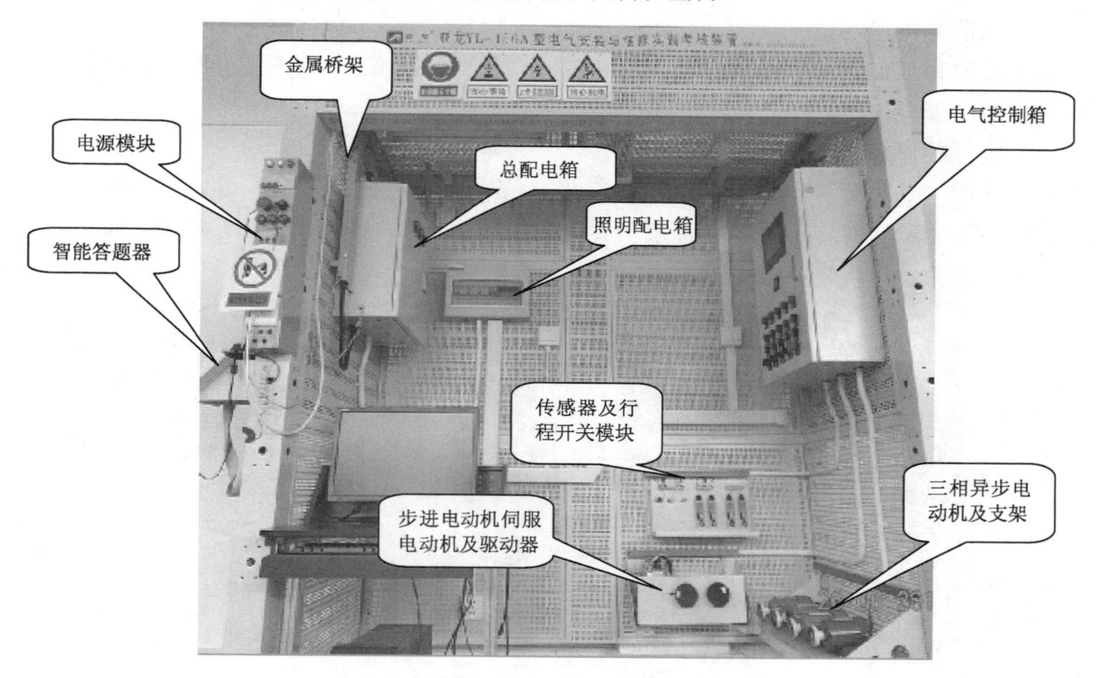

附录图 4-1　YL-156A 实训装置外观

安装底架采用钢制网孔板和钢制专用型材组接而成，安装有自锁脚轮，方便移动和使用。装置配有专用电源模块，装置设计高度以人站在三级人字梯可方便操作的高度，既安全又能使使用者感受到施工现场环境，横向、纵向宽度合适，可以模拟现场线路的转向布置。为方便隐蔽工程施工，钢制框架仿建筑用轻钢龙骨的加大宽度设计，带有穿管孔，使用扎带固定线管，在穿出网孔板时可以使用壁疏引出导线穿入明装底盒。

2. 控制模块

（1）电源控制模块

电源控制模块结构精巧、功能强大，配置有电源指示、三相漏电保护、紧急停止开关、安全插座引孔，与装置竖梁完美衔接，作为设备入线控制，保证设备的用电安全。

（2）总配电箱

如附录图 4-2 所示，总配电箱（AP）作为某一单元的总进线的照明及动力分配控制，具有电源指示，计量，隔离，正常分断，短路、过载、漏电保护等功能。

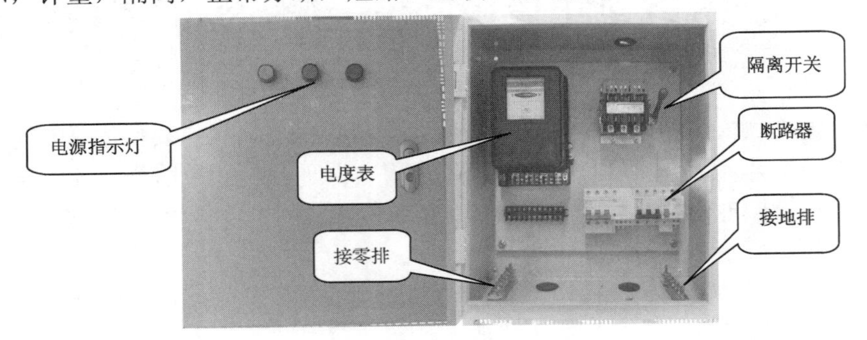

附录图 4-2 总配电箱

（3）照明配电箱

照明配电箱（AL）作为某一单元的插座及照明分配控制，具有正常分断，短路、过载、漏电保护等功能。

（4）电气控制箱

如附录图 4-3 所示，电气控制箱（AC）作为某一设备的控制单元，除包括正常分断、短路、过载、隔离等功能外，还包含有触摸屏、变频器、PLC、扩展模块、接触器、继电器、温控器、开关及指示灯等器件。

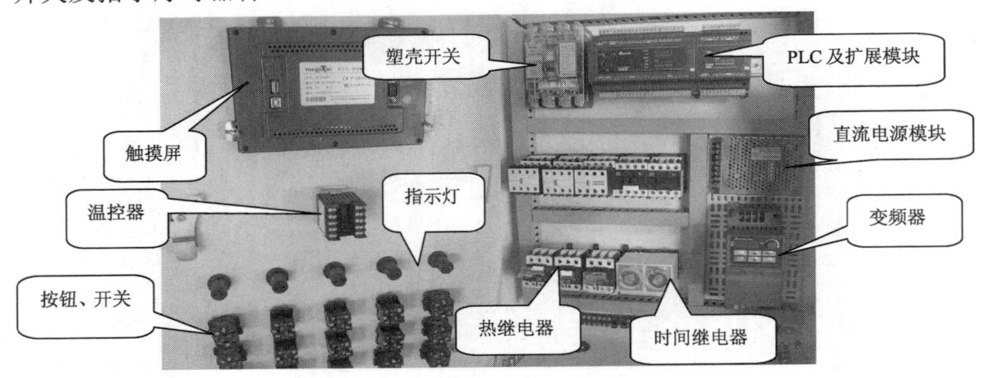

附录图 4-3 电气控制箱

（5）传感器及行程开关模块

传感器及行程开关模块如附录图 4-4 所示。传感器的类型共有三种：光电式传感器、电容式传感器及电感式传感器。

（6）控制电动机及驱动器模块

控制电动机及驱动器模块中包含有步进电动机及其步进驱动器、交流伺服电动机及其伺服驱动器，如附录图 4-5 所示。

（7）电动机模块

该电动机模块包含有带离心开关的三相异步电动机、不带离心开关的三相异步电动机、双速电动机、他励直流电动机，如附录图 4-6 所示。

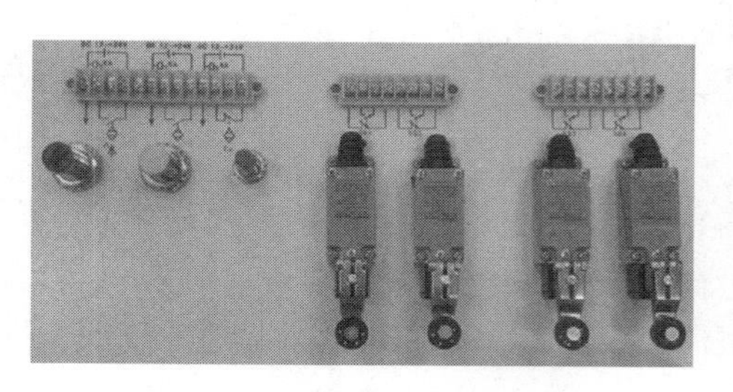
附录图4-4　传感器及行程开关模块

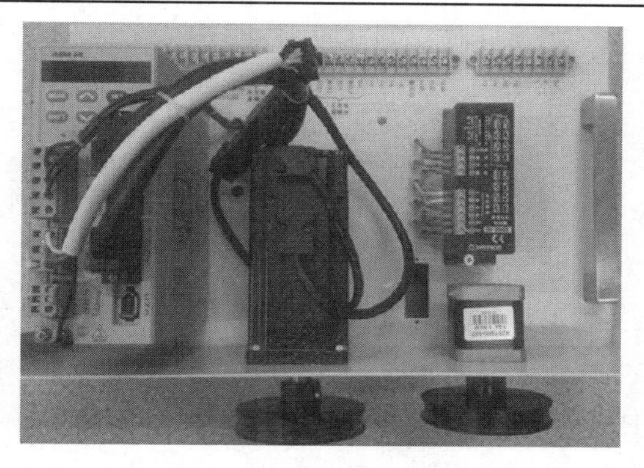
附录图4-5　步进伺服电动机及驱动器模块

附录图4-6　电动机模块

3. 实训项目

在YL-156A实训装置上可进行以下工程项目的实训：

（1）电力配电箱、照明配电箱和电气控制箱接线与安装的实训；

（2）线管、线槽、金属桥架等各种线路敷设工艺的实训；

（3）各种照明灯具与电气照明线路安装与调试的实训；

（4）各种电气控制线路设计、编程、安装与调试的实训；

（5）各种常用机床电气控制线路故障检测与维修的实训。

参 考 文 献

[1] 曾祥富，陈亚林. 电气安装与维修项目实训. 北京：高等教育出版社，2012.

[2] 杨少光. 机电一体化设备的组装与调试. 广西：广西教育出版社，2012.

[3] 宋涛. 电机控制线路安装与调试. 北京：机械工业出版社，2012.

[4] 史新. 建筑电气工程快速识图技巧. 北京：化学工业出版社，2012.

[5] 张孝三，陆利民. 照明系统安装与维护. 北京：科学出版社，2014.

[6] 张方庆，肖功明. 可编程控制器技术及应用（三菱系列）. 北京：电子工业出版社，2007.

[7] 陈定明. 电机与控制. 北京：高等教育出版社，2004.

[8]《最新国家标准电气图识读指南》编写组. 最新国家标准电气图识读指南. 北京：中国水利水电出版社，2011.

[9] 亚龙教育装备股份有限公司. 亚龙 YL－156A 型电气安装与维修实训考核装置说明书.

[10] 汇川可编程控制器用户手册.

[11] 汇川变频器用户手册.

[12] 台达伺服驱动器使用手册.

[13] 昆仑通泰触摸屏使用说明书.